高等学校
测绘工程专业核心课程规划教材

空间数据库原理

武芳　王泽根　蔡忠亮　郭建忠　王崇倡　李滨　编著

WUHAN UNIVERSITY PRESS
武汉大学出版社

图书在版编目(CIP)数据

空间数据库原理/武芳等编著 .—武汉:武汉大学出版社,2017.5
(2025.2重印)
高等学校测绘工程专业核心课程规划教材
ISBN 978-7-307-12767-8

Ⅰ.空… Ⅱ.武… Ⅲ. 空间信息系统—高等学校—教材 Ⅳ.P208

中国版本图书馆 CIP 数据核字(2017)第 025323 号

责任编辑:鲍 玲 责任校对:汪欣怡 版式设计:马 佳

出版发行:**武汉大学出版社** (430072 武昌 珞珈山)
(电子邮箱:cbs22@whu.edu.cn 网址:www.wdp.com.cn)
印刷:武汉邮科印务有限公司
开本:787×1092 1/16 印张:17.25 字数:418 千字 插页:1
版次:2017 年 5 月第 1 版 2025 年 2 月第 5 次印刷
ISBN 978-7-307-12767-8 定价:49.00 元

高等学校测绘工程专业核心课程规划教材
编审委员会

序

　　根据《教育部财政部关于实施"高等学校本科教学质量与教学改革工程"的意见》中"专业结构调整与专业认证"项目的安排，教育部高教司委托有关科类教学指导委员会开展各专业参考规范的研制工作。测绘学科教学指导委员会受委托研制测绘工程专业参考规范。

　　专业规范是国家教学质量标准的一种表现形式，也是国家对本科教学质量的最低要求，它规定了本科学生应该学习的基本理论、基本知识、基本技能。为此，测绘学科教学指导委员会从2007年开始，组织12所有测绘工程专业的高校建立了专门的课题组开展"测绘工程专业规范及基础课程教学基本要求"的研制工作。课题组首先根据教育部开展专业规范研制工作的基本要求和当代测绘学科正向信息化测绘与地理空间信息学跨越发展的趋势以及经济社会的需求，综合各高校测绘工程专业的办学特点，确定了专业规范的基本内容，并落实由武汉大学测绘学院组织教师对专业规范进行细化，形成初稿。然后，多次提交给教指委全体委员会、各高校测绘学院院长论坛以及相关行业代表广泛征求意见，最后定稿。测绘工程专业规范对专业的培养目标和规格、专业教育内容和课程体系设置、专业的教学条件进行了详细论述，并提出了基本要求。与此同时，测绘学科教学指导委员会以专业规范研制工作作为推动教学内容和课程体系改革的切入点，在测绘工程专业规范定稿的基础上，对测绘工程专业9门核心专业基础课程和8门专业课程的教材进行规划，并确定为"教育部高等学校测绘学科教学指导委员会规划教材"。目的是科学统一规划，整合优秀教学资源，避免重复建设。

　　2009年，教指委成立"测绘学科专业规范核心课程规划教材编审委员会"，制订《测绘学科专业规范核心课程规划教材建设实施办法》，组织遴选"高等学校测绘工程专业核心课程规划教材"主编单位和人员，审定规划教材的编写大纲和编写计划。教材的编写过程实行主编负责制。对主编要求至少讲授该课程5年以上，并具备一定的科研能力和教材编写经验，原则上要具有教授职称。教材的内容除要求符合"测绘工程专业规范"对人才培养的基本要求外，还要充分体现测绘学科的新发展、新技术、新要求，要考虑学科之间的交叉与融合，减少陈旧的内容。根据课程的教学需要，适当增加实践教学内容。经过一年的认真研讨和交流，最终确定了这17本教材的基本教学内容和编写大纲。

　　为保证教材的顺利出版和出版质量，测绘学科教学指导委员会委托武汉大学出版社全权负责本次规划教材的出版和发行，使用统一的丛书名、封面和版式设计。武汉大学出版社对教材编写与评审工作提供必要的经费资助，对本次规划教材实行选题优先的原则，并根据教学需要在出版周期及出版质量上予以保证。广州中海达卫星导航技术股份有限公司对教材的出版给予了一定的支持。

　　目前，"高等学校测绘工程专业核心课程规划教材"编写工作已经陆续完成，经审查合格将由武汉大学出版社相继出版。相信这批教材的出版应用必将提升我国测绘工程专业的整体教学质量，极大地满足测绘本科专业人才培养的实际要求，为各高校培养测绘领域创新性基础理论研究和专业化工程技术人才奠定坚实的基础。

二〇一二年五月十八日

前　　言

　　空间数据库是现代地图制图学与地理信息系统的重要组成部分，是地理空间数据组织与管理的主流技术。作为一门融合地图学、地理信息系统、计算机科学、信息科学理论和计算机数据库技术的交叉学科，空间数据库的研究与发展涉及多个基础学科和应用技术领域，理论性和实践性都非常强。如何为初学者介绍系统、全面的空间数据库知识，尽快理解和掌握空间数据库系统的基本理论、方法以及相关的关键技术，能够从事空间数据库管理和有关空间数据库的设计与建设方法，是本书的重点所在。

　　本书是在作者常年教学和研究的基础上撰写的。全书共 10 章。第 1 章为绪论，简要介绍空间数据的类型与特征、空间数据管理方式的演变过程以及空间数据库的组成及其发展，概要列举我国空间数据库建设的主要成果。第 2 章主要介绍空间现象的数据表达，包括栅格表达、矢量表达、空间关系描述与表达等。第 3 章是空间数据模型，系统介绍模型的概念、基本的数据模型、面向对象的数据库模型、三维数据模型和时空数据模型。第 4 章首先从发展演变的角度，重点阐述空间数据管理的五种方式及其优缺点，然后介绍矢量数据和栅格数据的管理方法以及各类空间数据的组织方式，同时为实现"空间-属性数据等的一体化"管理，简要介绍空间数据库引擎的基本概念、工作原理和五种常见的空间数据库引擎。第 5 章是空间数据库索引技术，在介绍索引概念的基础上，重点阐述与分析五种常见的建立空间索引的方法：网格空间索引、R-树空间索引、四叉树空间索引、填充曲线空间索引、B-树和 BSP 树索引。第 6 章以关系数据库的结构化查询语言 SQL 为基础，探讨基于 SQL 扩展的空间查询语言以及空间查询处理与优化的基本方式。第 7 章的主题是数据库系统体系结构，分别从数据库系统的内部体系结构、集中式体系结构、分布式体系结构、并行体系结构、分布式文件系统和云存储等几个方面进行阐述。第 8 章关注空间数据库设计，在概略介绍空间数据库设计原则与过程的基础上，重点阐述空间数据库设计的主要内容，然后对空间数据库建设的流程、数据获取与处理的方式和方法、空间数据的入库等进行概要介绍。第 9 章从空间元数据、空间数据标准化入手，讨论空间数据集成与融合的策略与基本方法。第 10 章是空间数据质量与安全控制，重点讨论空间数据质量的分析与评价方法，以及空间数据安全控制的架构与相关技术。

　　本书由中国人民解放军信息工程大学的武芳（第 1 章）、郭建忠（第 4 章、第 7 章），西南石油大学的王泽根（第 2 章、第 9 章、第 10 章），武汉大学的蔡忠亮（第 5 章、第 8 章），辽宁工程技术大学的王崇倡（第 3 章），以及河南工业大学的李滨（第 6 章）共同编写，武芳负责统稿，翟仁健负责文字的审校及插图的处理等工作。

　　本书的成稿，参阅和引用了大量国内外学者的相关论著和论文，主要部分已列入书后的参考文献，在此表示诚挚的谢意！

　　空间数据库是一门还在高速发展的前沿交叉学科，其内容和技术方法更新很快，限于作者的学识与水平，书中错漏与不足在所难免，恳请专家和读者批评指正。

编者

2016 年 9 月

目　　录

第1章 绪 论

数据库技术是 20 世纪 60 年代初逐步发展起来的一门数据管理自动化的综合性技术,是计算机科学的一个重要分支。随着社会的发展,数据在人类社会中所起的作用越来越重要,早在 20 世纪人们就把信息(数据)、能源和原料看作是发展经济的三大资源,特别是把信息(数据)视为重要的战略资源。空间数据是人类日常生活不可或缺的信息资源之一。有关专家估计,在人类所使用的信息(数据)中大约有 80% 与空间定位有关,可见空间数据在当今人类生活中的重要性。因此,空间数据的有效管理和充分利用也就显得更加重要。

空间数据库就是研究空间数据的组织、存储和管理的原理、技术和方法的一门学科,是地图制图学和数据库技术、计算机科学等交叉融合的产物。在信息时代的今天,地理信息资源已成为国家的重要资源和财富,因此作为地理信息系统(geographic information system,GIS)的核心和基础的空间数据库技术就得到越来越广泛的应用。

1.1 空 间 数 据

空间数据库理论与技术的诞生,源于地图制图技术与计算机技术的结合和数字地图的产生与发展,是在计算机地图制图和地图数据库的基础上,为满足信息处理领域对空间数据的需求,为适应现代社会对地图数字产品的需求而发展起来的,也是以计算机领域由数据库技术的形成发展和计算机地图制图技术、地理信息系统的发展为基础的。正是数字地图技术的应用和发展产生了大量的空间数据,才有了空间数据的组织和管理问题。因此,空间数据库的建立与地图、数字地图对于空间现象的表达密切相关。

1.1.1 地理实体的地图表达

地图是最常用也是最直观的表达空间信息的一种方式(图 1-1),是人们认识所处的生存空间环境的最有力的工具。它用科学抽象的方法表达复杂地理世界的空间结构和空间关系,反映了各种自然和社会现象的空间分布、组合、联系及其随时间的变化和发展。

现实世界有两种基本的地理信息:描述位置和地理要素形状的空间信息和关于地理要素的属性(描述性)信息,至于空间关系,则视情况可以表达或不表达。地图通过完整的符号系统和必要的文字注记来进行空间信息和属性信息的描述,以实现对地理实体的表达。

1. 地图上空间信息的表达

地图所传递的信息是由地图语言——地图符号来实现的。位置信息通过地图符号的定位来表示,点状符号表示点状要素,如井和电线杆位置,线状符号表示线状要素,如河流、管道和等高线等，面状符号表示面状要素，如湖泊、行政区域和人口调查区域等。

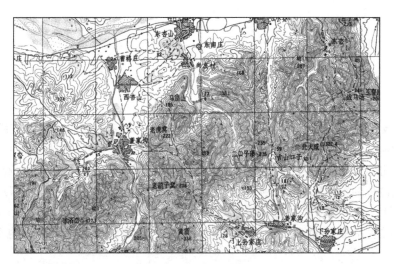

图 1-1　1∶5 万地形图

（1）点状要素

点状要素由单一位置表示，是指在实地整个界线或形状较小以至于按照地图比例尺缩小后不能表现为一条线或面的要素，地图上通常用一个特定的点状符号来表示。每个点状地图符号有一个定位点，它所表达的点状要素的位置由该符号的定位点体现。

（2）线状要素

线状要素是指在实地呈线状延伸而按照地图比例尺缩小后不能显示为一个面，或者可能是一个没有宽度的要素，如国界线等。地图上通常用一个特定的线状符号来表示，每个线状地图符号有一条定位线，它所表达的线状要素的位置由该符号的定位线来体现。

（3）面状要素

面状要素是指在实地占有较大面积，按照地图比例尺缩小后其长度、宽度可以依比例表示的目标，其界线包围一个同类型区域，如州、县和水体。地图上通常用一个特定的面状符号来表示，每个面状符号都有一个符号范围线（如轮廓线等），它所表达的面状要素的位置由该符号的范围线来体现。

2. 地图上描述性信息的表达

地图上表示的描述性信息主要是指地图所表示要素的分类分级信息。地图上用地图符号的形状、尺寸、颜色、亮度、密度、图案纹理和地图注记的字体、颜色、尺寸等表示。例如，地图上表示描述性信息的常用方法有：

①道路采用不同线型、线宽、颜色和标注进行描述，用以表示不同道路的类型。如高速公路和普通公路用双线符号表示，乡村路、小路用单实线和虚线表示，道路的路面材料、路基宽度、铺面宽度等用文字和数字注记表示。

②河流和湖泊绘成蓝色，水质（淡水或咸水）、水深、流速等用文字、数字标注。

③烟囱和水塔属于同一类点状要素，用同样的颜色（如黑色）表示，而用不同的形状来区分。

3. 地图上空间关系的表达

地图要素之间的空间关系并未显式地表示于地图上，而是以地图上各个目标符号之间的相互关系来表达目标之间的关系，这种关系需要地图读者去目视并解释。例如，观察一幅地图可以确定一个城市邻近湖泊，确定两个城市间的相对距离及两者间最短路径，识别最近的医院以及开车去医院经过的街道；由周围的等高线可以确定一个湖泊的相对高程等。这些信息并不明显地表示在地图上，但都可以由地图派生或解释。

1.1.2 地理实体的计算机表达

地球表面的地理实体都可以绘制到一个由点、线、面组成的二维地图上。利用笛卡儿坐标系，地面上的位置可以由 X、Y 坐标表示在地图上。为使空间信息能够用计算机表示，必须把连续的空间信息离散成数字信号。用数据表示地理空间要素及其之间的相互联系，这些数据称为空间数据。

1. 计算机中空间几何信息的表达

在计算机中，每个点用一对 x、y 坐标记录，线用一组有序的 x、y 坐标来记录，面用一组线段(这些线段构成一个封闭域)的 x、y 坐标来记录。"多边形"这一术语即来源于此，它的意思是"具有多条边的图形"。有了 x、y 坐标，就可以用一组坐标而不是一张图片或图形来表示点、线和多边形了。从概念上讲，这些坐标对序列表示了地图要素是如何作为一组 x、y 数字存储在计算机中的("数字化"这一术语就是由此而来，表示地图数据的自动化输入的)。为了便于计算机识别，往往对每个坐标记录给定一个序号，也称"用户标识号"。

2. 计算机中描述性数据的表达

与地图特性有关的描述性属性，在计算机中的存储方式与坐标的存储方式是相似的，属性是以一组数字或字符的形式存储的。例如，表示道路的一组属性包括：

道路类型：用编码表示，如"1"表示高速公路，"2"表示干线公路，"3"表示主要公路，"4"表示街道；

路面材料：用文字表示，如"混"表示混凝土路面，"沥"表示柏油路面，"碎石"表示碎石路面等；也可用编码表示，如用"1"、"2"、"3"分别表示混凝土、柏油、碎石路面等；

路面宽度：用实际的数字表示；

行车道数：用实际的数字表示，"3"表示三车道；

道路名称：用实际的道路名称表示，如"长安街"、"南京路"等。

每个地理要素对应一个坐标对序列和一组属性值。为了使坐标和属性建立关系，坐标记录块和属性记录共享一个公共的信息——用户识别号。该识别号将属性与几何特征联系起来。

3. 计算机中空间关系的表达

当用数字形式描述地图信息，并使系统具有特殊的空间查询、空间分析等功能时，就必须把空间关系映射成适合计算机处理的数据结构。在计算机中，地图要素之间的空间关系用拓扑结构进行描述。拓扑结构定义要素间的相互联系或者可以把一种要素，如一个面要素，用一组其他线状要素来表示。

4. 时间信息的表达

如果只是地理实体的属性数据发生变化，那么，可以把不同时间的属性数据都记录下来，作为该地理实体的属性数据。如在处理统计区域的人口数时，区域的空间位置不变，只要把新的人口数及对应的时间加入到属性数据表中即可。

当地理实体的空间位置随时间变化时，如政区界线的变化、地块的合并与重新划分等，必须把地理实体的空间特征的变化也记录下来，如记录实体的增加、删除、改变、移动、合并等，同时对实体进行时间标记。

上述所有对地理实体的描述与表达，都构成了研究地球表面自然、人文要素特点、空间分布特征及随时间演变与变化的空间数据。

1.1.3 空间数据的类型

1. 几何数据(位置数据)

几何数据描述地理实体在现实世界中的具体方位。一般是利用一定的仪器设备，通过一定的技术方法，观测得到的定量的坐标和方位数值。其基本的空间数据类型为点、线和面。

2. 属性数据

属性数据是指一个对象的非空间、非多媒体数据，如对象的名称和类型等，一般由多个属性数据项组成。在空间数据库中，属性是对物质、特性、变量或某一地理目标的数量和质量的描述指标。

3. 图形图像数据

静态图形图像数据是指通过分析和处理后以某种图像格式存储的图像数据，可以是一般的景物图像，也可以是遥感图像。一般地，图形数据为矢量结构，图像为栅格结构。动画数据是指可连续播放的动画帧数据(如车载 CCD 数据)，帧之间用特殊的符号区分，这类数据一般较大。静态或视频图像的共同特点是，图像中的主要纹理或对象构成了图像的主体，所计算出的图像特征就反映了图像中主要对象的特征。

遥感数据包含两方面的信息：一是地物目标的几何空间信息，二是地物目标的光谱辐射信息。遥感图像既可以是灰度图像，也可以是伪彩色图像。近年来，随着各种军用、民用卫星的日益增多，遥感图像的数量急剧增长。

4. 文本数据

任一空间对象除了有其时间、空间的分布特性外，更多描述该对象的数据是用文本方式记录，然后再用数据库加以存储和管理。这些文本数据与空间数据的集成，可以挖掘和提取相关的知识。

5. 多媒体数据

多媒体数据涉及多种不同类型的有用数据：文本、声音、图形、图像和表格化的数据等，含有这些数据的数据库被称为多媒体数据库。多媒体空间数据库结合空间数据库和多媒体数据库的特点，采用两者的数据存储预处理方法，以空间对象为主框架，将多媒体数据附着于对象上，解决多媒体数据与空间数据之间的整合关系问题。

1.1.4 空间数据的特征

空间数据作为数据的一个特例，除了数据的一般特性(如选择性、可靠性、时间性、完备性和详细性等)外，还具有自身的一些特性，这些特性影响了空间数据的组织方式，也构成了 GIS 空间分析与应用的条件和任务。下面分别对这些特性进行说明：

（1）空间性

空间性是空间数据最基本和最主要的特性，它是指空间物体的位置、形态以及由此产生的系列特性，能够指明地物在地理空间中的位置，回答"在哪里"的提问。空间性丰富了空间数据分析的内容和方法，也使空间数据组织和管理更为复杂。常规的数据管理，可以使用分类树对物体进行编码，并据此进行存储管理，但分类树无法反映空间物体之间的各种关系，这使得空间数据组织与管理比传统的数据组织与管理复杂和困难得多。传统的数据组织和管理通常由计算机领域的专家来完成，而空间数据的组织和管理一般属于地理学、地图学等领域专家的研究范畴，长久以来，它们沿着不同的轨迹向前发展。

（2）多态性

空间数据的多态性具有两层含义，一是相同地物在不同情况下的形态差异，如居民地在比例尺较大的空间数据库中可能以面状地物类型存在，而在比例尺较小的空间数据库中只能用点状表示；二是不同地物占据相同的空间位置，这主要反映在经济人文数据和自然环境数据在空间位置上的重叠，如河流是水系要素，但同时也可能是境界要素。前者影响着空间数据在多比例尺空间数据库中的存储、集成和表达；后者改变了空间数据管理中基于对象的数据模型，即为了避免数据的冗余以及保证数据的一致性，增加无属性纯拓扑的弧段类型，从而保证空间数据模型既能够反映这种多态性，同时又不重复存储数据，不造成空间数据维护上的困难。

（3）多维性

地理空间数据具有多维结构的特征，地理实体和现象本身就具有多种性质，加上与之联系的属性特征和时间特征，使得空间数据的多维性表现得更为突出。例如，一个居民地，它既包含有地理位置、海拔高度、气候条件、地貌类型等自然地理特性，也具有行政区划、人口、交通、经济等相应的社会经济信息。地理空间数据的多维性不仅造成了空间数据组织与管理上的困难，也为空间数据库今后的发展指明了新的方向，多媒体数据库、时空数据库、实时数据库等概念的提出就与之紧密相关。

（4）多尺度性

地球系统是由各种不同级别子系统组成的复杂巨系统，各个级别的子系统在空间规模上存在很大差异，而且由于空间认知水平、数据精度和比例尺等的不同，地理实体的表现形式也不相同，因此，多尺度性成为地理空间数据的重要特征。这一特性主要表现在空间数据的综合和概括上，根据空间数据的应用目的、比例尺和区域特点不同，可以由相同的数据源形成不同尺度规律的数据。多尺度的空间数据反映了空间目标和现象在不同空间尺度下具有的不同形态、结构和细节，可以应用于宏观、中观和微观各个层次上空间数据的组织管理和分析应用。

（5）非结构化

在当前通用的关系数据库中，数据记录一般是结构化的，所谓结构化数据就是能够使用关系数据库的二维表结构来逻辑表达实现的数据，这种数据一般满足关系数据模型的第一范式要求，也就是说每一条记录都是定长的，数据项表达的只能是原始的简单数据类型，如整型、日期型、布尔型等，不允许数据嵌套。相对于结构化数据而言，空间数据属于非结构化数据,它不方便用关系数据库的二维逻辑表来进行组织。就像一条弧段,其数据长度是不可限定的,可以仅仅只有两个坐标点,也可能能有上万个坐标点,因此无法满足关系数据模型的范式要求,这也就是为什么空间几何数据难以直接采用通用的关系数据库管理系统的主要原因之一。

(6)海量性

空间数据的数据量极大,通常称为海量数据,它比一般的普通数据库数据量要大得多,既包含空间几何数据,又有专题属性数据。一个城市或一个地区的空间数据就可能达到几十 GB 字节,如果考虑对应的遥感影像数据和多媒体数据,数据量能够达到几百个 GB 甚至几十个 TB。如此庞大的数据量,带来了系统运转、数据存取、查询索引、网络传输、分析应用以及同步控制等一系列的技术困难,也给空间数据组织和管理提出了新的任务和挑战。

1.2　空间数据管理方式的演变

1.2.1　数据库管理技术的发展

1. 数据管理方式的演变

在数据库发展的历程中,数据库经历了人工管理阶段(20 世纪 50 年代中期以前)、文件系统阶段(20 世纪 50 年代后期~60 年代中期)和数据库系统阶段(20 世纪 60 年代后期开始)三个不同的阶段。下面分别从各阶段的技术及应用背景和差别体现两方面(图 1-2)来分别考查。

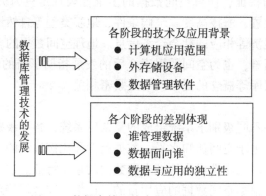

图 1-2　数据库管理技术发展的考查要点

①人工管理阶段。在此阶段,计算机主要用于科学计算(数据量小、结构简单,如高阶方程、曲线拟合等),外存只有磁带、卡片、纸带等,没有磁盘等直接存取设备,没有操作系统,没有数据管理软件(用户用机器指令编码)。因此,其特点是:用户负责数据的组织、存储结构、存取方法、输入输出等细节;数据完全面向特定的应用程序,每个用户使用自己的数据,数据不保存,用完就撤走;数据与程序没有独立性,程序中存取数据的子程序随着存储结构的改变而改变。

②文件系统阶段。在此阶段，计算机不但用于科学计算，还用于管理，外存有磁盘、磁鼓等直接存取设备，有了专门管理数据的软件，一般称为文件系统，包括在操作系统中。其特点是：系统提供存取方法，支持对文件的基本操作，用户程序不必考虑物理细节，数据的存取基本上以记录为单位；一个数据文件对应一个或几个用户程序，仍然是面向应用的；数据与程序有一定的独立性，因为文件的逻辑结构与存储结构由系统进行转换，数据在存储上的改变不一定反映在程序上。

此阶段的主要问题是：一是数据与程序的独立性差，没有从根本上改变数据与程序紧密结合的状况，只是解脱了程序员对物理设备存取的负担，但它并不理解数据的语义，只负责存储；二是数据的语义信息只能由程序来解释，即数据收集后怎么组织，数据取出后按什么含义应用，只有全权管理它的程序知道，数据的逻辑结构改变则必须修改应用程序；三是数据的冗余度大，数据仍然是面向应用的，当不同应用程序所需要的数据有部分相同时，也必须建立各自的文件，而不能共享相同的数据。四是由于数据存在很多副本，给数据的修改与维护带来了困难，容易造成数据的不一致性。

③数据库系统阶段。在此阶段，计算机管理的数据量大，关系复杂，共享性要求强（多种应用、不同语言共享数据），外存有了大容量磁盘、光盘，软件价格上升，硬件价格下降，编制和维护软件及应用程序成本相对增加，其中维护的成本更高，力求降低。此阶段的主要特点是：首先，有了数据库管理系统(database management system，DBMS)，数据与程序相对独立，把数据的定义和描述从应用程序中分离出去，描述又是分级的，数据的存取由系统管理，用户不必考虑存取路径等细节；其次，有了面向全组织的复杂数据结构，支持行业的全部应用而不是某一个应用，数据反映客观事物间的本质联系，是有结构的数据；再次，数据的冗余度小，易扩充，数据面向整个系统而不是面向某一应用，数据集中管理与共享，节省存储空间，减少存取时间，且可避免数据之间的不相容性和不一致性，每个应用选用数据库一个子集，只要重新选取不同子集或加上一小部分数据，就可以满足新的应用(易扩充)；最后，具有统一的数据控制功能，数据共享程度高，如数据的安全性控制能保护数据，防止不合法的使用所造成的数据泄露和破坏，数据的完整性控制能保证数据的正确性、有效性和相容性，数据库的并发控制对多用户并发操作加以控制协调，防止数据库的完整性遭破坏。

因此，到了数据库系统阶段，数据不再是依赖于处理过程的附属品，而是成为现实世界中独立存在的对象，对其可以进行统一的存取。

2. 数据库技术的发展与演变

数据库技术的发展在时间上可以划分为四代：第一代数据库就是文件系统；第二代就是基于层次或网状模型的非关系模型数据库；第三代数据库就是无论从理论还是实践上都取得了一系列研究成果的基于关系模型的数据库；第四代数据库就是目前正在研究和发展的面向对象数据库。第一代与第二代数据库现已不多见。第四代数据库技术的发展是最近几年的事，并且基于面向对象的数据模型还没有形成，还没有真正的第四代数据库产品出现。在现阶段，第三代基于关系模型的数据库依然是主流，在各行各业正发挥着强大的作用，改造关系数据库使之具有处理空间关系的能力是空间数据库工作者研究的主要方向。

数据库体系结构的发展在空间上可以划分为四种：主从式结构、单用户结构、分布式结构和客户/服务器结构。

(1)基于大、中、小型机的主从式结构的多用户数据库系统

主从式结构是指一个主机带多个终端的多用户结构。在这种结构中，数据库系统，包括应用程序、DBMS、数据，都集中存放在主机上，所有处理任务都由主机来完成，各个用户通过主机的终端并发地存取数据库，共享数据资源。

主从式结构的优点是简单，数据易于管理与维护，缺点是当终端用户数目增加到一定程度后，主机的任务会过分繁重，成为瓶颈，从而使系统性能大幅度下降。另外，当主机出现故障时，整个系统都不能使用，因此系统的可靠性不高。

(2)基于单台微机或工作站的单用户数据库

单用户数据库系统是一种简单的数据库系统。在单用户系统中，整个数据库系统，包括应用程序、DBMS、数据，都装在一台计算机上，由一个用户独占，不同机器之间不能共享数据。

(3)分布式结构的数据库系统

分布式结构的数据库系统是指数据库的数据在逻辑上是一个整体，但物理地分布在计算机网络的不同节点上。网络中的每个节点都可以独立处理本地数据库中的数据，执行局部应用；也可以同时存取和处理多个异地数据库中的数据，执行全局应用。

分布式结构的数据库系统是计算机网络发展的必然产物，它适应了地理上分散的公司、团体和组织对于数据库应用的需求。但数据的分布存放，给数据的处理、管理与维护带来困难。此外，当用户需要经常访问远程数据时，系统效率会明显地受到网络交通的制约。

(4)客户/服务器结构的数据库系统

主从式数据库系统中的主机和分布式数据库系统中的每个节点机是一个通用计算机，既执行 DBMS 功能又执行应用程序。随着工作站功能的增强和广泛使用，人们开始把DBMS 功能和应用分开。网络某个(些)节点上的计算机专门用于执行 DBMS 功能，称为数据库服务器，简称服务器。其他节点上的计算机安装 DBMS 的外围应用开发工具，支持用户的应用，称为客户机。这就是客户/服务器结构的数据库系统。

在客户/服务器结构中，客户端的用户请求被传送到数据库服务器，数据库服务器进行处理后，只将结果返回给用户(而不是整个数据)，从而显著减少了网络上的数据传输量，提高了系统的性能、吞吐量和负载能力。

第一种基于大、中、小型机的主从式结构的多用户数据库系统，由于其硬软件费用昂贵，现在已很少有人问津。第二种基于单台微机或工作站的单用户数据库，随着网络的迅猛发展，空间数据越来越多，用户也越来越多，多用户操作势在必行，基于单台微机或工作站的单用户数据库系统已难以适应迅速增长的需求。但由于第三种和第四种基于网络的多用户空间数据库系统还未成熟，这种结构的数据库系统，仍在众多的领域依然发挥着重要作用。第三种和第四种基于网络的多用户数据库系统是目前正在研究和发展的主要方向，但整个技术仍处于发展阶段，远未成熟。

1.2.2　空间数据管理方式的发展与演变

空间数据管理主要是确定地理信息系统中的数据管理方法。GIS 中数据管理方法随着GIS 和数据库技术的发展而不断发展。到目前为止，空间数据管理方式的发展主要经历了

如下五种方式：

①文件管理方式。文件管理的基本方式是把数据的存取抽象为一种模型，使用时只要给出文件名称、格式和存取方式等，其余的一切组织与存取过程由专用软件——文件管理系统来完成。因为计算机提供了操作系统支持下的文件系统，为用户提供了简便统一的存取和管理数据的方法，用户可以在此基础上建立自己的逻辑文件。直接采用文件系统来存储和管理空间数据，系统结构简单、便于操作，但提供的功能非常有限，只适合小型 GIS 系统。

②文件与关系数据库混合管理。DBMS 是在文件管理系统的基础上进一步发展。由于地理空间数据的非结构化特征，以定长记录和无结构字段为特征的早期关系数据库管理系统难以满足要求。因此，早期的大部分 GIS 软件都采用混合管理模式，即几何图形数据采用文件系统管理，属性数据采用商用关系数据库管理系统管理，两者之间的联系通过地理实体标识或者内部连接码进行关联。

这是一种二元管理模式，几何数据与属性数据除用目标标识码或内部码作为关键字段连接外，两者几乎是独立地组织、管理与检索，缺乏对多用户的支持，数据的安全性、一致性、完整性、并发控制以及恢复等方面缺少基本的功能。

③全关系型数据库管理。随着数据库技术的不断发展，尤其是传统关系数据库管理系统中二进制大字段的使用，使得图形数据和属性数据都能用关系数据库管理系统来管理，同时还能管理非结构化的图形图像等多媒体数据，其基本方法就是将图形数据变长部分处理成 Binary 二进制块 Block 字段。

由于二进制块的读写效率要比定长的属性字段慢得多，特别是涉及对象的嵌套时，速度慢且效率低。为提高数据的读取效率，一些数据库产品公司在关系数据库管理系统基础上扩展了对空间数据的管理功能，同时为了便于开发，又推出了空间数据库引擎(spatial database engine，SDE)中间件。由于"关系型数据库+SDE"的技术方案具有访问速度快、与应用联系紧密的优点，在应用中占有一定优势。

④面向对象数据库管理。为了较好地模拟和操纵现实世界中的复杂现象，克服传统数据模型的局限性，人们从更高的层次提出了面向对象数据模型，由此提出了面向对象的数据库管理。

面向对象模型最适应于空间数据的表达和管理，它不仅支持变长记录，而且支持对象的嵌套、信息的继承与聚集，面向对象的空间数据库管理系统允许用户定义对象和对象的数据结构以及它的操作。这样，可以将空间对象根据需要，定义出合适的数据结构和一组操作。但由于缺乏良好的数学基础，该种管理方式在访问速度上没有重大突破，难以发展成熟，且价格昂贵，目前在空间数据管理领域还不太通用。相反，基于对象-关系的空间数据库管理方式成为空间数据管理的主流。

⑤对象-关系数据库管理。由于空间数据直接采用通用的关系数据库管理系统的管理效率不高，所以许多数据库软件商纷纷在关系数据库管理系统中进行扩展，使之能直接存储和管理非结构化的空间数据，如 Informix 和 Oracle 等都推出了空间数据管理的专用模块，定义了操纵点、线、面、圆、长方形等空间对象的 API 函数。这些函数将各种空间对象的数据结构进行了预先的定义，用户使用时必须满足它的数据结构要求，即使是 GIS 软件商也不能根据自己的要求再定义。

这种扩展的空间对象管理模块主要解决了空间数据变长记录的管理，由于由数据库软件商进行扩展，效率要比二进制块的管理高得多。由于仍没有解决对象的嵌套问题，空间数据结构也不能由用户任意定义，使用上仍然受到一定限制，但扩展对象关系型数据库管理系统无疑是以后的发展方向。

1.3 空间数据库的组成

空间数据库，顾名思义，是存放空间数据的仓库。只不过这个仓库是在硬盘上，而且数据按一定的格式存放。数据库是长期存储在计算机内、有组织的、可共享的数据集合。地图数据库中的数据按一定的数据模型组织、描述和存储，具有较小的冗余度，较高的数据独立性和易扩展性，并可为各种用户共享。

空间数据库系统通常是指带有数据库的计算机系统，它采用现代数据库技术来管理地图数据。因此广义地讲，空间数据库系统不仅包括空间数据库本身(指实际存储在计算机中的地图数据)，还包括相应的计算机硬件系统，地图数据库软件系统和空间数据库开发、管理和使用人员等。

1.3.1 空间数据库硬件系统

空间数据种类繁多，数据量庞大，数据模型复杂，因此数据库系统对硬件资源提出了较高的要求，这些要求包括：

①有足够大的内存空间以存放操作系统、地图数据库管理系统的核心模块、应用程序和缓冲数据。

②有足够的大磁盘等直接存储设备存放数据，有足够的磁带(或软盘、光盘)做数据备份。

③要求系统有较高的通道能力，以提高数据传送率。

硬件配置通常包括四个部分：一是计算机主机，主要进行运算和数据存取；二是输入设备：包括键盘、鼠标、数字化仪、扫描仪、测量仪器等；三是存储设备：包括软盘、硬盘、磁带和光盘等；四是输出设备：包括显示器、绘图机、打印机等。

1.3.2 空间数据库软件

概括起来，在空间数据系统中用到的软件包括四个层次：

1. 空间数据库管理系统

有了计算机硬件和空间数据，就应该研究如何利用计算机科学地组织和存储数据、如何高效地获取和管理这些数据。空间数据库管理系统(geo-database management system，GDBMS)正是完成这个任务的计算机软件系统，利用它可以实现地图数据库的建立、使用和维护。

2. 操作系统

支持空间数据库管理系统的操作系统，如 Windows, Unix, Linux 等。

3. 编译系统

与数据库接口的高级语言及其编译系统，便于开发应用程序，如 Visual C++, Visual

Basic，Java 等。

4. 应用开发工具

以数据库管理系统为核心的应用开发工具。应用开发工具是系统为应用开发人员和最终用户提供的高效率、多功能的应用生成器、各种软件工具，如图形显示和绘图软件，报表生成软件等。它们为空间数据库的开发和应用提供了有力的支持。

1.3.3 空间数据库管理与技术人员

开发、管理和使用空间数据库系统的人员主要是：空间数据库管理员、系统分析员、应用程序员和最终用户。

1. 空间数据库管理员

空间数据库是国家重要的数据资源，因此设立了专门的数据资源管理机构管理数据库。空间数据库管理员则是这个机构的一组人员，总的来说，他们负责全面地管理和控制空间数据库系统。具体的职责包括：

①决定数据库中的信息内容和结构。空间数据库中要存放哪些信息，是由空间数据库管理员决定的。因此，空间数据库管理员必须参与空间数据库设计的全过程，并与用户、应用程序员、系统分析员密切合作共同协商，搞好数据库设计。

②决定数据库的存储结构和存储策略。空间数据库管理员要综合各类用户的应用要求，和数据库设计人员共同决定数据的存储结构和存取策略以获得较高的存取效率和存储空间利用率。

③定义数据的安全性要求和完整性约束条件。保护数据库的安全性和完整性是空间数据库管理员的重要职责。因此，空间数据库管理员负责确定各个用户对数据库的存取权限，数据的保密级别和完整性约束条件。

④监控数据库的使用和运行。空间数据库管理员另一个重要职责是监视数据库系统的运行情况，及时处理运行过程中出现的问题。当系统发生各种故障时，数据库会因此遭到不同程度的破坏，空间数据库管理员必须在最短的时间内将数据库恢复到某种一致状态，并尽可能不影响或少影响计算机系统其他部分的正常运行。为此，空间数据库管理员要定义和实施适当的后援和恢复策略，如周期性的转储数据，维护日志文件等，同时还要负责在系统运行期间监视系统的空间利用率、处理效率等性能指标，对运行情况进行记录、统计分析，依靠工作实践并根据实际应用环境不断改进数据库设计。目前，不少数据库产品都提供了对数据库运行情况进行监视和分析的实用程序，空间数据库管理员可以方便地使用这些实用程序完成监视和分析工作。

⑤数据库的改进和重组。在数据库运行过程中，由于大量数据的不断插入、删除、修改会影响系统的性能。因此，空间数据库管理员要定期对数据库进行重组。当用户的需求增加和改变时，空间数据库管理员还要对数据库进行较大的改造，包括修改部分设计，这属于数据库的重组。

2. 空间数据库系统分析员

负责应用系统的需求分析和规范说明，他们应和用户及空间数据库管理员相结合，确定系统的硬、软件配置，并参与数据库的概要设计。

3. 空间数据库应用程序员

应用程序员负责设计和编写空间数据库应用系统的程序模块。

4. 空间数据库用户

这里的用户是指最终用户(end user),他们通过应用系统的用户接口使用数据库。常用的接口方式有菜单驱动、表格操作、图形显示、报表等。

1.4　空间数据库的研究与发展

空间数据库研究的基本问题是用线性结构的计算机管理海量的、有序的、非结构化的地理空间数据。从计算机数据库技术的研究视角出发,包括具有时序特征的多维空间地理现象的计算机描述表达、海量数据存储的索引机制和可视化的操作语言。它的研究与发展可以从两个方面来理解:一是从软件系统角度,即空间数据库管理系统;二是看作地理信息的计算机表达——数据模型、数据获取、数据库设计、数据工程、数据标准、数据质量和数据应用。

1.4.1　空间数据库研究内容

空间数据库的研究,是以地理空间信息科学、计算机科学、信息科学的理论和计算机数据库技术为中心,涉及多个基础学科和应用技术领域,其研究内容是综合性的、多方面的。

从空间数据库的职能来看,数据获取和建库技术、数据操作管理技术、数据定性与定量分析处理技术、数据输出和图形技术是数据库的主要技术。这些技术的实现,涉及许多理论和方法,如地图模型论、地图信息的数字表示和传递方法,数字地图信息的传输途径和方式、数据结构、空间数据变换、计算机图形学等。

概括起来,空间数据库主要研究以下内容:

①地理空间现象抽象表达。为了高效提取数据,组织不同结构的空间数据及相应的拓扑关系,研究空间数据的多种表达方式,满足数据一致性和精度要求以及数据模型、链接、多机构、多尺度等对数据的需求。

②地理空间数据组织。包括地理空间数据模型、数据结构、物理存储结构和空间数据索引的理论和方法。围绕三维乃至多维地理信息系统的建立,对于诸如三维空间数据模型、时空数据模型、三维拓扑数据结构、三维及时空数据库、三维空间查询和可视化以及时空数据查询和可视化等问题,还需要长期的研究和进一步的实践。随着三维地理信息系统、多媒体数据库和时空数据库的研究和发展,对多维空间目标的搜索及更新功能的要求越来越迫切。而目前常用的空间索引技术运用于三维或更高维空间数据时,其查询效率低,甚至无能为力。

③时空关系的研究。地理空间中空间、时间以及和变化相关联的对象研究,不同时间概念的划分,如离散的、连续的、单调的等。具体应用中,笛卡儿坐标和欧几里得坐标的选择,将人类对时间和空间的认知过程具体化、形式化。

④海量空间数据库的结构体系研究。分布式处理和 C/S 模式的应用,使空间数据库具有 Interner/Intranet 连接能力,实现分布式事务处理、透明存取、跨平台应用、异构网

互联、多协议自动转换等功能。

海量数据库中数据模型、结构、算法、用户接口等问题的实现方法，空间代数学，基于逻辑的计算机查询语言，元数据的具体内容和组织，数据压缩和加密方法。

⑤地理空间数据库系统。包括空间数据库引擎、查询语言和数据库体系结构的研究，地理空间数据管理系统，地理空间数据库设计与建立的系统工程方法研究。目前采用的商用空间数据库管理系统虽然在存储模型、进程管理、空间查询、数据缓存以及二次开发上各有其特点和创新之处，但移植性差、灵活性低、不便于应用模型的设计和扩充。因此，建立不依赖于商用数据库的空间数据引擎，也是目前需要解决的问题之一。

⑥空间关系语言研究。以地理空间概念的规范化形式为基础，利用自然语言和数学方法，形成空间关系表达的理论，关于定位表达的计算模型，空间概念的获取和表达，拓扑关系的定义，空间信息的可视化，空间数据库的用户接口。

⑦地理空间数据共享的研究。由地理信息和技术共享到空间数据共享，空间数据共享的理论研究，空间数据共享的场所，空间数据共享的处理方法，包括地理空间数据规范、标准与元数据研究，多源空间数据融合、集成与互操作的理论与方法。

⑧地理空间数据安全问题。数据共享与空间数据安全是一对矛盾。这种矛盾一定程度上限制了地理空间数据的应用与发展。如何在保证地理空间数据安全的条件下实现地理空间数据共享应用是目前测绘管理部门面临的难题。

计算机及相关领域技术的发展和融合，为空间数据库系统的发展创造了前所未有的条件。以新技术新方法构造的先进数据库系统正在或将要为空间数据库系统带来革命性的变化，具体表现为：面向对象模型的应用，使空间数据库系统具有更丰富的语义表达能力，并具有模拟和操纵复杂地理对象的能力；多媒体技术的发展拓宽了空间数据库系统的应用领域。现在广义的地理信息不仅包括图形、图像和属性信息，而且还包括音频、视频、动画等多媒体信息；虚拟现实技术促进了地理空间数据的可视化。这里地理空间数据被转换成一种虚拟环境，人们可以进入该虚拟环境中，寻找不同数据集之间的关系，感受数据所描述的环境。

总之，未来理想的空间数据库系统应该是一个可表示复杂的可变对象的、面向对象的、主动的、多媒体的、可视化的和安全的网络数据库系统。

1.4.2 空间数据库发展概况

1. 空间数据库在国际上的发展概况

（1）开始研究阶段

自 20 世纪 60 年代把计算机引入地图学产生了计算机地图制图技术，人们开始用计算机来表示地图要素及其相互联系，将连续的、以模拟方式表达于纸质地图的空间物体离散化，以便计算机能够识别、存储和处理。以 1963 年美国哈佛大学计算机绘图实验室研制成功世界上第一套计算机制图系统——SYMAP 系统为标志，地图制图学与计算机科学开始交叉。

早期的计算机制图只是把计算机作为工具来完成地图制图的任务，将人们从繁重的手工地图制图劳动中解脱出来，但由此带来了巨大的经济和社会效益。政府、军事部门和企业根据各自的对地图数据的需要，投入了大量的人力、物力，进行各种比例尺的地图数字化，产生了大量的地图数据。但在这一时期，制图资料通过数字化仪转换成数字信息，这些数据则按数字化的先后顺序存储在磁带或纸带上，送入计算机处理后，可在绘图机上绘出，空间数据实际上处于人工管理阶段。

但是，与其他数据相比，地图数据具有一定的数学基础、非结构化的数据结构和动态变化的时间特征，给数据获取、处理和存储带来很大困难，如何妥善保存和科学管理这些地图数据成为人们十分关注的课题。

到了 20 世纪 70 年代，计算机地图制图得到蓬勃发展，地图数据逐步进入数据库管理阶段。第三代、第四代大规模集成电路计算机诞生，内存容量大增，运算速度加快，推出大容量直接存取设备、海量存储设备、人机交互设备和各种输入/输出设备等；数据库技术趋于成熟。同时对包括空间数据库在内的计算机环境下的地图制图的理论和应用问题进行了深入的研究，并取得显著的成绩，这一时期许多国家相继建立了多种形式的制图要素数据库、地名数据库、地理信息系统等。

这一时期的属性数据和空间数据实行分开管理，即属性数据用数据库管理，而空间数据用文件管理。

（2）发展阶段

20 世纪 80 年代大规模、超大规模集成电路问世，第四、第五代计算机，特别是微型计算机和远程通信设备、图形工作站、计算机网络、大容量存储器等设备的出现而且性能价格比不断提高，软件功能也愈来愈强，数据库管理系统等工具软件日益成熟并商品化。这时各种类型的空间数据库和地理信息系统也相继建立。美国建立了 1∶200 万全国空间数据库，1∶10 万国家空间数据库，1∶100 万世界空间数据库，英国建立了大比例尺国家地形数据库。

这一时期的软件在技术上的特点是：空间数据库与属性数据库的无缝结合，另外栅格数据矢量化的研究提高了数据输入的效率，可支持不同形式的地图输出，可处理更复杂和数据量更大的数据，空间分析和应用能力大大提高。

（3）空间数据库的高潮、数据共享和网络数据库技术的成熟和应用

20 世纪 90 年代，随着数据库技术、面向对象技术、图形(图像)技术、动画技术、人工智能技术、多媒体技术和网络技术的发展，硬件性能价格比进一步提高。开始设计出高效一体化的数据结构和面向对象的数据模型，实现了对矢量数据和栅格数据的集成应用，对几何数据、属性数据和关系数据等进行统一的存储与管理，不仅能正确地描述空间要素的位置、属性特征以及相互之间的关系，而且大大提高了数据库存储、管理和查询的效率。这一阶段重视和研究地理信息标准化和数据共享、数据质量，并以高水平的技术为支撑，建立了多种实用的空间数据库系统。

2. 空间数据库在我国的发展概况

在我国，空间数据库起步比较晚，20 世纪 70 年代初开始探讨计算机在地图制图和遥感领域的应用，1977 年诞生了我国第一张计算机输出的全要素地图，国家发展计划委员会于 1978 年在黄山召开全国第一次数据库学术会议。

20 世纪 80 年代随着微型计算机问世，我国进入 GIS 的全面试验阶段(这些试验包括建立数据规范和标准、空间数据库建设等)，并建立了一些系统，如人口信息系统、国土资源信息系统等。在机构与人才建设方面，1985 年在中国科学院创建了我国第一个资源

与环境信息系统实验室，1987年在北京举行了国际GIS学术讨论会，在部分高校相继开设了空间数据库课程甚至专业。

1979年毋河海教授赴法兰克福应用测量研究所学习，主攻"地图数据库管理系统"软件的设计。1990年毋河海教授编著的国内第一本关于空间数据库原理与技术的教材《地图数据库系统》由测绘出版社出版。

20世纪90年代是我国空间数据库全面发展和应用的时期。地图数字化工作起步于80年代后期，相继建立了全国范围的各种比例尺的地图数据库，代表性的有：1∶1500万世界矢量数字地图数据库(1991)，1∶400万全国矢量数字地图数据库(1991)，1∶100万中国地区矢量地图数据库(1994)，1∶25万地形图数据库(1997)，1∶5万地形图数据库等。

1.4.3 空间数据库新发展

1. 空间数据仓库

随着信息技术的飞速发展和GIS业界对海量空间数据存储、管理、分析和交换的需求，以面向事务处理为主的空间数据库系统已不能满足需要，空间信息系统开始从管理转向决策处理，空间数据仓库就是为满足这种新的需求而提出的空间信息集成方案。

空间数据仓库和一般的空间数据库在物理本质上均是对数据高效的存储。空间数据仓库仍然是建立在传统的DBMS之上，二者之间的差别在于它们面向的应用不同。空间数据库(源数据库)负责原始数据的日常操作性应用，提供简单的空间查询和分析；空间数据仓库则根据主题通过专业模型对不同源数据库中的原始业务数据进行抽取和聚集，形成一个多维视角，为用户提供一个综合的、面向分析的决策支持环境。

(1)空间数据仓库的功能特征

空间数据仓库为了决策支持的需要，主要具有以下几方面功能特征：

①空间数据仓库是面向主题的。传统的GIS数据库是面向应用的，它的数据只是为处理某一具体应用而组织在一起的，数据结构只对单一的工作流程是最优的，对于高层次的决策分析未必是适合的。空间数据仓库为了给决策支持提供服务，信息的组织以业务工作的主题内容为主线，每一个主题基本上对应一个宏观的分析领域。

②空间数据仓库是集成的。空间数据仓库是为决策提供支持服务的，它的数据应该是尽可能全面、及时、准确，传统的GIS应用系统是其重要的数据源。为此空间数据仓库以各种面向应用的GIS系统为基础，通过元数据刻画的抽取和聚集规则将它们集成起来，从中得到各种有用的数据。提取的数据在空间数据仓库中采用一致的命名规则、一致的编码结构，消除原始数据的矛盾之处，数据结构从面向应用转为面向主题。

③数据的变换与增值。空间数据仓库的数据来自于不同的面向应用的GIS系统的日常操作数据，由于数据冗余以及标准和格式存在着差异等一系列原因，需根据主题的分析需要，对数据进行必要的抽取、清理和变换。最常见的操作有：语义映射、坐标统一、比例尺变换、数据结构与格式转换、提取样本值等。

④时间序列的历史数据。自然界是随着时间而演变的，任何信息都具有相应的时间标志。为了满足趋势分析的需要，每一个数据必须具有时间的概念。

⑤空间序列的位置数据。自然界是一个立体的空间，任何事物都有自己的空间位置，彼此之间有着相互的空间关系，因此任何信息都应具有相应的空间位置。一般的数据仓库

是没有空间维数据的，不能做空间分析，不能反映自然界的空间变化趋势。

（2）空间数据仓库的体系结构

空间数据仓库是储存、管理空间数据的一种组织形式，其物理实质仍是计算机存储数据的系统，只是由于使用目的不同，其存储的数据在量和质以及前端分析工具上与传统GIS 应用系统有所不同。空间数据仓库按照功能分为以下几部分：

①源数据。空间数据仓库为了支持高层次的决策分析需要大量的数据。这些数据可能分布在不同的已有应用中，存储在不同的平台和数据库中。

②数据变换工具。为了优化空间数据仓库的分析性能，源数据必须经过变换以最适宜的方式进入空间数据仓库。变换主要包括提炼、转换、空间变换。数据提炼主要指数据的抽取，如数据项的重构、删去不需要的运行信息、字段值的解码和翻译、补充缺漏的信息、检查数据的完整性和相容性等；数据转换主要指统一数据编码和数据结构、给数据加上时间标志、根据需要对数据集进行各种运算以及语义转换等；空间变换主要指空间坐标和比例尺的统一、赋予一般数据空间属性。数据转换工具为数据库和空间数据仓库之间架起了一座桥梁。元数据是数据仓库的核心，定义了数据的存储模型和数据结构以及转换规则和控制信息等。

③空间数据仓库。源数据经过变换进入空间数据仓库。空间数据仓库以多维方式来组织和显示数据。维是人们观察现实世界的角度，但多维数据库中的维并不是随意定义的，它是一种高层次的类型划分。空间维和时间维是空间数据仓库反映现实世界动态变化的基础，它们的数据组织方式是整个空间数据仓库技术的关键。在实际分析过程中，可按需要把任一维与其他维进行组合，以多维方式显示数据，供人们从不同角度来多方位地认识世界。空间数据仓库的数据组织方式可分为基于关系表的存储方式和多维数据库存储方式。基于关系表的数据模型主要有星型和雪花模型；多维数据库数据模型主要是超立方体结构模型。

④客户端分析工具。为了提供决策支持，空间数据仓库不仅需要一般的 GIS 查询和分析工具，更需要功能强大的分析工具。客户端分析工具按照功能可以划分为查询型、验证型、挖掘型，主要采用旋转、嵌套、切片、钻取和高维可视化分析技术，以多维视图的形式展现给用户，使用户能直观地理解、分析数据，进行决策支持。

（3）空间数据挖掘

数据挖掘（data mining，DM）可以看作是信息技术自然进化的结果。数据库和数据管理产业在一些关键功能的开发上不断发展：比如数据收集和数据库创建、数据管理（包括数据存储和检索、数据库事务处理）和高级数据分析（包括数据仓库和数据挖掘）。

许多人把数据挖掘视为另一个流行术语"数据中的知识发现"的同义词，而另一些人只是把数据挖掘视为知识发现过程的一个基本步骤。知识发现过程大致包括：数据清洗：消除噪声和删除不一致数据；数据集成：将多种数据源组合在一起；数据选择：从数据库中提取与分析任务相关的数据；数据变换：通过汇总或聚集操作，把数据变换和统一成适合挖掘的形式；数据挖掘：使用智能方法提取数据模式；模式评估：根据某种兴趣度度量，识别代表知识的真正有趣的模式；知识表示：使用可视化和知识表示技术，向用户提供挖掘的知识。

空间数据挖掘（spatial data mining，SDM）是数据挖掘的一个分支，是在空间数据库的基础上，提取用户感兴趣的空间模式与特征、空间与非空间数据的普遍关系及其他一些隐含在数据库中的普遍数据特征，它可以用来理解或重组空间数据、发现空间和非空间数据间的关系、构建空间知识库、优化查询等。

空间数据挖掘从提出到现在只有短短 20 余年时间，但其发展十分迅速，已经取得了十分丰富的成果。目前，空间数据挖掘理论和技术研究方面有待于进一步研究和探索，如多分辨率的数据挖掘、并行数据挖掘、多媒体空间数据库的数据挖掘、知识的可视化表达、分布式空间数据的知识发现、空间数据挖掘语言、新算法和高效率的空间挖掘算法、SDM 与空间数据仓库、SDM 与 GIS、SDM 与空间决策知识系统、SDM 与专家系统的集成等。

2. 大数据时代下的空间数据库

地理空间信息技术的不断进步，使得获取数据的手段和途径极大丰富，这一切都带来了数据量的激增。特别是近些年来，随着个人使用的传感器和具备定位功能电子设备的普及(如智能手机、平板电脑、可穿戴设备等)，人们在日常生活中也产生了大量具有位置信息的数据。加之志愿者地理信息(volunteer geographic information，VGI)的出现，普通民众也加入到了提供数据的行列。整体的趋势导致每天获取的数据增长量达到 GB 级、TB级乃至 PB 级，这一切都预示着大数据时代的到来。

(1)大数据的概念及特征

大数据是指那些由于数据规模过于庞大，导致目前的数据处理技术难以在合理的时间内完成收集处理，并为企业经营决策所用的巨量资料。当前，较为统一的大数据特征有以下四个，可以简称为"4V"特征。

①数据规模大(volume)。大数据聚合在一起的数据量是非常大的，这是大数据的基本属性。

②数据种类多(variety)。数据类型繁多，复杂多变是大数据的重要特性。以往的数据尽管数量庞大，但通常是事先定义好的结构化数据。在数据激增的同时，新的数据类型层出不穷，已经很难用一种或几种规定的模式来表征日趋复杂、多样的数据形式，这样的数据已经不能用传统的数据库表格来整齐地排列、表示。大数据与传统数据处理最大的不同就是重点关注非结构化信息。

③数据要求处理速度快(velocity)。要求数据的快速处理，是大数据区别于传统海量数据处理的重要特性之一。新数据不断涌现，呈爆炸式快速增长，要求数据处理的速度也要有相应的提升，才能保证大量的数据得到有效的利用。

④数据价值密度低(value)。传统的结构化数据，依据特定的应用，对事物进行了相应的抽象，每一条数据都包含该应用需要考量的信息，而大数据为了获取事物的全部细节，不对事物进行抽象、归纳等处理，直接采用原始的数据，保留了数据的原貌，可以分析更多的信息，但也引入了大量没有意义的信息，甚至是错误的信息，因此相对于特定的应用，大数据关注的非结构化数据的价值密度偏低。

(2)大数据时代对空间数据库的挑战

大数据时代下空间数据库的发展并不是一个简单的技术演进，大数据的出现必将颠覆传统的数据管理方式。在数据来源、数据处理方式和数据思维等方面都会对其带来革命性的变化。大数据与空间数据库两者之间的差异主要表现在：数据规模、数据类型、模式和数据的关系、处理对象和处理工具等方面。大数据的数据库集合几乎无法使用大多数的数据库管理系统处理，传统的数据库存储技术受到挑战，同时大数据在数据分析和处理过程中涉及多个独立数据库间数据的共同应用与计算，原数据库的应用率上升，同时这种牵涉甚广的巨型计算对数据库内信息的实效性、真实性、权威性都提出了较高的要求。

在大数据时代，对空间数据库也提出了新的挑战：一是理念更新。大数据带来的是一种全新的模式，空间数据库的观念也要跟随变化，以适应时代的需要；二是及时有效。大数据时代的数据产生迅速，数据的价值生命周期却很短暂，只有能够及时有效地从数据中挖掘信息，才能获取价值；三是集成分析。如果将分析集成到与数据所面临的环境中，将加快信息分析的速度，使分析结果能够更快地实现可操作化；四是可扩展。面对大数据必须采取新方法来处理数据，要实现从规模较小的数据集到大规模数据集的分析。

大数据价值的完整体现需要多种技术的协同。空间数据库系统的建立是其关键技术之一，实现通过数据分析技术从数据库中的大数据提取出有益知识的最终目的。大数据是海量的异构数据，独立的空间数据库之间甚至不存在直接联系，必须借由计算模型对数据进行统计、比对、解析方能得出客观结果。空间数据库也是大数据应用的基础，是云计算实施的要素，空间数据库在大数据时代的数据信息变革中的发展必将产生新的趋势：大数据时代下的数据库搭建要求更先进的技术支持与更开放的运算与存储技术；大数据时代下数据库的资料信息更新会更加迅速；大数据时代下不同类型数据库下的存储资料之间的联系、交流、应用将更加频繁。

(3)时空大数据挖掘

2012年在印度新德里举行的首届大数据分析国际会议上，与会代表达成共识，认为大数据的检索、挖掘和表达是大数据处理面临的三大挑战。

事实上，研究和发展检索技术是为了使人类有能力对大数据进行高效的价值挖掘和知识发现，并最终通过合理高效的表达，使挖掘出的价值和知识能够为人类所用，因此，大数据核心价值的实现就在于数据挖掘。

与时空位置相关的大数据称为时空大数据，其特征除了"4V"之外，还包括时空数据的位置、时间、属性、尺度、维度等，因此，时空大数据在体量、产生速率、服务对象等方面均与普通数据存在较大差异，从而使时空大数据挖掘呈现出新的特性：

①数据组织管理形式更加自由。随着时空大数据的体量不断增大，已经超出了传统的数据库和数据仓库管理模式的极限，因此其组织形式必须实现突破，目前已有的组织形式包括文件式存储和以键-值型数据库为代表的各类No-SQL型数据库方案。

②数据处理方法并行化。随着数据存储从单机模式转换为集群和超大规模集群模式，数据处理方法必须实现并行化，以满足并行计算和时空大数据处理的需要。

③流数据处理需求日益重要。时空大数据的产生速度快，且要求能够在短时间内对其进行处理，这就导致对于时空大数据的流数据进行实时处理变得日益重要。

④服务需求在数量和范围上扩展。时空大数据作为一种重要的战略资源，也遵循着"80｜20法则"，即80%的时空大数据掌握在20%的人手中，事实上，目前能够对时空大数据进行有效利用的组织和机构还非常少，数据的集中程度也更高。高度集中的数据就导致了拥有数据的组织和机构需要对其服务范畴进行扩展，首先需要为多个行业的多种对象提供各式各样的服务，这就要求能够对数据进行多种方式和目的的数据挖掘；此外，大量的服务对象和服务请求将会为时空大数据挖掘带来新的特征：高并发性，这也要求这些组

织和机构能够高速、高效地进行数据挖掘。

总之，时空数据挖掘是凸显大数据价值、盘活大数据资产和有效利用大数据的基础技术。可以用于从数据中提取信息，从信息中挖掘知识，在知识中萃取数据智能，提高自学习、自反馈和自适应的能力，实现人机智慧（王树良，2013）。

1.5 我国空间数据库建设与应用

目前，空间数据库已广泛应用于国民经济建设和国防建设。例如：城乡规划与动态监测与管理，土地利用和动态监管，能源和矿产资源勘探、开发和管理，水文水资源动态监测，水资源开发优化配置与管理，水环境、水生态监测和预测，水土流失监测预报，气象预报和重大自然灾害监测、风险评估、预警预报与灾情评估，森林资源、湿地资源、野生动植物资源、荒漠化沙化土地监测与评价，林业重点建设和生态保护工程的监测与管理，重大森林灾害预警与预报、监测和评估，大气环境监测和预测，国家生态环境动态监测与评价，海岸带及海洋资源探测、开发与管理，海洋生态环境保护与管理，海洋灾害监测与预警预报，农业和农村资源环境动态监测，突发性环境污染事故应急监测、沙尘暴监测、区域资源开发环境效应监测与评估、城市环境监测、智能交通与交通信息服务，社会公众服务，电子商务、电子政务、城市管理与数字城市等各领域。为此，近 40 年来，我国开展了大规模的数据库建设。

1.5.1 代表性空间数据库建设项目

1. 国家基础地理信息系统 1:100 万数据库建设

全国 1:100 万数据库是国家基础地理信息系统多尺度数据库群中最小比例尺的数据库。在其建设过程中和建成后已为国家数十个部门、科研教学单位、企业提供了空间信息和优质服务，取得了较大的社会与经济效益。全国 1:100 万数据库是国家测绘局向国内外公开的最大比例尺空间数据库，它已经成为国家各部门不可缺少的地理空间定位基础。一个能够持续更新的全国 1:100 万数据库是社会各界迫切需要的。

2002 年基础测绘项目全国 1:100 万数据库更新（2002 年版），由中国测绘科学研究院承担完成。项目成果是中国 1:100 万数字地图（2002 年版），全国 1:100 万数据库的更新提高了国家基础地理信息系统整体现势性水平。全国 1:100 万数据库更新成果，可以更好地满足国民经济和社会发展对基础地理信息的需要；作为各类专业地理信息系统的空间定位基础和重要基础信息，在国家宏观经济决策、国防等诸多领域发挥更大的作用。该项目成果已经应用到国务院综合国情地理信息系统、中联部电子政务工程、中科院、黄河勘测规划设计有限公司、中国出版对外贸易总公司、中国人民武装警察部队等部门和企业，取得了较好的社会效益。

2. 国家基础地理信息系统 1:25 万数据库建设工程

全国 1:25 万数据库由地形数据库、数字高程模型数据库和地名数据库三个部分构成，覆盖全国范围。全国 1:25 万数据库在数据采集前对 20 世纪 80 年代出版的 1:25 万地形图进行了全面更新，数据库数据的现势性整体上截至 1995 年底，部分省区的数据现势性截至 1997 年。在建库过程中，该项目严格按照已发布实施的国家标准或行业标准及有关技术规定，制定了完整的建库方案和统一的技术规定，保证了数据库的规范化和标准化。

国家基础地理信息系统全国 1：25 万数据库是一个以应用为导向，生产、科研和管理有机结合的大型产业化系统工程，是国家基础地理信息系统和国家空间数据基础设施的重要组成部分，也是国家测绘局"九五"重点项目。为满足国民经济建设的需要，并与我国国民经济信息化进程相适应，国家测绘局早在"八五"期间就着手我国国土基础地理信息系统的整体部署，并完成了全国 1：100 万地形数据库、地名数据库和数字高程模型库的建设。在此基础上，为了进一步加强基础测绘，满足各省、自治区和直辖市建设综合省情地理信息系统的要求，更好地为各级政府决策提供服务，国家测绘地理信息局在进行两年多的技术准备后，于 1996 年全面启动 1：25 万数据库的建设，经过近 3 年的努力而完成。1：25 万数据库的建成标志着我国空间数据基础设施建设发展到了一个新阶段，它使测绘部门为国民经济建设提供基础地理信息的服务迈上一个新台阶。

3. 国家基础地理信息系统 1：5 万数据库建设工程

国家基础地理信息系统 1：5 万数据库建设工程，是迄今为止我国投入经费最多、工程最大、技术最复杂、历经时间最长、应用前景最广泛的基础空间数据库。工程建成的1：5 万数据库，包括数字栅格地图（digital raster graphic，DRG）、数字高程模型（digital elevation model，DEM）、核心地形要素矢量数字线划图（digital line graphic，DLG）、地名、土地覆盖、数字正射影像（digital orthophoto map，DOM）及相应的元数据等 7 个子数据库和整体集成管理系统，数据覆盖全国陆地范围，合 24218 幅 1：5 万地形图（其中西部地区约有 $200×10^4km^2$ 区域用 1：10 万地形图资料替代），数据总量达 5.3TB，是目前覆盖全国规模最大、内容丰富、精度高的多数据源基础地理信息数据库。国家基础地理信息中心承担了 1：5 万数据库的建库与集成工作。

1：5 万数据库在原 1：5 万地形图资料的基础上，利用航空航天影像资料、公路交通数据和省际勘界成果，对部分要素进行了更新；DLG 数据平面精度和高程精度均达到1：5万数据库技术规定的要求，DRG、DEM 精度可靠，DOM、LC、GN 数据与 DLG 数据套合精度良好。数据库系统的完整性、数据精度、现势性、安全性均达到设计要求。工程建设中 7 个子库数据分别采集，相对独立建库，对各子库数据体间的协调关系和要素内容进行了整合处理，数据内容完整，关系合理；数据库集成管理系统实现对 7 个子库的统一管理，具有数据库加载卸载、视图管理、查询检索、数据输出、地图制作、数据库维护、订单管理和安全管理等功能。

1.5.2 代表性空间数据库

国家基础地理信息数据库是存储和管理全国范围多种比例尺地貌、水系、居民地、交通、地名等基础地理信息，包括栅格地图数据库、矢量地形要素数据库、数字高程模型数据库、地名数据库和正射影像数据库等。国家测绘局 1994 年建成了全国 1：100 万地形数据库（含地名数据库）、数字高程模型数据库和 1：400 万地形数据库等；1998 年完成了全国 1：25 万地形数据库、数字高程模型和地名数据库建设；1999 年建设七大江河重点防范区 1：1 万数字高程模型数据库和正射影像数据库；2000 年建成全国 1：5 万数字栅格地图数据库；2002 年建成全国 1：5 万数字高程模型数据库，并更新了全国 1：100 万和1：25万地形数据库；2003 年建成 1：5 万地名数据库、土地覆盖数据库、TM 卫星影像数据库。全国 1:5 万矢量要素数据库、正射影像数据库目前也已完成并进行了更新等。各省大多建立了本辖区 1:1 万地形数据库、数字高程模型数据库、正射影像数据库和数字栅格地图数据库等。

1. 地形数据库

地形数据库是空间型的 GIS 数据库。它是将国家基本比例尺地形图上各类要素包括水系、境界、交通、居民地、地形、植被等按照一定的规则分层，按照标准分类编码，对各要素的空间位置、属性信息及相互间空间关系等数据进行采集、编辑、处理建成的数据库。根据国家基础地理信息系统总体设计，国家级地形数据库的比例尺分为 1:100 万、1:25 万和 1:5 万三级；省级地形数据库的比例尺分为 1:25 万、1:5 万和 1:1 万三级。

①全国 1:400 万地形数据库。全国 1:400 万地形数据库，是在 1:100 万地形数据库基础上，通过数据选取和综合派生的。数据分 6 层，内容包括主要河流(5 级和 5 级以上)、主要公路、所有铁路、居民地(县和县级以上)、境界(县和县级以上)及等高线(等高距为 1000m)。

②全国 1:100 万地形数据库。全国 1:100 万地形数据库主要内容包括：测量控制点、水系、居民地、交通、境界、地形、植被等。该数据库利用 1:100 万比例尺地形图作为数据源，执行《国土基础信息数据分类与编码》(GB/T 13923—92)国家标准。

③全国 1:25 万地形数据库。全国 1:25 万地形数据库内含 819 幅图，共分水系、居民地、铁路、公路、境界、地形、其他要素、辅助要素、坐标网以及数据质量等 14 个数据层，该数据库按地理坐标和高斯-克吕格投影的平面坐标两种坐标系统分别存储。资料截止日期为 1995 年底，部分地区为 1997 年底。

④全国 1:5 万矢量要素数据库。全国 1:5 万矢量要素数据库是由水系、等高线、境界、交通、居民地等大类的核心地形要素构成的数据库，其中包括地形要素间的空间关系及相关属性信息，该数据库采用高斯-克吕格投影，1980 西安坐标系和 1985 国家高程基准，按 6°分带。

2. 地名数据库

地名数据库是空间定位型的关系数据库。它是将国家基本比例尺地形图上各类地名注记包括居民地、河流、湖泊、山脉、山峰、海洋、岛屿、沙漠、盆地、自然保护区等名称，连同其汉语拼音及属性特征如类别、政区代码、归属、网格号、交通代码、高程、图幅号、图名、出版年度、更新日期、X 坐标、Y 坐标、经度、纬度等录入计算机建成的数据库。它与地形数据库之间通过技术接口码连接，可以相互访问，也可以作为单独的关系型数据库运行。

①全国 1:25 万地名数据库，是一个空间定位型的关系数据库，其主要内容是 1:25 万地形图上各类地名信息及与其相关的信息，如汉语拼音、行政区划、坐标、高程和图幅信息等。该数据库设计了地名信息、行政区划信息、图幅信息、图幅与政区关系、地名类别对照、行政区划与政区代码对照 6 个表，其中前 4 个表为基本信息表，后 2 个表为辅助信息表。共有 805431 条地名。

②全国 1:5 万地名数据库。以最新版的 1:5 万地形图作为基础工作图，采用内业与有重点的实地核查相结合的地名更新方法，充分利用民政部门提供的全国及省级行政区划简册、地名录(志)、地名普(补)查图等地名资料，以及最新的测绘成果，进行了全国范

围建制村以上地名数据的核查与采集。共核查、采集 1 : 5 万地形图地名数据 500 多万条，数据量为 1.2GB，更新地名近 140 万条，占全部地名的 26.4%。数据库中县以上地名数据的现势性截至 2002 年底，街道办事处、镇、乡及建制村截至 2000 年底，其中 9 个省采用 2001 年撤乡并镇后的资料。

3. 数字高程模型数据库

数字高程模型数据库是空间型数据库。它是将定义在平面 X、Y 域(或理想椭球体面)按照一定的格网间隔采集地面高程而建立的规则格网高程数据库。它可以利用已采集的矢量地貌要素(等高线、高程点或地貌结构线)和部分水系要素作为原始数据，进行数学内插获得。也可以利用数字摄影测量方法，直接从航空影像采集。其中，陆地和岛屿上格网的值代表地面高程，海洋区域内的格网的值代表水深。

①全国 1 : 100 万数字高程模型数据库。利用 1 万多幅 1 : 5 万和 1 : 10 万地形图，按照 $28''.125 \times 18''.750$(经差×纬差)的格网间隔，采集格网交叉点的高程值，经过编辑处理，以 1 : 50 万图幅为单位入库。原始数据的高程允许最大误差为 10~20m。

②全国 1 : 25 万数字高程模型数据库。用于生成全国 1 : 25 万数字高程模型的原始数据包括等高线、高程点、等深线、水深点和部分河流、大型湖泊、水库等。采用 TIN 内插获得全国 1 : 25 万数字高程模型，以高斯-克吕格投影和地理坐标分别存储。高斯-克吕格投影的数字高程模型数据，格网尺寸为 100m×100m，以图幅为单元，每幅图数据均按包含图幅范围的矩形划定，相邻图幅间均有一定的重叠；地理坐标的数字高程模型数据，格网尺寸为 $3'' \times 3''$，每幅图行列数为 1201×1801，所有图幅范围都为大小相等的矩形。

③1 : 5 万数字高程模型数据库。利用全数字方法生产。部分采用 1 : 5 万数据库数据，采用 Arc/Info 软件的 TIN 和 GRID 模块，生成 25m×25m 格网形式的全国 1 : 5 万 DEM，存储格式为 Arc/Info GRID。采用 6° 分带的高斯-克吕格投影，1980 西安坐标系和 1985 国家高程基准。

4. 数字栅格地图数据库

数字栅格地图数据库是空间型数据库。它是已经出版的地图经过扫描、几何校正、色彩校正和编辑处理后，建成的栅格数据库。该数据库可管理 DRG 的数据目录，支持数据分发。库体中存储和检索的最小单位一般是图幅，可按图幅/区域进行管理。

全国 1 : 5 万数字栅格地图数据库是现有 1 : 5 万模拟地形图的数字形式。扫描输入 400~600dpi，按地面分辨率 4m 输出。按照 1 : 5 万地形图分幅存储，存储格式为 TIFF(LZW 压缩)。全国 1 : 5 万 DRG 数据库在空间上包含 19000 多幅 1 : 5 万地形图数据，覆盖整个国土范围 70%~80%。

5. 数字正射影像数据库

正射影像数据库是空间型数据库。它是由各种航空航天遥感数据或扫描得到的影像数据经过辐射校正、几何校正，并利用数字高程模型进行投影差改正处理产生的正射影像，有时附之以主要居民地、地名、境界等矢量数据，构成的影像数据库。影像可以是全色的、彩色的，也可以是多光谱的。影像数据可以采用压缩方式存储以节约存储空间。其比例尺系列与地形数据库相一致。

1 : 5 万数字正射影像数据库是将扫描数字化的航空像片的影像数据，经逐像元进行几何改正，按标准 1 : 5 万图幅范围裁切和镶嵌生成的数字正射影像集而构建的空间影像数据库。其影像数据是按照 1 : 2.5 万地形图的精度进行生产，地面分辨率为 1m，同时具有地图几何精度和影像特征的图像。

6. 土地覆盖数据库

土地覆盖数据库是利用全国陆地范围 2000 年前后接收的 Landsat 卫星遥感影像采集的，共计 752 幅(1 : 25 万分幅)，数据量约为 12GB。土地覆盖分 6 个一级类和 24 个二级类，采用 6°带高斯投影，包括栅格和矢量两种数据格式。数据库采用基于 Oracle 8i 的 ArcSDE 和 ArcMap 平台进行管理，可满足检索、查询、浏览和分发服务的需求。

7. 航天航空影像数据库

航天航空影像数据库是利用各种航天航空遥感数据或扫描得到的影像数据为数据源而设计构建的空间影像数据库，其具有多时间分辨率、多光谱分辨率、多空间分辨率、多灰度分辨率等特征。

①航空影像数据库。包括航片扫描影像库、航片预览影像库、航片定位数据库和航摄文档参数数据库。数据库包括我国 20 世纪 50 年代以来航空摄影资料，扫描精度不低于 4μm。目前数据库正在建设中。

②卫星影像数据库。利用遥感卫星对地观测的影像数据作为数据源，经加工处理、整合集成而形成的空间影像数据库。TM 卫星正射影像数据库业已建成，其数据源为 Landsat 7 卫星 ETM+传感器所获取的 15m 分辨率的全色影像数据和 30m 分辨率的多光谱影像数据，共包括覆盖全国陆域范围的 522 景影像。SPOT 卫星正射影像数据库数据源为 SPOT 全色波段数据(10m 分辨率)，覆盖全国陆域(除新疆和西藏的少数荒漠地区)的卫星影像数据。

1.5.3 空间数据库的应用

空间数据库技术是测绘数字信息工程的核心技术，空间数据库的发展是为满足信息处理领域对空间数据的需求，为适应现代社会对地图数字产品的需求而发展起来的，也是以计算机领域数据库技术的形成发展和计算机地图制图技术、地理信息系统的发展为基础的。

1. 空间数据库与地理信息系统

空间数据库是地理信息系统、空间决策支持系统(spatial decision support system, SDSS)等空间信息系统的核心和基础。空间数据是 GIS 的血液，GIS、SDSS 的分析与决策必须有相应的空间数据支撑才能进行。

GIS 的出现，激发了人们开发空间数据库管理系统的兴趣。GIS 是在计算机硬、软件系统支持下，对现实世界各类空间数据及描述这些空间数据特性的属性进行采集、储存、管理、运算、分析、显示和描述的技术系统，它作为集计算机科学、地理学、测绘遥感学、环境科学、城市科学、空间科学、信息科学和管理科学为一体的新兴边缘学科而迅速地兴起和发展起来。地理信息系统中"地理"的概念并非指地理学，而是广义地指地理坐标参照系统中的坐标数据、属性数据以及由此为基础而演绎出来的知识。一般意义上的地理信息系统，可分为七大功能模块(图 1-3)，分别是多媒体空间数据采集与输入模块、多媒体空间数据库模块、分析应用支撑或工具模块、空间查询与分析模块、辅助决策模块、地图制图模块与输出模块等。利用 GIS 中丰富的功能，可以对空间数据的对象和图层进行多种操作，而利用数据库管理系统则可以对更多的对象集和图层集进行更为简单的操作。

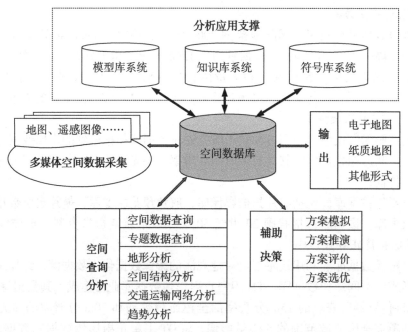

图 1-3   地理信息系统的功能模块构成

从图 1-3 中可以看出，空间数据库是 GIS 的核心和动力，它为 GIS 存储和管理空间数据。GIS 从一定程度上也可以理解为空间数据库系统，没有空间数据库，GIS 则毫无用处可言。所以，从某种角度来讲，GIS 是以空间数据库为基础，采用地理模型分析方法，适时提供多种空间的和动态的地理信息，为地理研究和地理决策服务的计算机技术系统。

GIS 与其他传统意义上的信息系统的根本差异在于：GIS 不仅能够存储、分析和表达现实世界中各种对象的属性信息，而且能够处理其空间定位特征，能将其空间和属性信息有机地结合起来，从空间和属性两个方面对现实世界进行查询、检索和分析，并将结果以各种直观的形式，形象而精确地表达出来。

从空间数据库角度看，GIS 就是基于一种使用地理术语来描述世界的结构化数据库。对于 GIS 而言，它就是空间数据库管理系统的前端，在 GIS 对空间数据进行分析之前，先通过空间数据库管理系统访问这些数据。因此，利用一个高效的空间数据库管理系统可以大大提高 GIS 的分析、查询等效率。

2. 空间数据库与数字地图制图

地图是传递地理信息和载负地理信息的最有效工具。近年来，随着计算机技术和激光照排技术的出现，迅速与地图制图相结合，逐渐形成与发展起来一门新的技术方法——数字地图制图技术，通过它来获取和应用地理信息，进行地图生产和更新。因此，计算机引入地图制图学发展了计算机制图技术，产生了数字地图，地图数据的管理发展了空间数据库。目前，地图生产的整个过程已全部实现数字化，空间数据的收集、分析整理、存储与管理、调度、供应、更新等一系列问题都需要空间数据库技术的支持。

采用数字地图制图技术可使地图数据库的维护、更新与新的地图生产过程联系起来，可使地图的制作与地理信息的获取和更新结合起来，可使数字地图三种基本形式的相互转换成为可能。同时，数字制图技术使地图生产与已有地图数据库数据更新紧密结合在一起，形成良性循环的发展道路。

利用空间数据库，采用计算机成图方法可以直接生产多种新的地图品种，用空间数据库的数据还能制作三维立体图、雕刻三维立体模型、电子地图等。

3. 军事指挥自动化、现代武器和定位系统

在计算机屏幕和指挥自动化系统的屏幕上显示地图图形，既可显示较大范围的地形要素作为宏观控制，又能显示较小区域的详细内容，为综观全局、深入了解局部、全面认识区域范围内的地理环境提供依据。

空间数据库中的信息能够作为高技术武器系统的组成部分安装在武器系统中，引导武器系统按恰当的路径飞行并准确地击中目标。

另外，空间数据库中的内容还能与车辆、舰船上的定位系统相结合，为车辆通行和舰船航行提供保障。

第2章 空间现象的数据表达

所有的地理要素都可以抽象为一个单一位置表示的点状要素，一组有序坐标表示的线状要素或一个封闭边界包围的同类型区域的面状要素。为了使计算机能够识别、处理、存储、管理这些地理要素和制作地图，必须把现实世界中连续的地理要素转换成数字，即将连续的空间分布的地理现象转换成为离散的数字模型，用数据表示要素及其相互联系，把复杂的地理现象转换处理成几何精度高的、空间和逻辑关系清楚的数据集合。因此，空间现象的离散和离散数据的集合是空间数据库的核心。

2.1 地理实体及数据表达

2.1.1 地理实体

实体是现实世界中客观存在并可相互区别的事物。实体可以指个体，也可以指总体（个体的集合）。将现实世界中复杂的地理现象进行抽象得到的地理对象称为地理实体或空间实体。学者们给出了一系列关于地理实体的相关定义，总体上都认为地理实体指的是大量地理事物。《中国大百科全书》（地理学卷）地名学对地理实体有比较确切的描述："举凡江、河、湖、海、山、岗、岭、原、城、市、村、镇，台、站、场、所等，只要是有一定位置，一定范围的地理事物，都可谓之地理实体"。

本教材将其定义为：地理实体是指为方便信息决策者分析与决策而进行抽象的能独立反映空间信息的实体，是地理空间中具有完整实际意义的最小地理单元，它在地理空间中具有确定的位置、属性和空间关系三个基本特征。地理实体分为客观地理实体和抽象地理实体。客观地理实体是指客观存在的对象，如要对一栋楼房的信息进行管理，楼房就作为客观地理实体。抽象地理实体是指人们根据实际需要而定义的非客观存在的实体，如要对一个公司进行管理，公司就作为抽象地理实体。

2.1.2 地理实体的表达

地理实体用一个二元组$((E, P), D)$表示，其中(E, P)也为一个二元组。(E, P)为地理实体的内涵，E是一个客观存在，地理实体要有一个客观存在的地理事物或地理现象，且具有唯一的标识符；P是统一在地理实体下客观存在的属性，包括空间和非空间属性。空间属性用来描述实体的地理位置、形态、空间分布等特征，非空间属性用来描述实体的分类分级、名称、说明、质量数量特征等各种非空间特性，为保证地理实体属性的完整性和便于管理与查询，在数据管理过程中将属性统一到对象关系数据库中。D为地理实体的外延，是客观存在E的语义特征集，是对客观存在语义上的描述，是从人们的认知角度给地理实体一个描述，是一个抽象对象，与相应的客观存在捆绑在一起，逻辑上可以是并列结构也可以是层次结构，可表示为：

$$((P_{11}, P_{12}, P_{13}, \cdots), (P_{21}, P_{22}, P_{23}, \cdots, P_{2k}, \cdots), \cdots, (P_{i1}, P_{i2}, P_{i3}, \cdots, P_{im}, \cdots), \cdots), \quad i, j, k, m = 0, 1, 2, \cdots, P_i 为基本语义单位。$$

地理单元随研究区域的大小、规模不同而有所不同。因此，E 可以由其他的实体组合而成，即

$$E = (e_1, e_2, e_3, \cdots, e_i, \cdots), \quad i = 1, 2, 3, \cdots$$

e_i 是具有完整地理意义的最小逻辑单元。

2.1.3 基于实体的地理空间数据模型

1. 基于实体的地理空间

基于实体的地理空间采用相对空间的定义，是指具有空间属性特征的实体的集合，由不同实体之间的空间关系构成。也就是说，地理空间是一个定义在地球表层目标集上的关系。在目标之间有无数种关系，如度量关系、顺序关系、拓扑关系、继承关系、概括关系、聚集关系等。

地理环境中的各种地理现象和物体是复杂多样的，它们的关系更是错综复杂。从不同角度、用不同方法去理解现实世界，会产生不同的模型。同时，人的空间认知往往只能反映地理空间的某一范围或某一侧面，形成的认知模型仅仅表现地理空间的某一方面。因此，要根据数据组织、表达和处理的方式要求，选择最佳的认知模型，以助于人类对客观世界的认知。目前地理空间认知模型大体上分为 3 类，即基于对象（实体）、基于网络和基于域的认知模型。

如图 2-1 所示，基于实体的模型是将研究的整个地理空间看成一个空域，地理实体和现象作为独立的对象分布在这个空域中。按照其空间特征划分成最小单元对象，对象也可能由其他对象构成复杂对象，并且与其他分离的对象保持着特定的关系，如拓扑关系。每个对象对应着一组相关的属性以区分不同的对象。基于实体的概念视图标识单个地理现象，这些现象按照空

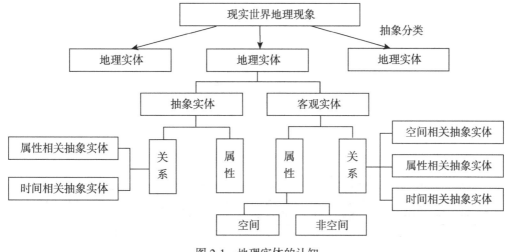

图 2-1 地理实体的认知

间、时间和非空间属性以及其他现象在空间、时间和语义上的关系来描述。

2. 基于实体的地理空间特征

地理实体是地理空间中能独立反映空间共同定义、有实际位置意义的最小地理单元。地理实体在空间中的基本特征包括：确定的几何、属性、语义和空间关系。

①几何特征。空间对象的位置是空间对象和空间基准坐标系之间的关系，可以通过测量并转换为平面基准坐标。空间几何特征也称为位置特征，具体包括地理实体的位置、大小、形状、分布状况等。

②属性特征。属性是人们通过对周围地理实体的认识、了解和解释，并在头脑中形成相应的对空间对象的定义、描述和说明。属性特征是与地理实体相联系的数据，用于表达事物本质特征，以区别于其他实体。

③语义特征。语义是用户工作环境中某些可标识的事物的标识。语义的属性可以是单值的简单属性，也可以是一组属性，还可以是一个对象。其主要作用是进行深层次的空间分析与决策或共享操作。语义对象可以有自己的操作方法。

④空间关系。空间关系是人类对地理空间认知结果的高度概括，是人类所形成的空间概念的最重要的基本组成部分，形成了人类进行空间描述、推理与分析的基础。通常情况下，描述与记忆一个地理实体的位置不是以几何坐标的形式给出，而是以它与周围物体的关系的形式给出的。这种描述比几何描述更基本、更重要。如一个学校在哪两条路之间，靠近哪个道路交叉口。通过空间关系描述，可以在很大程度上确定某一目标的位置，而一串纯粹的地理坐标对人的认识来说几乎是没有意义的。

3. 地理实体的空间数据模型

地理空间数据模型是用数据对地理实体的抽象表达，是对现实世界地理空间的抽象和形式化描述，是空间数据库中用于提供信息表示和操作手段的形式构架，是研究地理空间数据表达、管理和进行空间分析的基础。

如图 2-2 所示，基于实体的地理空间数据模型利用面向对象技术将地理目标抽象为具有属性、行为和规则的对象类，对象类间具有一定的联系。基于实体的地理空间数据模型

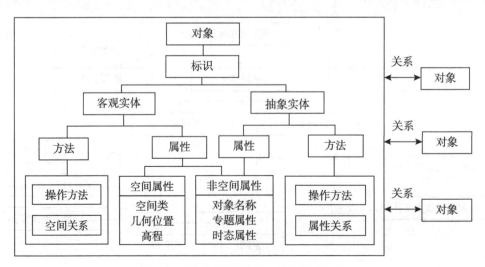

图 2-2　基于实体的面向对象数据模型

以具有空间独立意义的物体作为一个完整的目标进行单独存储,每个地理实体相对独立,在空间数据库中每一个地理实体是点、线、面或者三者的复合体。在具体组织和存储时,可将实体的坐标数据、属性数据(如建立了拓扑关系,拓扑关系也放在表中保存)与语义数据统一存放在关系数据库中。该模型以独立、完整具有地理意义的实体为基本单位对地理空间进行表达,每个对象(地理实体)封装了若干属性和一组操作,并且具有继承、联合、扩展等特性。

2.2 地理实体形态的表达

为了使计算机能够识别、处理、存储、管理地理要素和制作地图,必须把连续的图形转换成数字,即将连续的空间分布的地图模型转换成为离散的数字模型,用数据表示要素及其相互联系,把复杂的模拟信息转换成几何精度高、空间和逻辑关系清楚的数据集合,即把地图表现的数据资源组织到一个具体的数据模型中去。因此,空间图形的离散和离散数据的集合是地理数据库的核心。

地理空间现象形态的表达方式是由计算机产生图形的方法和特点,尤其是由计算机图形输入、输出设备(如显示器、绘图机)的原理和特点决定的。主要有矢量和栅格两种方式,且都以笛卡儿坐标系为基础。

2.2.1 空间现象形态的栅格表达

栅格数据结构——以规则的像元阵列来表示地理实体的空间分布的数据结构,其阵列中的每个数据表示地理实体的属性特征。换句话说,栅格数据结构就是像元阵列,用每个像元的行列号确定位置,像元值表示实体的类型、等级等的属性编码。点状要素的几何位置可以用其定位点所在单一像素的行列号表示,线状要素可借助于其中心轴线上的像素来表示,中心轴线恰好为一个像素组,即恰好有一条途径可以从轴线上的一个像素到达相邻的另一个像素。由于像素相邻模式有两种,即"4向邻域"和"8向邻域",所以由一像素到另一像素的途径可以不同,对于同一线状要素,在栅格数据中可得出不同的中心轴线。面状要素可借助于其所覆盖的像素的集合来表示。

在栅格数据中,图形和图像的纹理由像素确定,像素用灰度等级或颜色值标识。当颜色和灰度只有黑白二值时,图像和图形没有区别。因此,为了对图像进行进一步处理或将栅格数据向矢量数据转换,常常对图像进行二值化处理。

栅格数据具有数据获取自动化程度高、数据结构简单、便于存储和计算,并易于进行叠置分析,有利于与遥感数据进行匹配分析和应用等优点。但栅格数据的数据量大,图形分辨率比较低。分辨率大小是图形或图像数据采样时的一个问题,分辨率越高,像素量越多,数据量越大,要求计算机资源越多;分辨率太小,又满足不了用户的要求。

栅格数据的主要来源包括遥感数据、地图或图像扫描数据、矢量数据转换以及人工方法获取等。随着遥感技术的成熟和推广应用,遥感数据已经成为地理数据库最重要的数据源,因此,栅格数据是计算机存储和处理的一种常用的数据格式。

1. 栅格格式及其结构

栅格格式,即将空间分割成有规则的网格,在每个网格上给出相应的属性信息来表示地理信息的一种形式。在栅格数据中，地理表面被分割为相互邻接、规则排列的结构体，如正方形、矩形、等边三角形、正多边形等，其中正方形网格最常见。每个网格称为一个像元，像元值对应地理实体的属性信息。如果给定参照原点及 X、Y 轴的方向以及网格的生成规则，则可以方便地使网格位置与平面坐标对应起来，即每个网格都具有明确的平面坐标，并用行列式方式直接表示各个网格属性值。属性值可以是对应于地理实体的颜色、符号、数字、灰度值等。由此可知，栅格数据、遥感图像及扫描数据的数据格式基本相同。由于栅格数据结构表达的数据由一系列的网格按顺序有规律排列而成，所以很容易用计算机处理和操作。

用栅格数据描述地理实体的结果如下：

点实体：表示为一个像元，如图 2-3(a)所示。

线实体：表示为在一定方向上连接成串的相邻像元的集合，如图 2-3(b)所示。

面实体：表示为聚集在一起的相邻像元的集合，如图 2-3(c)所示。

(a)点实体　　　　　　　　(b)线实体　　　　　　　　(c)面实体

图 2-3　地理实体的栅格数据表示

很明显，栅格数据的优点包括：①通过网格行列号直接表征地理实体的位置、分布信息，而结合网格行列号及属性值则可以直观地表示地理实体之间的空间关系；②多元数据叠合操作简单，不同的数据源在几何位置上配准，将代表空间目标的属性的网格值按一定规则进行简单的加、减等处理，便可得到异源数据叠合的结果，容易实现各类空间分析(除网络分析外)功能及数学建模表达；③可以快速获取大量相关数据。

栅格数据的不足：①精度取决于原始网格(像元)的大小，处理结果的表达受分辨率限制；②数据相关造成冗余，当表示不规则多边形时数据冗余度更大，在遥感影像中存在大量的背景信息；③不同数据有各自固定的格式，处理时需要加以转换；④建立网络连接关系比较困难，难以进行网络分析；⑤难以对单个地理实体进行操作；⑥数学变化针对所有网格(像元)时，耗时较多。

针对栅格数据结构的特点，许多学者在具体使用时都采取扬长避短的策略，并设计了多种不同的编码方法来表达原有空间数据。

2. 栅格数据编码方法

栅格数据压缩编码是指在满足一定数据质量的前提下，用尽可能少的数据表示原始栅格信息。主要目的是消除数据冗余，用不相关的数据来表示栅格图像。自从 1948 年 Oliver 提出 PCM 编码理论以来，已有上百种编码，如 Huffman 码、Fano 码、Shannon 码、游程长度编码、Freeman 码、B 码等。总体而言，可分为信息保持、失真及限失真两大类编码。其中信息保持编码是指栅格数据经过压缩后的编码，在解压后可以完全恢复原始数据，不产生信息损失，如游程编码等。失真及限失真编码是指栅格数据经过编码压缩后，在解压时不能完全恢复原始数据，而产生一定的信息损失。一般的影像数据都采用失真及限失真编码，这类编码又称为保真度编码，如 Shannon 码等。由于地理信息的质量、精度高要求，栅格地理数据一般采用信息保持偏码。这里主要介绍直接编码、游程长度编码和四叉树编码。

（1）直接编码

将栅格数据看作一个数据矩阵，逐行（或逐列）记录代码，可以每行都从左到右记录，也可以奇数行从左到右，偶数行从右到左。图 2-4 的栅格图像的直接编码为：AAAAABBBAABBAABB。

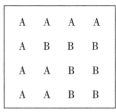

图 2-4 简单栅格图像

记录栅格数据的文件称为栅格文件，一般在文件头保存栅格数据的行、列数，行、列宽度等信息。这样，具体的像元值就可连续存储了。特点是处理方便，但没有压缩。

（2）游程长度编码

游程长度编码也称为行程编码，基本思想是：按行扫描，将相邻等值的像元合并，并记录代码的重复个数。图 2-4 的图像编码为 A4 A1 B3 A2 B2 A2 B2，进一步地，在行与行之间不间断地连续编码为 A5 B3 A2 B2 A2 B2。

对于游程长度编码，区域越大，数据的相关性越强，则压缩率越高。其特点是压缩效率较高，叠加、合并等运算简单，编码和解码运算快。

（3）四叉树编码

四叉树编码是最有效的栅格数据压缩编码方法之一，在 GIS 中有广泛的应用。其基本思路为：将 $2^n \times 2^n$ 像元组成的图像（不足的用背景补上）所构成的二维平面按四个象限进行递归分割，直到子象限的数值单调为止，最后得到一棵倒向四叉树，该树最高为 n 级。图 2-4 图像的倒向四叉树如图 2-5 所示。

常规四叉树除了要记录叶节点外，还要记录中间节点，节点之间的联系（父子关系）靠指针记录。因此，为记录常规四叉树，通常每个节点需要 6 个变量，即父节点指针、四个子节点的指针和本节点的属性值。

节点所代表的图像块的大小可由节点所在的层次决定，层次数由从父节点移到根节点的次数来确定。节点所代表的图像块的位置需要从根节点开始逐步推算下来。因而常规四叉树是比较复杂的。为了解决四叉树的推算问题，提出了一些不同的编码。下面介绍最常用的线性四叉树编码。

线性四叉树编码的基本思想是：不记录中间节点，也不使用指针，仅记录叶节点，并

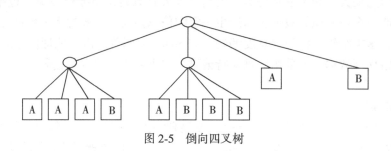

图 2-5　倒向四叉树

用地址码表示叶节点的位置。

线性四叉树的地址码有四进制和十进制两种，这里介绍常用的十进制四叉树编码。十进制四叉树地址码又称为 Morton 码。

线性四叉树地址码的计算过程为，首先将二维栅格数据的行列号（从 0 开始）转化为二进制数，然后从高位开始，每次取一个数据位，行在前、列在后交叉放入 Morton 码中，即为线性四叉树的地址码的二进制值，可进一步把该值转化为十进制值。

例如，对于第 5 行、第 7 列的 Moton 码为：

行数 = 5 (0　1　0　1)；列数 = 7 (0　1　1　1)

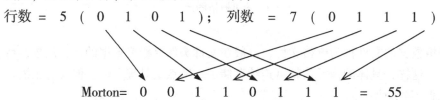

Morton= 0　0　1　1　0　1　1　1 = 55

这样，在一个 $2^n \times 2^n$ 的图像中，每个像素都有一个 Morton 码，当 $n=3$ 时图像的各像素地址码如图 2-6 所示。这样就可将二维图像以 Morton 码的大小顺序写成一维数据，通过 Morton 码就可知道像元的位置。把一幅 $2^n \times 2^n$ 的图像压缩成线性四叉树的过程为：

①按 Morton 码从小到大的顺序依次把图像各像素值读入一维数组。

②从第一个像元开始，比较相邻四个像元的值，一致的合并，只记录第一个像元的 Morton 码。

③比较所形成的大块，具有相同值的邻近块再合并，直到不能合并为止。

对用上述线性四叉树的编码方法所形成的数据还可进一步用游程长度编码压缩。压缩时只记录第一个像元的 Morton 码。

图 2-4 图像的 Morton 码如图 2-7 所示，像元值的右下角标为 Morton 码，则压缩过程为：

①按 Morton 码读入一维数组。

Morton 码：0　1　2　3　4　5　6　7　8　9　10　11　12　13　14　15
像 元 值：A　A　A　B　A　A　B　B　B　A　A　A　B　B　B　B

②四相邻像元合并，只记录第一个像元的 Morton 码。

0　1　2　3　4　5　6　7　8　12
A　A　A　B　A　A　B　B　A　B

③进一步进行游程长度编码压缩，获得图 2-4 图像的线性四叉树编码如下：

```
0  3  4  6  8  12
A  B  A  B  A  B
```

行＼列	0	1	2	3	4	5	6	7
0	0	1	4	5	16	17	20	21
1	2	3	6	7	18	19	22	23
2	8	9	12	13	24	25	28	29
3	10	11	14	15	26	27	30	31
4	32	33	36	37	48	49	52	53
5	34	35	38	39	50	51	54	55
6	40	41	44	45	56	57	60	61
7	42	43	46	47	58	59	62	63

图 2-6 3×3 图像的 Morton 码

A_0	A_1	A_4	A_5
A_2	B_3	B_6	B_7
A_8	A_9	B_{12}	B_{13}
A_{10}	A_{11}	B_{14}	B_{15}

图 2-7 图 2-4 图像的 Morton 码

解码时，根据 Morton 码就可知道像元在图像中的位置（左上角），本 Morton 码和下一个 Morton 码之差即为像元个数。知道像元的个数和像元的位置就可恢复图像了。

线性四叉树编码的优点是：压缩效率高，压缩和解压缩比较方便，阵列各部分的分辨率可不同，既可精确地表示图形结构，又可减少存储量，易于进行大部分图形操作和运算。缺点是：不利于形状分析和模式识别；具有变换不定性，如同一形状和大小的多边形可得出完全不同的四叉树结构。

3. 栅格数据的层次结构

许多学者考虑使用层次结构来表示栅格数据。整个图形或图像可以划分为几个部分，各部分又可划分为几个小部分，如此循环直到线划图的基本线段或灰度图像中的像元。在层次数据结构中，最有代表性的就是金字塔数据结构（pyramids data structure）与四叉树数据结构（quardtrees data structure）。

（1）金字塔数据结构

金字塔是最简单的层次数据结构，包括 M 形金字塔和 T 形金字塔。其中 M 形金字塔是指矩阵金字塔（matrix-pyramids），T 形金字塔是指树形金字塔（tree-pyramids）。

一个 M 形金字塔就是一个影像序列 $\{M_L, M_{L-1}, \cdots, M_0\}$，其中 M_L 是原始影像，而 M_{L-1} 是通过将 M_L 分辨率降低一半得到的影像，M_0 只对应于一个像素。在处理金字塔数据结构时，常以一个 2^n 像素为边长的正方形矩阵为处理单元。

需要同时处理多种分辨率的影像时，可以采用 M 形金字塔数据结构。在 M 形金字塔中，分辨率降低 1/2，数据量仅是以前的 1/4，处理速度将是降低前的 4 倍。

如果需要同时处理几个不同分辨率的影像，而不是仅从 M 形金字塔中选择某一个分辨率的影像进行处理，可以利用 T 形金字塔数据结构。假设 2L 为原始影像（分辨率最高）的大小，T 形金字塔可定义如下：

假设有一组节点 $P = \{P = (k, i, j)\}$，其中 $k \in [0, L]$；$i, j \in [0, 2k-1]$。在金字塔的相继节点 P_{k-1} 与 P_k 之间存在着一个映射 F，即

$$F(k,\ i,\ j) = V(k-1,\ i\,\mathrm{div}2,\ j\,\mathrm{div}2) \tag{2-1}$$

此处 div 代表整除。

函数 V 将金字塔 P 映射到 Z，其中 Z 是对应于影像灰度的整数集的子集，如 $Z=\{0,\ 1,\ 2,\ \cdots,\ 255\}$。

T 形金字塔的节点与 M 形金字塔通过参数 K 对应。T 形金字塔的节点的集合元素 $P=\{(k,\ i,\ j)\}$ 与 M 形金字塔的第 K 层的元素相互对应。对于特定的层 K 来说，影像 $P=\{(k,\ i,\ j)\}$ 组成金字塔在第 K 层的影像，F 是父映射，它对除了 T 形金字塔的根节点 $(0,\ 0,\ 0)$ 以外的所有节点都成立。在 T 形金字塔中，除叶节点以外的每一个节点，都有四个子节点；而叶节点是 L 层的节点，对应原始影像的各个像元。图 2-8 为 T 形金字塔数据结构。

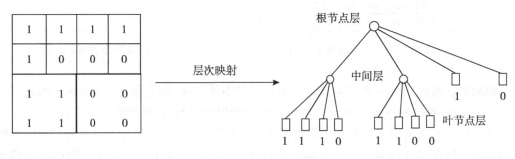

图 2-8　T 形金字塔数据结构

T 形金字塔的每个节点的值由函数 V 决定。叶节点值与原始影像相应像素的灰度值相同，而其他层节点的值是四个子节点的算术平均数或经过粗采样得到，即仅取子节点中一个节点的值。

（2）四叉树

四叉树是基于 T 形金字塔结构发展起来的最常见的一种层次结构，其编码的基本思路为：将 $2^n \times 2^n$ 个像元组成的栅格图像所构成的二维平面按四个象限进行递归分割，直到子象限的数值单调为止，最后得到一棵倒向四叉树，该树最高为 n 级。

2.2.2　数字地形模型

1. 数字地形模型概念

数字地形模型（digital terrain model，DTM）是地形表面形态属性信息的数字表达，是空间位置特征和地形属性特征的数字描述。广泛应用于各种线路（铁路、公路、输电线）的选线设计等各种工程中的面积、体积、坡度计算，以及任意两点间的通视判断及断面图的绘制等。在测绘地理信息领域应用于等高线、坡度坡向图、立体透视图的绘制，正射影像图的制作和地图的修测等，也可用于遥感数据辅助分类。DTM 还是 GIS 的基础数据，可用于土地利用现状的分析、规划及洪水险情预报等。军事上可用于精确打击武器的制导、电子沙盘制作等。DTM 的研究内容包括精度问题、地形分类、数据采集、粗差探测、质量控制、数据压缩以及不规则三角网 DTM 的建立与应用等。

（1）DTM 和 DEM

DTM 中的地形属性为高程时称为数字高程模型(digital elevation model，DEM)，高程是地理空间中的第三维坐标，DEM 通常用地表规则网格单元构成的高程矩阵表示。实际上，地形模型不仅包含高程属性，还包含其他的地表形态属性，如坡度、坡向等。在 GIS 中，DEM 是建立 DTM 的基础数据，以此为基础还可以直接或间接导出其他地形要素(如坡度、坡向等，称为"派生数据")。

从数学角度讲，高程模型是高程 Z 关于平面坐标 X、Y 的连续函数，DEM 只是它的一个有限的离散表示。高程模型最常见的表达是相对于海平面的海拔高度，或某个参考平面的相对高度，所以高程模型又称地形模型。

(2)DEM 的表示法

一个地区的地表高程可以采用多种方法表达，用数学定义的表面或点、线、影像都可用来表示 DEM。

①数学方法。可采用整体拟合方法，即根据区域所有的高程数据，用傅里叶级数和高次多项式拟合统一的地面高程曲面；也可用局部拟合方法，将地表复杂表面分成正方形规则区域或面积大致相等的不规则区域进行分块搜索，根据有限个点进行拟合形成地表曲面。

②图形方法。广义的 DEM 包括点、线两种模式。等高线是表示地形最常见的线模式，如山脊线、谷底线、海岸线及坡度变换线等地形特征线也是表达地面高程的重要方式。用离散采样数据点建立 DEM 是最常用的方法之一，数据采样可以按规则格网采样，可以是密度一致的或不一致的；可以是不规则采样，如不规则三角网、邻近网模型等；也可以有选择性地采样，采集山峰、洼坑、隘口、边界等重要特征点。

2. DEM 的主要表示模型

DEM 最主要的三种表示模型包括规则格网模型、等高线模型和不规则三角网模型。

(1)规则格网模型

规则网格，通常是正方形，也可以是矩形、三角形等规则网格。规则网格将区域空间切分为规则的格网单元，每个格网单元对应一个数值表示其地面高程值。数学上可以表示为一个矩阵，在计算机中则表示为一个二维数组。每个格网单元或数组的一个元素，对应一个高程值，如图 2-9 所示。

91	78	63	50	53	63	44	55	43	25
94	81	64	51	57	62	50	60	50	35
100	84	66	55	64	66	54	65	57	42
103	84	66	56	72	71	58	74	65	47
96	82	66	63	80	78	60	84	75	49
91	79	66	66	80	80	62	86	77	56
86	78	68	69	74	75	70	93	82	57
80	75	73	72	68	75	86	100	81	56
74	67	69	74	62	66	83	88	73	53
70	56	62	74	57	58	71	74	63	52

图 2-9　规则格网 DEM

格网的数值可以有两种不同的解释。一是格网栅格观点，认为格网单元的数值是其中所有点的高程值，即认为格网单元对应的区域范围内高程是一致的，这种数字高程模型是一个不连续的函数。二是点栅格观点，认为该网格单元的数值是网格中心点的高程或网格单元的平均高程值，这时需要用某种插值方法计算每个点的高程。计算任何非网格中心点的高程值，使用周围 4 个中心点的高程值，计算方法包括距离加权平均法、样条函数、克里金插值等方法。

利用规则格网 DEM，很容易进行计算机处理，特别是栅格数据结构的 GIS，很容易计算等高线、坡度、坡向、山坡阴影和自动提取流域地形，因此得到最广泛应用。目前，许多国家的 DEM 都是以规则格网的数据矩阵形式提供的。

但是，规则格网 DEM 存在如下缺点：一是不能准确表示地形的结构和细部，难以表达复杂地形的突变现象。为克服这一缺点，可采用附加地形特征数据，如地形特征点、山脊线、谷底线、断裂线等描述地形结构。二是数据量大，给数据管理带来了不便，通常要进行压缩存储。DEM 数据的无损压缩可以采用普通的栅格数据压缩方式，如游程编码、块码等。但是由于 DEM 数据反映了地形的连续起伏变化，通常比较"破碎"，普通压缩方式难以达到很好的效果。因此，可以采用哈夫曼编码进行无损压缩；有时，在牺牲细节信息的前提下，可以对网格 DEM 进行有损压缩，通常的有损压缩大多基于离散余弦变换或小波变换，由于小波变换具有较好的细节保持特性，近年来将小波变换应用于 DEM 数据处理的研究较多。三是在地形平坦的区域，存在大量数据冗余。四是在某些计算中，如通视计算时，过分强调网格的轴方向。

（2）等高线模型

等高线模型表示高程时，高程值的集合是已知的，每一条等高线对应一个已知的高程值，一系列等高线及其高程值一起就构成地面高程模型。

等高线通常被存储为一个有序的坐标串，可看作一条带有高程值属性的简单多边形或多边形弧段。由于等高线模型只表达了区域的部分（线上）高程值，往往需要一种插值方法来计算落在等高线外的其他点的高程，这些点实际上是落在两条等高线包围的区域内，所以，通常只使用外包的两条等高线的高程进行插值。等高线可以用二维的链表来存储。另一种方法是用图来表示等高线的拓扑关系，将等高线之间的区域表示成图的节点，用边表示等高线。此方法满足等高线闭合或边界闭合、等高线互不相交两个拓扑约束条件。这类图可以改造成一种无圈的自由树，图 2-10 为一个等高线图及其自由树。另外，还有多种基于图论的表示方法。

（3）不规则三角网模型

由 Peuker 等人设计的不规则三角网（triangulated irregular network，TIN）是另外一种表示数字高程模型的方法，它既可减少规则格网方法带来的数据冗余，同时在计算（如坡度）效率方面又优于纯粹基于等高线的方法。

TIN 模型根据区域内的有限个点集将区域划分为相连的三角面网格，区域中任意点落在三角面的顶点、边上或三角形内。如果点不在顶点上，该点的高程值通常通过线性插值的方法得到（在边上用边的两个顶点的高程，在三角形内用三条顶点的高程）。所以 TIN 是一个三维空间的分段线性模型，在整个区域内连续但不可微。

TIN 模型在概念上类似于多边形网格的矢量拓扑结构，只是 TIN 模型没有"岛"和

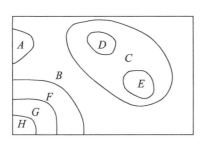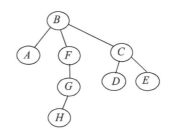

图 2-10　等高线及其自由树

"洞"，也就不需要定义"岛"和"洞"的拓扑关系。

　　有许多表达 TIN 拓扑结构的存储方式，一个简单的记录方式是：对于每一个三角形、边和节点都对应一个记录，三角形的记录包括三个分别指向三条边的记录指针；边的记录有四个指针字段，包括两个指向相邻三角形记录的指针、两个顶点的记录指针；也可以直接对每个三角形记录其顶点和相邻三角形，如图 2-11 所示。每个节点包括三个坐标值字段，分别存储 X、Y、Z 坐标。这种拓扑网络结构的特点是对于一个给定的三角形，查询三个顶点高程和相邻三角形所用的时间是定长的，在沿直线计算地形剖面线时具有较高的效率。当然，可以在此结构的基础上增加其他变化，以提高某些特殊运算的效率，如在顶点的记录里增加指向其关联边的指针。

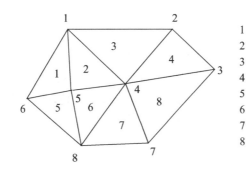

图 2-11　三角网的一种存储形式

　　TIN 由连续的三角面组成，三角形的形状和大小取决于不规则分布的测点或节点的位置和密度。TIN 与规则格网 DEM 的不同之处是随地形起伏变化的复杂性而改变采样点的密度和决定采样点的位置，因此，能够避免地形平坦时的数据冗余，又能按地形特征线如山脊线、山谷线等地形变化线表示高程变化特征。

　　(4)细节层次模型

　　细节层次模型(layer of details，LOD)是一种表达多种不同精度水平的数字高程模型。大多数层次模型是基于 TIN 的，通常 TIN 的数据点越多精度越高，反之精度越低，但数据点多时数据量大，会占用更多的计算资源。所以，在满足精度要求的情况下，应尽可能减少数据点。层次细节模型允许根据不同的任务要求选择不同精度的地形模型。

层次模型是一种很理想的数据模型，在实际运用中必须注意几个问题：①层次模型的存储问题。很显然，与直接存储不同，层次数据必然导致数据冗余；②自动搜索问题。如搜索一个点可能先在最粗的层次上搜索，然后在更细的层次上搜索，直到找到该点；③三角形形状的优化问题，可以使用 Delaunay 三角剖分；④允许根据地形的复杂程度采用不同详细程度的混合模型，例如，对于飞行模拟，近处时必须显示比远处更为详细的地形特征；⑤在表达地貌特征方面应该一致，例如，在某个层次的地形模型上有一个明显的山峰，在更细的层次上也应该有这个山峰。

这些问题目前还没有一个公认的最好的解决方案，仍需进一步深入研究。

2.2.3 空间现象的矢量表达

地理数据是地理数据库的主要内容，由描述地理要素的各种数据组成。地理数据描述地理要素的三种基本信息，即几何信息、属性信息和空间关系信息。

几何信息是反映地理要素的空间位置和形态的特征。地理要素一般以定点、定线、定面的形式和地表建立联系，地理实体都有一定的几何分布，表示地理要素的地图符号分为点、线、面三类。因此，地理要素也可以根据几何特征，分为点状要素、线状要素、面状要素三种基本类型。线可以看作点的集合，面可以看作线的集合。

属性信息是关于地理要素的描述性信息的表达，表明"是什么"，可以全面描述地理要素的分类分级和质量、数量、名称等特征，是区分不同地理要素的本质特征，是地理要素多元信息的抽象。在计算机环境下，属性信息是用属性编码来表示的，大范围的应用通常要制定"属性编码标准"，从类型到具体地物逐一编码，不同用途的空间数据库，可以有不同的编码标准。

空间关系信息的表达将在下一节阐述。

地理要素除了上述基本特征外，地理信息的时间也是一个很重要的特征。时间特征描述地理信息的几何数据、属性数据随时间变化的情况，时间因素赋予地理要素动态性质，也是评价地图数据质量的重要因素。在传统的模拟地图或基础地理框架图中是用资料说明和作业时间来反映空间数据的时间特征的，这个时间反映的是整幅图或所有要素的时间特征。而在强调时间性的系统如边界、地籍等系统中，时间特征需要表示到具体的地理目标甚至目标的具体属性上。

1. 几何信息的表达

地球表面的特征都可以绘制到一个由点、线、面组成的平面的二维地图上。地理实体在地面上的位置可以通过地图符号的定位特征表示在地图上。为使空间信息能够用计算机表示，必须把连续的空间物体离散成数字信号。

①点。单个位置或现象的地理特征表示为点。点可以具有实际意义，如水准点、井、道路交叉点、小比例尺地图上的居民地等，也可以无实际意义。点由平面坐标 (x, y) 来定义，记作为 $P\{x, y\}$，没有长度和面积。没有线状要素相连的点称为孤立点，有一条线状要素相连的点称为悬挂点，两条或两条以上的线状要素相连的点称为节点。

②链(弧段、边)。线状物体的几何特征用线段来逼近，链以节点为起止点，中间点以一有序坐标串 (x_i, y_i) 表示，用线段连接这些坐标点，近似地逼近一条线状地物及其形状。链可以看作点的集合，记作 $L\{x, y\}n$，n 表示点的个数。特殊情况下，线状地物以 $L\{x, y\}n$ 作为

已知点所建立的函数来逼近。链可以表示道路、河流、各种边界线等线状要素。

③面。面状要素是边界线包围的一个同类型的封闭区域。因此，面状要素边界线用首尾连接的闭合链表示，记作为 $F\{L\}$。面状要素以单个封闭的 $F\{L\}$ 作为实体，最大的优点是保留了地理要素的完整性，数据结构简单，便于软件系统的设计和实现。缺点是公共边存储两次，容易造成公共边的几何数据不一致，且无法管理具有公共边的面状要素之间的空间关系，很难进行地理分析。为了克服上述缺点，按照拓扑学的原理，人们提出了多边形的结构。

④多边形。多边形由一组或多组链首尾连接而成。"多边形"这一术语即来源于此，它的意思是"具有多条边的图形"，记作 $P\{L\}n$，n 表示链的条数。多边形可以是简单的单连通域，也可以是由若干个简单多边形嵌套组成的复杂多边形，如行政区域、植被覆盖区、土地类型等面状要素。

2. 描述性信息的表达

与几何信息的存储方式相似，描述性信息也以一组数字或字符的形式进行存储，这种数字或字符称为编码。地理信息的编码过程，是将信息转换成数据的过程，前提是对表示的信息进行分类分级。

1) 信息分类分级

地学编码基础的分类体系主要由分类与分级方法组成。分类是把研究对象划分为若干个类组，分级则是对同一类组对象再按某种量的差别进行等级划分。分类和分级，共同描述了地物之间的分类关系、隶属关系和等级关系。地理信息领域的分类方法是传统地理分析方法的应用。

(1) 信息分类的基本原则

信息分类，就是将具有某种共同属性或特征的目标归并在一起，将不具有共性特征的目标区分开来的过程。分类是人类思维所固有的一种方式，是人们日常生活中认识、区分和判断事物的一种逻辑方法。人们认识事物就是由分类开始的，必须把不同的事物区别开来，才能认识是这一种，还是那一种事物。

信息分类必须遵循以下基本原则：①科学性。即要选择事物或概念（分类对象）最稳定的属性或特征作为分类的基础和依据，并避免重复分类。②系统性。将选择的属性或特征按一定排列加以系统化，形成一个合理的分类体系。低一级的必须能归并或综合到高一级的体系中去。③可扩延性。通常要设置收容类目，以保证在增加新事物或概念时，不至于打乱已建立的分类系统。④兼容性。与有关分类分级标准协调一致，分类体系应遵循已有的统一标准。⑤综合实用性。既要考虑反映信息的完整、详细，又要顾及信息获取的方式途径，以及信息处理的能力。

(2) 信息分类的基本方法

信息分类一般有两种方法：线分类法和面分类法。线分类法是将分类对象根据一定的分类指标形成若干层次目录，构成一个有层次的、逐级展开的分类体系；面分类法是将分类对象的若干特征视为若干个"面"，每个"面"又分成彼此独立的若干类组，由类组组合形成类的一种分类方法。在地理信息领域，一般采用线分类法。

地理信息的分类应为某种地理研究及其应用服务，并不是以整个地理现实作为分类对象，不同地理研究目的的分类体系可能不同，即使研究对象为同一地理现实，分类体系也可能不同。如果从地理组成要素的观点出发，并且认为地貌、水文、植被、土壤、气候、人文是全部的地理组成要素，那么这六大组成要素就形成了六大分类体系。这六大分类体系，共同组成了地理现实的描述体系。分类体系的特点之一，是概念之间仅能以 $1:N$ 的关系来描述研究对象。

还有其他一些地理信息分类方法，如成因分类、非直接参考分类等。成因分类是以地理要素的成因作为主要分类指标进行地物分类，是一种面分类法。还有一种以地理现实的空间分布特点为主要指标进行分类的方法，国际标准化组织(International Standardization Organization，ISO)将这种以地理空间差异为主要指标而划分形成的空间体系，称为地理现实的非直接参考系统，行政区划、邮政编码都是这类分类的代表。

应用目的和分类指标的不同，在极大地丰富了地理分类学研究内容的同时，在一定程度上也造成了使用上的困难，最大的问题是各分类体系不兼容。

(3)信息分级方法

信息分级是指在同一类信息中对数据的再划分。从统计学角度看，分级是简化统计数据的一种综合方法。级数越多，对数据的综合程度就越小。信息分级主要解决如何确定分级数和分级界线的问题。

确定分级一般根据用途和数据本身特点而定，没有严格标准，如地图数据的分级就要考虑比例尺、用途，还要尽量反映数据的客观分布规律。分级数和地图符号表示、应用环境等有关，应顾及视觉变量的变化范围，模拟地图制图常用分级数在 4~7 级之间，电子地图或者 GIS 环境下，分级数可以较多。

随着计算机技术的普及，许多数学方法和数学模型被用于分级界线的确定，人们用各种统计学方法寻求数据分布的自然裂点作为分级界线。无论采用何种方法，都应满足确定分级界线的基本原则，即任何一个等级内部都必须有数据，任何一个数据都必须属于相应的等级。此外，在分级数一定的条件下，各级内部差异应尽可能小，以保持数据分布特征，同时，尽可能使分级界线变化有规则。

分级所依据的指标，一般以地理现实的数量或质量指标为主，如对河流的分级描述、土地利用类型的确定等，最有代表意义的是以地物光谱测量特征为主要指标的遥感解译和制图。

2)信息的编码

编码是确定信息代码的方法和过程，在实际工作中，有时也视编码为代码。代码是一个或一组有序的易于计算机或人识别与处理的符号，简称"码"。

(1)代码的功能

①鉴别：代码代表分类对象的名称，是鉴别分类对象的唯一标识。

②分类：当按对象的属性分类并分别赋予不同的类别代码时，代码又可以作为区分分类对象类别的标识。

③排序：当按对象产生的时间、所占的空间或数量、质量的顺序关系分类，并分别赋予不同的代码时，代码又可以作为区别分类对象排序的标识。

(2)编码的基本原则

①唯一性：一个代码只能唯一表示一个分类对象。

②合理性：代码结构要与相应的分类体系相适应。

③可扩充性：必须留有足够的备用代码，以适应扩充的需要。

④简单性：结构应尽量简单，长度尽量短，以减少存储空间和录入差错率。

⑤适用性：代码尽可能反映对象的特点，以帮助记忆，便于填写。

⑥规范性：一个信息分类编码标准中，代码的结构、类型以及编写格式必须统一。

（3）代码的种类

图2-12列出了最基本的代码种类及名称。

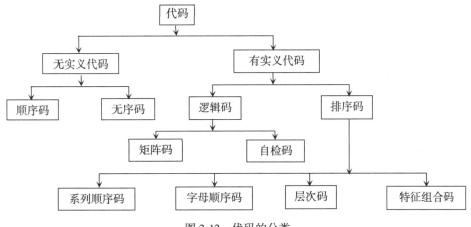

图 2-12　代码的分类

无实义代码就是无实际含义的代码，只作为一种标识或名称，不提供有关分类对象的任何其他信息。顺序码和无序码是两种普遍的无实义代码。顺序码是将顺序的自然数或字母赋予分类对象，大多用于非系统性的分类。无序码是将无序的自然数或字母赋予分类对象，代码无任何编写规律，大多由机器随机产生。

有实义代码指代码不仅作为分类对象的唯一标识，还能提供一定的附加信息。根据附加信息还可以分成逻辑码与排序码。逻辑码是一种按照一定的逻辑规则或一定的程序算法编写的代码，又可分为矩阵码和自检码。矩阵码是一种建立在两维空间 X，Y 坐标基础上的代码，代码的值通过赋予 X，Y 坐标的数值(序号)构成。自检码由原来的代码和一个附加码组成，附加码的功能是用来检查代码的录入和转录过程是否有差错，它和代码本体部分有着某种唯一的关系，附加码可通过一定的数学算法得到。

排序码是最常用的一种代码，即把分类对象按预先选择的某种顺序排列，并分别赋予代码。根据排序内容又可分为系列顺序码、字母顺序码、层次码、特征组合码。系列顺序码是将代码分为若干段(系列)，并与对象的分段一一对应，多用于分类深度不大的分类对象。字母顺序码是将所有的分类对象按其名称的首字母顺序排列，然后分别赋予不断增加的代码。层次码是以分类对象的从属层次关系为排列顺序的一种代码，编码时将代码分为若干层级，与分类对象的分类层级相对应，代码的左端为高位层级代码，右端为低位层级代码，每个层级代码可采用顺序码或系列顺序码表示。特征组合码是将分类对象按其属性特征分成若干个"面"，每个"面"内的诸类按其规律分别进行编码，面与面之间的代码没有层次、从属关系。使用时，可将不同"面"中的代码组合，表达一个新的概念。

41

实际应用中，往往将几种代码组合使用。

(4)代码的类型

代码的类型是指代码符号的表示形式，一般有数字型、字母型、数字和字母混合型三类。数字型代码是用一个或若干个阿拉伯数字表示分类对象的代码，特点是结构简单，使用方便，排序容易，但对分类对象特征描述不直观。字母型代码是用一个或多个字母表示对象的代码，特点是比用同样位数的数字型代码容量大，还可以提供便于识别的信息，方便记忆。数字、字母混合型代码是由上述两种代码或数字、字母、专用符号组成的代码，混合型代码的特点是兼有数字型、字母型代码的优点，结构严密，直观性好，但组成形式较复杂。

(5)编码方法举例

【例1】 行政区划代码(GB 2260—91)

格式：用六位数字代码按层次分别表示省(自治区、直辖市)、市(地区、州、盟)、县(区、市、旗)的名称。

代码从左至右的含义是：

第一、第二位表示省(自治区、直辖市)；第三、第四位表示省辖市(地区、州、盟及国家直辖市所属市辖区和县的汇总码)，其中01~20，51~70表示省直辖市，21~50表示市(地区、州、盟)；第五、第六位表示县(市辖区、地割市、省直辖县级市、旗)，其中01~18表示市辖区或地辖区，21~80表示县(旗)，81~99表示省直辖县级市。如郑州市的代码为410100。

为了保证代码的唯一性，规定行政区划变更后，原代码不再代表新的行政单位。

【例2】 土地利用分类代码

我国土地利用信息的分类，采用三位整数编码表示。百位数表示第一级分类，十位数表示第二级分类，个位数表示第三级分类。例如，第一级耕地编码为100，耕地中的第二级水浇地编码为120，耕地中的第三级平地旱地编码为131。

【例3】 基础地理信息要素分类与编码

基础地理信息以完整的实体为对象描述，要素编码是基础地理信息数据的语义描述模型，描述要素的分类、分级；质量特征、数量特征和其他附属信息作为要素的属性数据，在属性数据的数据项中具体描述；空间分布特征通过几何数据描述；空间关系用特殊编码描述。

基础地理信息数据依据要素编码的分类进行分层组织数据；各层属性数据结构各不相同，每层数据具有固定的属性结构，即具有固定的数据项个数、每个数据项有固定字节长度。每层空间几何数据的数据体都包含点、线、面等数据。

基础地理信息要素编码由6位数组成：大类码(两位)、小类码(两位)和顺序码(两位)各占两位。大类码为要素的分类码(层码)，小类码为要素的亚分类，顺序码为要素的识别码，共同构成地理要素的唯一标识码。

大类码从11开始编码至28；小类码从01开始编码，99则作为特殊图形编码段；顺序码从00开始编码。大类码、小类码和顺序码都留有足够的扩充编码的区段，大类码60~90为自定义扩充区域，小类码60~90为自定义扩充区域，顺序码60~90为自定义扩充区域。

基础地理信息要素分为测量控制点、工农业社会文化设施、居民地及附属设施、陆地交通、管线、水域/陆地、海底地貌及底质、水文、陆地地貌及土质、境界与政区、植被等十八大类，每一大类又分为若干小类，如工农业社会文化设施可分为工业、农业、科学与文卫、政府机关驻地、公共服务设施、港口管理与服务机构设施、航海信号台站、垣栅和其他小类。

这种编码方案对地图要素符号具有定义的唯一性，并且简单、合理，可以扩充，不足之处是不便于记忆，且与图式符号编号不一一对应，影响检索速度。

与地理信息有关的分类及代码国家标准，如《中华人民共和国行政区划代码》(GB 2260—80)，《基础地理信息要素分类与代码》(GB/T 13923—2006)、《专题地图信息分类与代码》(GB/T 18317—2009)、《中国山脉山峰名称代码》(GB/T 22483—2008)、《地理信息分类与编码规则》(GB/T 25529—2010)、《城市地下空间设施分类与代码》(GB/T 28590—2012)等。

2.2.4　矢量数据结构与栅格数据结构的比较

矢量数据结构将现实世界抽象为点、线、面基本要素，可以构成现实世界中各种复杂的实体，当问题可描述成线或边界时，特别有效，具有结构紧凑、冗余度低的特点，并具有地理实体的拓扑信息，容易定义和操作单个地理实体，便于网络分析；同时，还具有输出质量好、精度高等优点。

但是，矢量数据结构的复杂性导致操作和算法的复杂化，作为一种基于线和边界的编码方法，不能有效地支持影像代数运算，点集的集合运算(如叠加)效率低且复杂；结构复杂导致地理实体的查询十分费时，需要逐点、逐线、逐面地查询；矢量数据和栅格形式的影像数据不能直接运算(如联合查询和空间分析)，交互时必须进行矢量栅格转换；矢量数据与 DEM 的交互是通过等高线来实现的，不能与 DEM 直接进行联合空间分析。

栅格数据结构是通过空间点的密集而规则的排列表示整体的空间现象的，数据结构简单，定位存取性能好，可以与影像、DEM 数据进行联合空间分析，数据共享容易实现，对栅格数据的操作比较容易。

栅格数据的数据量与格网间距的平方成反比，较高的几何精度的代价是数据量的极大增加。因为只使用行和列来作为地理实体的位置标识，故难以获取地理实体的拓扑信息，难以进行网络分析等操作。栅格数据结构不是面向实体的，各种实体往往是叠加在一起反映出来的，因而难以识别和分离。对点实体的识别需要采用匹配技术，对线实体的识别需采用边缘检测技术，对面实体的识别则需采用影像分类技术，这些技术不仅费时，而且不能保证完全正确。

通过以上的分析可以看出，矢量数据结构和栅格数据结构的优缺点是互补的，为了有效地实现 GIS 中的各项功能(如与遥感数据的结合，有效的空间分析等)，需要同时使用两种数据结构，并在 GIS 中实现两种数据结构的高效转换。

2.3　空间关系的描述

人类很早就学会了用地图图形科学、抽象、概括地反映自然界和人类社会各种现象的空间分布、相互联系及其动态变化。在现实世界中各种现象（地理要素）的空间位置关系，例如，道路两旁的植被或农田、连接的居民地，有几条道路通往某学校？一条河流有哪些支流？某区域的边界有哪些？其相邻区域有哪些……在模拟地图中都是通过读者的形象思维从地图上获得的。随着数字地图的出现，为了使计算机能够识别、存储和处理地理要素，需要将连续的地理要素离散成简单的点、线和面等地理目标。早期的计算机制图只是把计算机作为工具来完成地图制图的任务，把人们从繁重的地图制图劳动中解脱出来。随着计算机图形与数据处理性能的提高，人们开始探讨用计算机来管理和反映自然和社会现象的分布、组合、联系及其时空发展和变化，逐步形成了 GIS。GIS 的核心是在计算机存储介质上科学、真实地描述、表达和模拟现实世界中地理实体或现象、相互关系、分布特征及其发展变化规律。早期的系统只是把各种地理要素简单地抽象为点、线和面，这已经不能满足需要，不得不进一步研究它们之间的关系（空间关系）。空间关系研究的是通过一定的数据结构或一种运算规则来描述与表达具有一定位置、属性和形态的空间目标之间的相互关系。当我们用数字形式描述地理信息，并使系统具有特殊的空间查询、分析等功能时，就必须把空间关系映射成适合计算机处理的数据结构，借助于拓扑数据结构来表示地理要素之间的关联、邻接、重叠（包含）关系。可见，空间关系是地理数据库的设计和建立并进行有效的空间查询和空间决策分析的基础，要提高 GIS 空间分析能力，就必须解决空间关系的描述与表达等问题。

2.3.1　地理要素的空间关系表示

不考虑空间关系的地理数据往往以空间目标作为管理、存储和处理的对象，例如，道路要素往往不考虑交叉的情况，面状地理要素以单个封闭的多边形作为一个实体。其最大的优点是保留了地理要素的完整性，数据结构简单，便于软件系统设计和实现。缺点是无法进行网络分析；多边形目标的公共弧段存储两次，不仅造成存储空间的浪费，而且会导致公共弧段的几何数据不一致，也无法管理具有公共弧段的多边形之间的空间关系，这种数据存储方式很难进行地理分析。为了克服这些缺点，依据拓扑学的原理，提出了地理要素的拓扑关系，将地理实体进行进一步离散，以点、链、多边形三种基本空间特征类型来记录地理位置和表示地理现象。

1. 基本元素的定义

矢量数据可抽象为点（节点）、线（链、弧段、边）、面（多边形）三种基本元素，即称为拓扑元素。

点（节点）——孤立点、线的端点、多边形边界的首尾点、链的连接点等。

线（链、弧段、边）——两节点间的有序弧段。

面（多边形）——若干条链构成的闭合多边形。

2. 最基本的拓扑关系

建立拓扑数据结构的关键是对元素间拓扑关系的描述，最基本的拓扑关系包括：①关联。指不同拓扑元素之间的关系；②邻接。指借助于不同类型的元素描述的相同拓扑元素之间的关系；③包含。指面与其他元素之间的关系；④几何关系。指拓扑元素之间的距离关系；⑤层次关系。指相同拓扑元素之间的等级关系。

3. 基本元素的空间关系

具体表示拓扑元素之间的各种基本拓扑关系构成了对实体的拓扑数据结构表达。如图 2-13 所示，图中有 A、B 两个面，P_0、P_1 两个节点，L_1、L_2、L_3 三条链。

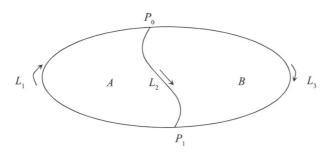

图 2-13　拓扑数据结构建立

①点与链的关联关系。节点—链关联关系可用表 2-1 表示。

②链与面的关联关系。面—链关联关系可用表 2-2 表示，其中"–"表示边界的方向与构成面的方向相反。

③点与面的关联关系。图 2-13 中的点 P_0、P_1 均与面 A、B 关联。当点（节点）、线（链、弧段）、面（区域、多边形）中的任一元素发生变更时，都会通过拓扑关系影响到其他要素。

表 2-1　点—链关联关系

P_0	L_1，L_2，L_3
P_1	L_2，L_1，L_3

表 2-2　链—面关联关系

A	L_1，L_2
B	$-L_2$，L_3

多年来，矢量数据中地理目标之间的拓扑关系一直是人们研究的重点。虽然还没有完全统一的拓扑数据结构，但通过建立边与节点的关系、面与边的关系以及面包含岛的关系，隐含或显式地表示几何目标的拓扑结构已有了近似一致的方法。

几何数据的离散存储使整体的线目标和面目标离散成了弧段，破坏了要素本身的整体性。创建要素，就是把离散后的数据再集合成要素，恢复要素的整体性，建立要素拓扑，找出要素之间的关系。

4. Egenhofer 的 9-交空间关系模型

Egenhofer 认为，作为基本数据类型的空间关系数据主要指点-点、点-线、点-面、线-线、线-面、面-面之间的相互关系。DIM( )表示求几何对象维数的函数，I( )、D( )、E( )分别表示地理目标的内部、边界和外部。

（1）点-点关系

具有实际意义的点-点关系主要有 2 种，如图 2-14 所示。识别规则为：

相离：$A\ \mathrm{Disjoint}(B) \Leftrightarrow A \cap B = \varnothing$

相等：$A\ \mathrm{Equal}(B) \Leftrightarrow A \cap B = A\ \mathrm{and}\ A \cap B = B$

A ● ● B A ● B

(a) 相离 (disjoint)   (b) 相等 (equal)

图 2-14 点-点空间关系

（2）点-线关系

点-线之间的基本关系有 3 种，如图 2-15 所示。识别规则为：

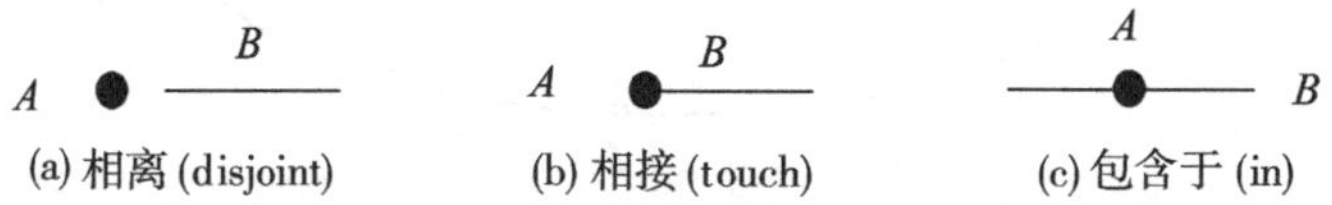

A ● ——B—— A ●B——   —●—B

(a) 相离 (disjoint)   (b) 相接 (touch)   (c) 包含于 (in)

图 2-15 点-线空间关系

相离：$A\ \mathrm{Disjoint}(B) \Leftrightarrow A \cap B = \varnothing$

相接：$A\ \mathrm{Touch}(B) \Leftrightarrow (I(A) \cap I(B) = \varnothing)\ \mathrm{and}\ (A \cap B \neq \varnothing)$

包含于：$A\ \mathrm{In}(B) \Leftrightarrow B.\mathrm{Contain}(A) \Leftrightarrow (A \cap B = A)\ \mathrm{and}\ (I(A) \cap E(B) = \varnothing)$

（3）点-面关系

点-面之间的基本关系有 3 种，如图 2-16 所示。识别规则为：

相离：$A\ \mathrm{Disjoint}(B) \Leftrightarrow A \cap B = \varnothing$

相接：$A\ \mathrm{Touch}(B) \Leftrightarrow (I(A) \cap I(B) = \varnothing)\ \mathrm{and}\ (A \cap B \neq \varnothing)$

包含于：$A\ \mathrm{In}(B) \Leftrightarrow (A \cap B = A)\ \mathrm{and}\ (I(A) \cap E(B) = \varnothing)$

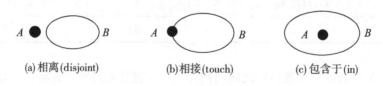

(a) 相离 (disjoint)   (b) 相接 (touch)   (c) 包含于 (in)

图 2-16 点-面基本空间关系

（4）线-线关系

根据 DE-9IM，线-线之间的关系非常多，排除大量冗余关系，在 GIS 中，线-线之间的基本空间关系主要有 5 种，如图 2-17 所示。识别规则为：

相离：$A\ \mathrm{Disjoint}(B) \Leftrightarrow A \cap B = \varnothing$

相交：$A\ \mathrm{Cross}(B) \Leftrightarrow (\mathrm{DIM}(I(A) \cap I(B)) < \max(\mathrm{DIM}(I(A)), \mathrm{DIM}(I(B)))) \ \mathrm{and}\ (A \cap B \neq A)\ \mathrm{and}\ A \cap B \neq B$

相接：$A\ \mathrm{Touch}(B) \Leftrightarrow (I(A) \cap I(B) = \varnothing)\ \mathrm{and}\ (A \cap B \neq \varnothing)$

包含：$A\ \mathrm{Contain}(B) \Leftrightarrow B\ \mathrm{In}(A) \Leftrightarrow (A \cap B = B)\ \mathrm{and}\ (D(B) \cap E(A) = \varnothing)$

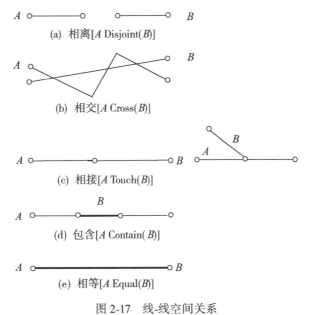

图 2-17 线-线空间关系

相等：$A\ \text{Equal}(B) \Leftrightarrow A \cap B = A = B$

（5）线-面关系

与线-线关系一样，线 A-面 B 之间的基本关系主要有 4 种，如图 2-18 所示。识别规则为：

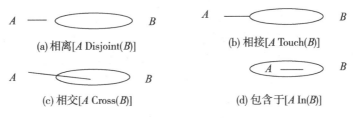

图 2-18 线-面关系

相离：$A\ \text{Disjoint}(B) \Leftrightarrow A \cap B = \varnothing$

相接：$A\ \text{Touch}(B) \Leftrightarrow (I(A) \cap I(B) = \varnothing)\ \text{and}\ (A \cap B \neq \varnothing)$

相交：$A\ \text{Cross}(B) \Leftrightarrow (\text{DIM}(I(A) \cap I(B)) < \max(\text{DIM}(I(A)),\ \text{DIM}(I(B))))\ \text{and}(A \cap B \neq A)\ \text{and}\ A \cap B \neq B$

包含于：$A\ \text{In}(B) \Leftrightarrow B\ \text{Contain}(A) \Leftrightarrow (A \cap B = A)\ \text{and}(D(A) \cap D(B) = \varnothing)$

（6）面-面关系

面-面之间的基本关系主要有 6 种，如图 2-19 所示。识别规则为：

相离：$A\ \text{Disjoint}(B) \Leftrightarrow A \cap B = \varnothing$

包含：$A\ \text{Contain}(B) \Leftrightarrow B\ \text{In}(A)$

相等：$A\ \text{Equal}(B) \Leftrightarrow A \cap B = A\ \text{and}\ A \cap B = B$

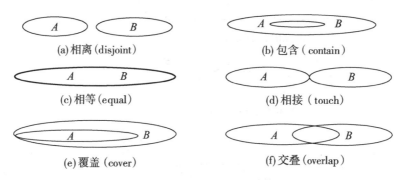

图 2-19　面-面空间关系

相接：$A\ \text{Touch}(B) \Leftrightarrow (I(A) \cap I(B) = \varnothing)$ and $(A \cap B \neq \varnothing)$

覆盖：$A\ \text{Cover}(B) \Leftrightarrow (I(A) \cap I(B) = I(A))$ and $(E(A) \cap E(B) \neq \varnothing)$

交叠：$A\ \text{Overlap}(B) \Leftrightarrow (\text{DIM}(I(A)) = \text{DIM}(I(B)) = \text{DIM}(I(A) \cap I(B)))$ and $(A \cap B \neq A)$ and $A \cap B \neq B$

2.3.2　地理要素的分层管理与空间关系

为了便于计算机的管理、处理、分析和查询，多数系统对地理要素按要素主题(如河流、道路、居民地等)进行分层存储和管理，人为地切断了地理空间的连续性。对地理要素进行分层往往采用两种方法，一种方法是逻辑分层，也就是在物理上数据的存储和管理在一起，通过目标的代码进行分层，根据地理数据应用的需要来建立同层地理目标之间的拓扑关系。这种数据结构在数据管理上比较繁琐，当数据量很大时影响数据操作和处理的效率。另一种方法是物理分层，同一层内的所有目标在一个平面上，可以通过在平面上的几何算法自动建立目标之间的空间关系。这里的层是数据模型上的，与地理要素(居民地、水系和植被等)的概念不同，可以将一种地理要素放在一层，也可以将两种或以上的地理要素放在一层。例如，河流和植被分别放在不同的层中，如果河流是植被的边界，河流必须在不同的层中进行存储，这不仅破坏了河流数据的一致性，而且也无法建立河流与植被的拓扑关系，因为拓扑关系只适合在同一层中建立。为弥补这种不足，采用"语义关系"来描述不同层之间要素的相互关系，这种空间关系很难自动生成，往往通过人机交互的方法输入，或者通过叠加分析运算来重新建立不同层之间要素的相互关系。

2.3.3　地图数据的分幅与空间关系连接

在传统的地图制图中，为了解决有限的地图纸张幅面与无限地球表面之间的矛盾，采用了地图分幅的方法。同样，在计算机环境下，为了解决无限的空间信息与有限的计算机资源之间的矛盾，也采用了分幅存储、管理和处理的方法。这样，同一要素在不同的图幅中可能被存为不同的信息，因此，数字地图用户在进行信息分析时不能快速、准确地得到各要素之间的关系，在使用系统时不能拥有一个完整无误的用户区。这就要求将数字地图同模拟地图一样拼接在一起。与模拟地图不同之处在于：模拟地图拼接主要解决因地图精度而带来的边界上同目标错位(几何误差)和属性问题；而数字地图拼接既要解决几何与属性误差问题，也要解决跨图幅的线、面目标之间的空间关系构建问题。

空间关系是计算机用数据及数据结构的方法来描述空间物体之间的相互关系。因此，数字地图的拼接与数字地图的数据模型密切相关。

2.3.4 其他空间关系

除了拓扑关系外，还有方向、度量、相似、相关场等空间关系。这里介绍方向和度量关系。

1. 方向关系

(1)点状目标方向关系的描述与识别

方向关系又称为方位关系、延伸关系，用于定义空间目标之间的方位，如"河北省在河南省北面"就描述了方向关系。为了定义空间目标之间的方向关系，首先定义点目标之间的关系，给定定位参考系统，即相互垂直的 X、Y 坐标轴，水平方向为 X 轴且向右为正方向，铅垂方向为 Y 轴且向上为正方向。方向关系的定义采用垂直于坐标轴的直线为参考，令 P_i 为目标 P 的点(P 为原目标)，Q_i 为目标 Q 的点(Q 为参考目标)，$X(P_i)$ 与 $Y(P_i)$ 函数返回点 P_i 的 X、Y 坐标。则 P 与 Q 在二维空间中具有以下 8 种可能的方向关系，并提供了一个完整的关系覆盖。

正东：$\text{Restricted\_East}(P_i, Q_i) = X(P_i) > X(Q_i) \text{ and } Y(P_i) = Y(Q_i)$

正南：$\text{Restricted\_South}(P_i, Q_i) = X(P_i) = X(Q_i) \text{ and } Y(P_i) < Y(Q_i)$

正西：$\text{Restricted\_West}(P_i, Q_i) = X(P_i) < X(Q_i) \text{ and } Y(P_i) = Y(Q_i)$

正北：$\text{Restricted\_North}(P_i, Q_i) = X(P_i) = X(Q_i) \text{ and } Y(P_i) > Y(Q_i)$

西北：$\text{North\_West}(P_i, Q_i) = X(P_i) < X(Q_i) \text{ and } Y(P_i) > Y(Q_i)$

东北：$\text{North\_East}(P_i, Q_i) = X(P_i) > X(Q_i) \text{ and } Y(P_i) > Y(Q_i)$

西南：$\text{South\_West}(P_i, Q_i) = X(P_i) < X(Q_i) \text{ and } Y(P_i) < Y(Q_i)$

东南：$\text{South\_East}(P_i, Q_i) = X(P_i) > X(Q_i) \text{ and } Y(P_i) < Y(Q_i)$

以上 8 种关系通过点的投影可以精确判断，任意两目标之间的关系必然是上述 8 种关系中的一种。这 8 种关系可以进一步合并为如下 4 种方向关系：

东：$\text{East}(P_i, Q_i) = \text{North\_East}(P_i, Q_i) \text{ or } \text{Restricted\_East}(P_i, Q_i) \text{ or } \text{South\_East}(P_i, Q_i)$

南：$\text{South}(P_i, Q_i) = \text{South\_West}(P_i, Q_i) \text{ or } \text{Restricted\_South}(P_i, Q_i) \text{ or } \text{South\_East}(P_i, Q_i)$

西：$\text{West}(P_i, Q_i) = \text{North\_West}(P_i, Q_i) \text{ or } \text{Restricted\_North}(P_i, Q_i) \text{ or } \text{North\_East}(P_i, Q_i)$

北：$\text{North}(P_i, Q_i) = \text{North\_West}(P_i, Q_i) \text{ or } \text{North\_East}(P_i, Q_i) \text{ or } \text{Restricted\_North}(P_i, Q_i)$

(2)线面目标方向关系描述与识别

在地理目标的方位关系中，还有点-线、点-面、点-体、线-面、线-体、面-面、面-体、体-体之间的方位关系，由于具体地理目标千差万别，这些方位关系的计算非常复杂。在多数情况下，一般简化为质心、几何中心等待定点目标的方向关系进行计算。

空间目标的最小外接矩形(minimum bounding rectangle，MBR)的表示非常简单，只需利用两点(外接矩形的左上、右下角点)表示即可。由于 MBR 简单、实用,被广泛应用于空间目标数据结构表示以及空间数据查询。

为了确定目标之间是否具有某种方向关系,首先可判断目标之间的 MBR 是否具有该关系,然后再利用点-点关系进一步进行判断,确定具体的关系。

2. 度量关系

空间对象的基本度量关系包含点-点、点-线、点-面、线-线、线-面、面-面之间的距离,在基本目标关系的基础上,可构造出点群、线群、面群之间的度量关系。例如,在已知点-线拓扑关系与点-点度量关系的基础上,可求出点-点间的最短路径、最优路径、服务范围等;已知点、线、面度量关系,进行距离量算、邻近分析、聚类分析、缓冲区分析、泰森多边形分析等。

(1)空间指标量算

定量量测区域空间指标和区域地理景观间的空间关系是地理信息系统特有的能力。其中,区域空间指标包括:①几何指标,如位置、长度(距离)、面积、体积、形状、方位等指标;②自然地理参数,如坡度、坡向、地表辐照度、地形起伏度、河网密度、切割程度、通达性、通视性等;③人文地理指标,如集中指标、区位商、差异指数、地理关联系数、吸引范围、交通便利程度、人口密度等。

(2)地理空间的距离度量

地理空间中两点间的距离可以沿实际地球表面量算,也可以沿地球椭球体的表面量算。图 2-20 是几种距离的表示形式(以地球上两个城市之间的距离为例)。

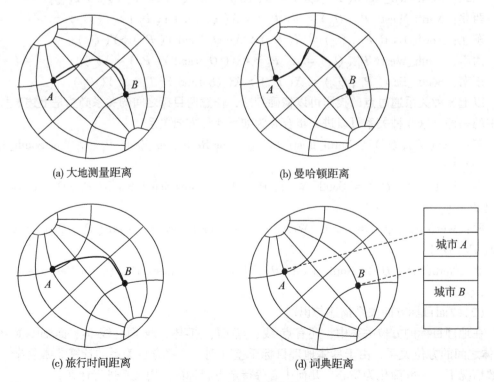

(a) 大地测量距离 (b) 曼哈顿距离

(c) 旅行时间距离 (d) 词典距离

图 2-20 两点之间的距离

①大地测量距离：沿地球大圆经过两个城市中心的距离。

②曼哈顿距离：也称棋盘距离、街道距离，两个地理目标之间的纬度差与经度差的绝对值之和，之所以被命名为"曼哈顿距离"，是因为曼哈顿街道的格局可以被模拟成两组垂直方向直线的一个集合。

③旅行时间距离：从一个城市到另一个城市需要的最短时间，可以用一系列指定的航线来表示(假设每个城市至少有一个飞机场)。

④词典距离：在一个固定的地名册不同城市的描述页码之间的绝对差值；计算机环境下，不同地理对象数据的存储地址之间的差值等。

在实际工程领域，有的地理空间数据库会存储空间关系数据，一般存储拓扑关系，而其他空间关系，则通过相应计算功能实时获得，有的系统不存储空间关系，在需要时实时生成。

第3章　空间数据模型

　　模型是现实世界特征的模拟和抽象，作为模型的一种，数据模型(data model)就是现实世界数据特征的抽象。数据库就是利用数据模型这个工具来抽象、表示和处理现实世界的数据和信息的，换句话说，数据模型就是对现实世界的模拟。

　　数据模型应满足三个方面的要求：一是能比较真实地模拟现实世界；二是容易被人所理解；三是便于在计算机上实现。一种数据模型要很好地满足这三方面的要求目前尚很困难。通常数据库系统针对不同的使用对象和应用目的采用不同的数据模型。空间数据因其本身的特点，在空间数据库系统中也应设计合适的数据模型，以对空间数据进行组织、存储与管理。

3.1　从现实世界到数据世界

　　客观世界的事物是无穷无尽的，要研究、认识与利用和改造它们，就必须作必要的概括与抽象，即理想化或模型化，以便揭示出控制客观事物演变的基本规律，作为利用和改造客观世界的手段。尽管客观事物是无穷无尽的，但由于各个物体均可由若干特征或性质来描述，从而彼此之间是可以区分的。物体在某些特征或性质方面的同一性，使得人们可对它们进行分类与归纳，为抽象与概括提供了重要的前提。现实世界又是一个综合体，事物之间互相依存、互相制约，因而客观事物之间有着各种各样的联系。数据库就是借助数据模型来处理客观事物，可以这么说，数据库技术在某种意义上是实现事物(数据)之间联系的技术。

　　建立数据库的目的不只是为了增加人们的记忆，而且是经过数据处理得出新的信息或知识，帮助人们去控制与之相关的事物，因此数据库就不可能是一种纯粹的、孤立的机制，而总是作为某种信息系统的一个有机的组成部分。尽管有各种各样的信息系统，但它们有一个共同的系统流程结构：信息的获取、分析、处理与利用。这种流程抽象为信息控制系统，并且包括从现实世界到数据世界的相继转换。

　　在决策过程中，人们观察客观事物，从中得到大量的信息，进而对这些信息进行记录、整理(统称规范)，然后将规范信息数据化并送入数据库存储起来，决策机构从中抽取与其业务有关的综合性信息，作为决策过程的依据，从而作出决策，以此去控制客观事物。

　　在信息系统中，信息从客观事物出发，流经数据库，通过控制结构，最后又回到客观事物。信息的这一循环经历了三个领域：现实世界、信息世界和数据世界。建立数据库系统主要体现在数据管理上，而数据是用来表示那些反映现实世界物理状态的信息的。为此，首先必须了解现实世界的信息结构，然后将这个信息结构一方面转换为用户使用的数据逻辑结构，另一方面转换为机器实现的存储结构(见图3-1)。

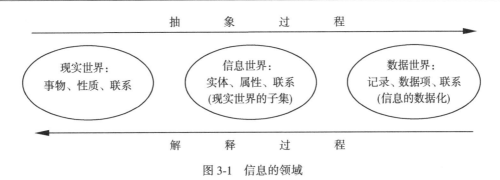

图 3-1 信息的领域

现实世界是在人们大脑以外客观存在的无穷无尽的事物及其相互间联系的集合。在现实世界中研究的对象是"事物"以及它们之间的联系。现实世界是信息源，是我们要认识和要改造的对象，是设计数据库的出发点，也是使用数据库的最终归宿。图 3-2 通过一个地形图片断说明从现实世界到数据世界的抽象过程。

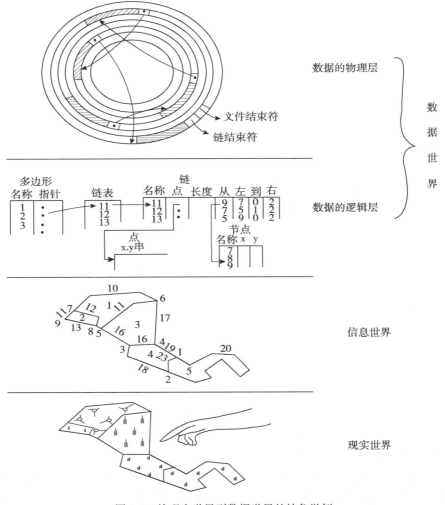

图 3-2 从现实世界到数据世界的抽象举例

信息世界又称观念世界，它不是对现实世界的录像，而是人们对现实世界的认识，是在应用需要的基础上进行选择、命名和分类之后，在人们头脑中能动的反映。由于人们的社会分工，使得各个部门不可能、也没必要对现实世界中全部事物均感兴趣。也就是说，对于一个具体的数据处理部门来说，它所感兴趣的或与其业务领域有关的，只是现实世界中客观事物集合的一个子集。人们把这个子集中的事物叫做实体，它是信息世界研究的对象，或者说它是数据库中要予以区分和存储的对象，当然也是数据处理的对象，信息将围绕着它进行采集。实体间的联系可以认为是一种特殊类型的实体。反映客观事物及其相互联系的模型是实体模型。数据世界是信息世界中信息的数据化（符号化）。现实世界中的事物及联系在这里用数据模型描述。

3.2　数据模型的概念

1. 数据模型

数据是描述事物的符号记录。模型是现实世界的抽象。数据模型是数据特征的抽象，是数据库系统中用以提供信息表示和操作手段的形式构架。数据模型所描述的内容包括三个部分：数据结构、数据操作、数据约束。

①数据结构。数据模型中的数据结构主要描述数据的类型、内容、性质以及数据间的联系等。数据结构是数据模型的基础，数据操作和约束都建立在数据结构上。不同的数据结构具有不同的操作和约束。

②数据操作。数据模型中数据操作主要描述在相应的数据结构上的操作类型和操作方式。

③数据约束。数据模型中的数据约束主要描述数据结构内数据间的语法、词义联系、它们之间的制约和依存关系，以及数据动态变化的规则，以保证数据的正确、有效和相容。

2. 数据模型的层次

按不同的应用层次，数据模型分为概念数据模型、逻辑数据模型和物理数据模型。

（1）概念数据模型

简称概念模型，是面向数据库用户的现实世界的模型，主要用来描述世界的概念化结构，它使数据库的设计人员在设计的初始阶段，摆脱计算机系统及 DBMS 的具体技术问题，集中精力分析数据以及数据之间的联系等。概念数据模型必须换成逻辑数据模型，才能在 DBMS 中实现。

概念模型用于信息世界的建模，一方面应该具有较强的语义表达能力，能够方便直接表达应用中的各种语义知识，另一方面它还应该简单、清晰、易于用户理解。

概念数据模型中最常用的是 E-R 模型、扩充的 E-R 模型、面向对象模型及谓词模型。

（2）逻辑数据模型

简称逻辑模型，是用户从数据库所看到的模型，是具体的 DBMS 所支持的数据模型，如网状数据模型、层次数据模型，等等。此模型既要面向用户，又要面向系统，主要用于 DBMS 的实现。

（3）物理数据模型

简称物理模型，是面向计算机物理表示的模型，描述了数据在储存介质上的组织结构，它不但与具体的 DBMS 有关，而且还与操作系统和硬件有关。每一种逻辑数据模型在实现时都有其对应的物理数据模型。DBMS 为了保证其独立性与可移植性，大部分物理数据模型的实现工作由系统自动完成，而设计者只设计索引、聚集等特殊结构。

3.3 基本数据模型

数据模型是数据库系统中关于数据和联系的逻辑组织的形式表示。每一个具体的数据库都由一个相应的数据模型来定义。每一种数据模型都以不同的数据抽象与表示能力来反映客观事物，有其不同的处理数据联系的方式。数据模型的主要任务就是研究记录类型之间的联系。

目前，数据库领域采用的数据模型有层次模型、网状模型和关系模型，其中应用最广泛的是关系模型。

3.3.1 层次模型

层次模型是数据处理中发展较早、技术上也比较成熟的一种数据模型。它的特点是将数据组织成有向有序的树结构（图 3-3）。层次模型由处于不同层次的各个节点组成。除根节点外，其余各节点有且仅有一个上一层节点作为其"双亲"，而位于其下的较低一层的若干个节点作为其"子女"。结构中节点代表数据记录，连线描述位于不同节点数据间的从属关系（限定为一对多的关系）。

层次模型反映了现实世界中实体间的层次关系，层次结构是众多空间对象的自然表达形式，并在一定程度上支持数据的重构。但其应用时存在以下问题：

①由于层次结构的严格限制，对任何对象的查询必须始于其所在层次结构的根，使得低层次对象的处理效率较低，并难以进行反向查询。数据的更新涉及许多指针，插入和删除操作也比较复杂。母节点的删除意味着其下属所有子节点均被删除，必须慎用删除操作。

②层次命令具有过程式性质，它要求用户了解数据的物理结构，并在数据操纵命令中显式地给出存取途径。

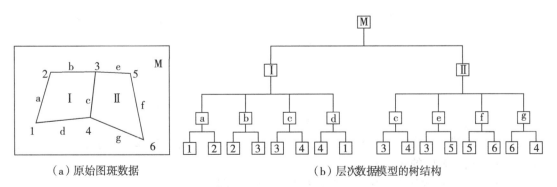

（a）原始图斑数据　　　　　　　　（b）层次数据模型的树结构

图 3-3　层次数据模型

③模拟多对多联系时导致物理存储上的冗余。

④数据独立性较差。

3.3.2 网络模型

网络数据模型是数据模型的另一种重要结构，它反映着现实世界中实体间更为复杂的联系，其基本特征是，节点数据间没有明确的从属关系，一个节点可与其他多个节点建立联系。如图 3-4 所示的四个城市的交通联系，不仅是双向的而且是多对多的。

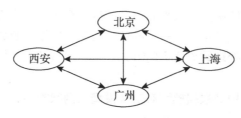

图 3-4 网络数据模型

网络模型用连接指令或指针来确定数据间的显式连接关系，是具有多对多类型的数据组织方式，网络模型将数据组织成有向图结构。结构中节点代表数据记录，连线描述不同节点数据间的关系。

网络模型的优点是可以描述现实生活中极为常见的多对多的关系，其数据存储效率高于层次模型，但其结构的复杂性限制了它在空间数据库中的应用。

网络模型在一定程度上支持数据的重构，具有一定的数据独立性和共享特性，并且运行效率较高。但它应用时存在以下问题：①网状结构的复杂，增加了用户查询和定位的困难。它要求用户熟悉数据的逻辑结构，知道自身所处的位置。②网状数据操作命令具有过程式性质。③不直接支持对于层次结构的表达。

3.3.3 关系模型

在层次与网络模型中，实体间的联系主要是通过指针来实现的，即把有联系的实体用指针连接起来。而关系模型则采用完全不同的方法。

关系模型是根据数学概念建立的，它把数据的逻辑结构归结为满足一定条件的二维表形式。实体本身的信息以及实体之间的联系均表现为二维表，这种表就称为关系。一个实体由若干个关系组成，而关系表的集合就构成为关系模型。

关系模型不是人为地设置指针，而是由数据本身自然地建立它们之间的联系，并且用关系代数和关系运算来操纵数据，这就是关系模型的本质。

在生活中表示实体间联系的最自然的途径就是二维表格。表格是同类实体的各种属性的集合，在数学上把这种二维表格叫做关系。二维表的表头，即表格的格式是关系内容的框架，这种框架叫做模式，关系由许多同类的实体所组成，每个实体对应于表中的一行，叫做一个元组。表中的每一列表示同一属性，叫做域。

对于图 3-3(a) 的地图，用关系数据模型可表示如图 3-5 所示。

关系数据模型是应用最广泛的一种数据模型，它具有以下优点：

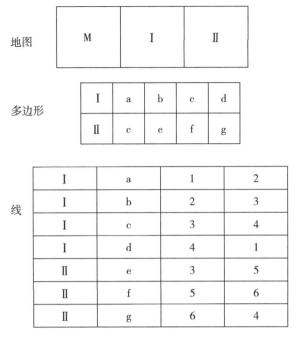

图 3-5　关系数据模型示意图

①能够以简单、灵活的方式表达现实世界中各种实体及其相互间关系，使用与维护也很方便。关系模型通过规范化的关系为用户提供一种简单的用户逻辑结构。所谓规范化，实质上就是使概念单一化，一个关系只描述一个概念，如果多于一个概念，就要将其分开来。

②关系模型具有严密的数学基础和操作代数基础，如关系代数、关系演算等，可将关系分开，或将两个关系合并，使数据的操作具有高度的灵活性。

③在关系数据模型中，数据间的关系具有对称性，因此，关系之间的寻找在正反两个方向上难度是一样的，而在其他模型如层次模型中从根节点出发寻找叶子的过程容易解决，相反的过程则很困难。

目前，绝大多数数据库系统采用关系模型。但它的应用也存在着如下问题：

①实现效率不够高。由于概念模式和存储模式的相互独立性，按照给定的关系模式重新构造数据的操作相当费时。另外，实现关系之间联系需要执行系统开销较大的联接操作。

②描述对象语义的能力较弱。现实世界中包含的数据种类和数量繁多，许多对象本身具有复杂的结构和含义，为了用规范化的关系描述这些对象，则需对对象进行不自然的分解，从而在存储模式、查询途径及其操作等方面均显得语义不甚合理。

③不直接支持层次结构，因此不直接支持对于概括、分类和聚合的模拟，即不适合于管理复杂对象，它不允许嵌套元组和嵌套关系存在。

④模型的可扩充性较差。新关系模式的定义与原有的关系模式相互独立，并未借助已有的模式支持系统的扩充。关系模型只支持元组的集合这一种数据结构，并要求元组的属性值为不可再分的简单数据（如整数、实数和字符串等），它不支持抽象数据类型，因而不具备管理多种类型数据对象的能力。

⑤模拟和操纵复杂对象的能力较弱。关系模型表示复杂关系时比其他数据模型困难，因为它无法用递归和嵌套的方式来描述复杂关系的层次和网状结构，只能借助于关系的规范化分解来实现。过多的、不自然分解必然导致模拟和操纵的困难和复杂化。

3.3.4　对象模型

对象模型也称作要素模型，至少应包含以下特征：

①复杂对象。可以由原子对象(整型、实型、布尔、字符串、字节等)通过应用对象构造符(元组、集合、线性表、数组等)构成对象。

②关系。元组构造符允许在对象之间定义关系。

③对象标识。每个对象有自己的标识，它独立于对象的值。对象能够根据其标识加以区分，通过对象标识，对象可以共享子成分甚至对象可以循环定义。

④封装。一个对象含有一个标识、一个值及一组运算(方法)。对象实际上是通过运算来操纵的。一个外部运算可以更新或读取对象的唯一方法是通过方法。因此，对象的内部结构在对象的外部是不可见的。

⑤类。具有相同内部结构和一组相同的方法的对象可以组成类。因此，一个类有一个接口描述和实现描述。

⑥继承。类可以用增加新的属性、新的关系及新的方法加以特殊化。类的集合可以形成一个有向图。

3.4　面向对象空间数据模型

面向对象空间数据模型应用面向对象方法描述地理实体及其相互关系，特别适合采用对象模型抽象和建模的地理实体的表达。它将研究的整个地理地理看成一个空域，地理现象和地理实体作为独立的对象分布在该空域中。按照其空间特征分为点、线、面、体四种基本对象，对象也可能由其他对象构成复杂对象，并且与其他分离的对象保持特定的关系，如点、线、面、体之间的拓扑关系。每个对象对应着一组相关的属性以区分各个不同的对象。

对象模型强调地理空间中的单个地理现象。任何现象不论大小，只要能从概念上与其相邻的其他现象分离开来，都可以被确定为一个对象。对象模型一般适合于对具有明确边界的地理现象进行抽象建模，如建筑物、道路、公共设施和管理区域等人文现象以及湖泊、河流、岛屿和森林等自然现象，因为这些现象可被看作是离散的单个地理现象。

对象模型把地理现象当作空间要素或地理实体。一个空间要素必须同时符合三个条件：①可被标识；②在观察中的重要程度；③有明确的特征且可被描述。实体可按空间、时间和非空间属性以及与其他要素在空间、时间和语义上的关系来描述，如图 3-6 所示。传统的地图是以对象模型进行地理空间抽象和建模的典型实例。

面向对象空间模型的核心是对象(object)和类(class)。对象是指地理空间的实体或现象，是系统的基本单位。如多边形地图上的一个节点或一条弧段是对象，一条河流或一个宗地也是一个对象。一个对象是由描述该对象状态的一组数据和表达它的行为的一组操作(方法)组成的。例如，河流的坐标数据描述了它的位置和形状，而河流的变迁则表达了

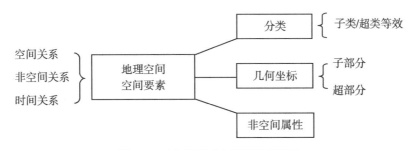

图 3-6　对象模型对空间要素的描述

它的行为。每个对象都有一个唯一的标识号(object-ID)作为识别标志。类是具有部分系统属性和方法的一组对象的几何,是这些对象的统一抽象描述,其内部也包括属性和方法两个主要部分。类是对象的共性抽象,对象则是类的实例(instance)。属于同一类的所有对象共享相同的属性和方法,但也可具有类之外的自身特有的属性和方法。类的共性抽象构成超类(super-class),类成为超类的一个子类,表示为"is-a"的关系。一个类可能是某些类的超类,也可能是某个类的子类,从而形成类的"父子"关系。

面向对象空间模型方法将对象的属性和方法进行封装(encapsulation),还具有分类(classification)、概括(generalization)、聚集(aggregation)、联合(association)等对象抽象技术以及继承(inheritance)和传播(propagation)等强有力的抽象工具。

①分类。把具有部分相同属性和方法的实体对象进行归类抽象的过程,如将城市管网中的供气管、给水管、有线电视电缆等都作为类。

②概括。把具有部分相同属性和方法的类进一步抽象为超类的过程,如将供水管线、供热管线等概括为"管线"这一超类,它具有各类管线所共有的"材质"、"管径"等属性,也有"检修"等操作。

③联合。把一组属于同一类中的若干具有部分相同属性的对象组合起来,形成一个新的几何对象的过程。集合对象中的个体对象称作它的成员对象,表示为"is member of"的关系。联合不同于概括,概括是对类的进一步抽象得到超类,而联合是对类中的具体对象进行合并得到新的对象。例如,在供水管线类中,某些管线段进行了防腐处理,则可把它们联合起来构成"防腐供水管类"。

④聚集。聚集是把一组属于不同类中的若干对象组合起来,形成一个更高级别的复合对象的过程。复合对象中的个体对象称作它的组件对象,表示为"is part of"的关系。如将地籍权属界线与内部建筑物聚集为"宗地"类。

⑤继承。继承是一种服务于概括的语义工具。在上述概括的概念中,子类的某些属性和操作来源于它的超类。例如,饭店类是建筑物类的子类,它的一些操作如规划、设计与施工等,以及一些属性如房主、地址、建筑日期等是所有建筑物共有的,所以仅在建筑物类中定义它们,饭店类则继承这些属性和操作。继承有单一继承和多方继承。单一继承是指子类仅有一个直接的父类,而多方继承允许多于一个直接父类。多方继承的现实意义是子类的属性和操作可以是多个父类的属性和操作的综合。地理实体表达中,经常会遇到多方继承的问题。以交通和水系为例,如图 3-7 所示,交通线进行分类得到"人工交通线"、"自然交通线",水系经分类得到"河流"、"湖泊"等子类。"运河"作为"人工交通线"和

"河流"的子类，将同时继承"交通线"、"水系"的属性和方法。

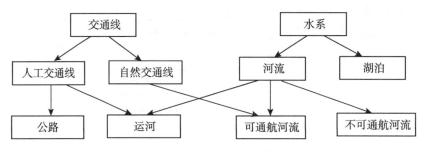

图 3-7　多方继承示例

⑥传播。传播是作用于联合和聚集的语义工具，它通过一种强制性的手段将子对象的属性信息传播给复杂对象。也就是说，复杂对象的某些属性值不单独描述，而是从它的子对象中提取或派生。例如，一个多边形的位置坐标数据，并不直接表达，而是在弧段和节点中表达，多边形仅提供一种组合对象的功能和机制，借助于传播的工具可以得到多边形的位置信息。这一概念可以保证数据库的一致性，因为独立的属性值仅存储一次，不会因空间投影和几何变换而破坏它的一致性。图 3-8 是矿山 GIS 的面向对象建模实例。

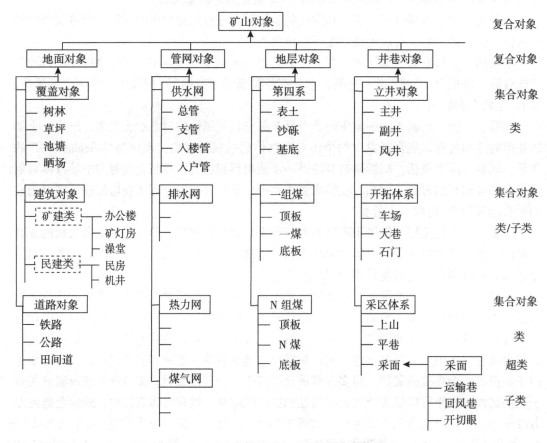

图 3-8　矿山实体的面向对象数据模型体系

基于以上面向对象思想，OGC（open GIS consortium，OGC）组织给出了适合于二维地理实体及其关系表达的面向对象空间数据逻辑模型，并用 UML（unified modeling language）语言表示，如图 3-9 所示。

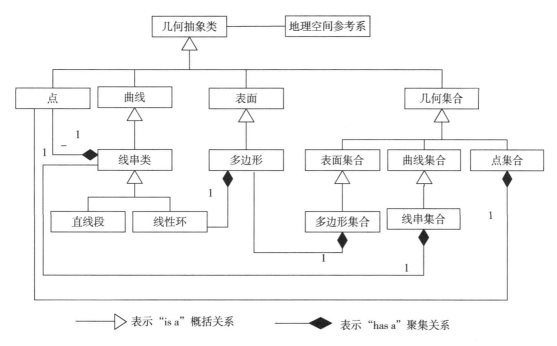

图 3-9　Open GIS 面向对象空间实体模型

在实际地理空间对象描述和表达中，按照面向对象方法，对地理实体进行"概括"、"聚集"、"联合"等处理，可得到复杂地理对象的逻辑数据模型。例如，在城市地籍管理中，将宗地多边形类和内部包括的建筑物多边形聚集为"宗地"类，如图 3-10 所示，按"宗地"进行管理和处理，简化了空间数据的分析。

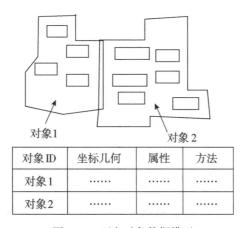

对象ID	坐标几何	属性	方法
对象1	……	……	……
对象2	……	……	……

图 3-10　面向对象数据模型

3.5　三维数据模型

GIS 处理的是与地球有关的数据，即通常所说的空间数据，从本质上说是三维连续分布的。从事关于地质、地球物理、气象、水文、采矿、地下水、灾害、污染等方面的自然现象是三维的，当这些领域的科学家试图以二维系统来描述它们时，就不能够精确地反映、分析或显示有关信息。

三维数据结构同二维一样，也存在栅格和矢量两种形式。栅格结构使用空间索引系统，它包括将地理实体的三维空间分成细小的单元，称之为体元或体元素。存储这种数据的最简单形式是采用三维行程编码，它是二维行程编码在三维空间的扩充，这种编码方法可能需要大量的存储空间。更为复杂的技术是八叉树，它是二维的四叉树的延伸。三维矢量数据结构表示有多种方法，其中运用最普遍的是具有拓扑关系的八叉树表示法和三维边界表示法。

3.5.1　八叉树三维数据结构

用八叉树来表示三维形体，既可以看成是四叉树方法在三维空间的推广，也可以是用三维体素列阵表示形体方法的一种改进。八叉树的逻辑结构如下：假设要表示的形体 V 可以放在一个充分大的正方体 C 内，C 的边长为 2 的 n 次方，它的八叉树可以用以下的递归方法来定义：八叉树的每个节点与 C 的一个子立方体对应，树根与 C 本身相对应，如果 $V=C$，那么 V 的八叉树仅有树根，如果 V 不等于 C，则 C 等分为八个子立方体，每个子立方体与树根的一个子节点相对应。只要某个子立方体不是完全空白或完全为 V 所占据，就要被八等分，从而对应的节点也就有了八个子节点。这样的递归判断、分割一直要进行到节点所对应的立方体或是完全空白，或者是完全为 V 占据，或是其大小已是预先定义的体素大小，并且对它与 V 之交作一定的"舍入"，使体素或认为是空白的，或认为是 V 占据的。

如此所生成的八叉树上的节点可分为三类：①灰节点。对应的立方体部分地为 V 所占据；②白节点。所对应的立方体中无 V 的内容；③黑节点。所对应的立方体全为 V 所占据。

后两类又称为叶节点。由于八叉树的结构与四叉树的结构是非常相似的，所以八叉树的存储结构方式可以完全沿用四叉树的有关方法。根据不同的存储方式，八叉树也可以分别称为常规的、线性的、一对八的八叉树，等等。

①规则的八叉树。八叉树的存储结构是用一个有九个字段的记录来表示树中的每个节点，其中一个字段用来描述该节点的特性，其余的八段用来作为存放指向其八个子节点的指针。这是最普遍使用的表示树形数据的存储结构方式。规则八叉树缺陷较多，最大的问题是指针占用了大量的空间。因此，这种方式虽然十分自然，容易掌握，但在存储空间的使用率方面不很理想。

②线性八叉树。线性八叉树注重提高空间利用率，用某一预先确定的次序遍历八叉树，将八叉树转换成一线性表，表的每个元素与一个节点相对应。线性八叉树不仅节省存储空间，对某些运算也较为方便。但是为此付出的代价是丧失了一定的灵活性，如图 3-11

和图 3-12 所示。

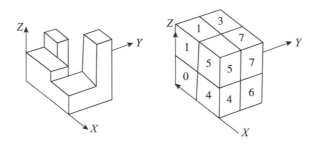

图 3-11 体元形式的三维数据

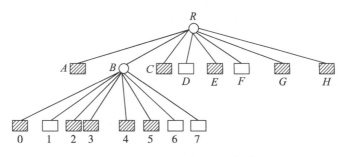

图 3-12 图 3-3(a)的线性八叉树编码

③一对八式的八叉树。一个非叶节点有八个子节点，为了确定起见，将它们分别标记为 0，1，2，3，4，5，6，7。从上面的介绍可以看到，如果一个记录与一个节点相对应，那么在这个记录中描述的是这个节点的八个子节点的特征值。而指针给出的则是该八个子节点所对应记录的存放处，而且还隐含地假设了这些子节点记录存放的次序。也就是说，即使某个记录是不必要的，那么相应的存储位置也必须空闲在那里，以保证不会错误地存取到其他同辈节点的记录。这样当然会有一定的浪费，除非它是完全的八叉树，即所有的叶节点均在同一层次出现，而在该层次之上的所有层中的节点均为非叶子节点。为了克服这种缺陷，一是增加计算量，即在存取相应节点记录之前，首先检查它的父节点记录，看一下之前有几个叶节点，从而可以知道应该如何存取所需节点记录。这种方法的存储需求无疑是最小的，但是要增加计算量；另一个是在记录中增加一定的信息，使计算工作适当减少或者更方便。例如，在原记录中增加三个字节，一分为八，每个子节点对应三位，代表它的子节点在指针指向区域中的偏移。因此，要找到它的子节点的记录位置，只要固定地把指针指向的位置加上这个偏移值(0~7)乘上记录所占的字节数，就是所要的记录位置，因而一个节点的描述记录为

偏移	指针	SWB	SWT	NWB	NWT	SEB	SET	NEB	NET

用这种方式所得到的八叉树和以前相同，只是每个记录前多了三个字节。

3.5.2　三维边界表示法

三维边界模型对地理实体的表示，可简单归纳为如下几种模型：

①线框(wire frame)构模法。线框构模技术是一种表面构模技术，即把面上的点用直线连接起来，形成一系列多边形，然后把这些多边形面拼接起来形成一个多边形网格，以此来模拟地质边界或开采边界。该法的缺陷是无法表达边界内部或地质体内部。

②实体(solid)构模法。实体构模法是采用多边形网格来描述地质和开采过程所形成的形体边界，并而用传统的块段模型描述形体内部的品位或质量的分布。实体构模技术以 Lynx 系统中提供的三维元件构模(3D component modeling)为代表。该构模方法以真实的地质或开采形体的几何形态为基础，以中平面的前后扩展为构模原理，交互式逐个生成由地质分表面(sub-surface)和开采边界面所构成的各地质元件(component)。元件是 3DGM 的基本单元，不仅表示一个形体，也表示封闭的体积以及形体中的地质特征(品位或质量等)分布。实体构模法实质上是线框构模法与扩展的块段构模法的耦合，因此弥补了块段构模处理边界的不足。

③断面(section)构模法。断面构模技术是再现传统的手绘建模方法的计算机化矿床构模技术，即通过一系列平面图或剖面图来描述矿床，并记录信息。其特点是将三维问题二维化，便于地质描述，大大简化了模型的设计和程序的编制；但它在矿床的表达上是不完整的，往往需要与其他构模方法配合使用。

④表面(surface)构模法。表面模型有时也称为数字地面模型。有很多方法可以用来表达表面，如等高线模型、网格模型等，而最常用的模型还是 TIN。表面模型多用于层状矿床构模，一般先生成各岩层的接触界面或厚度在模型域上的表面模型，然后根据岩层间的截割和切错关系通过"修剪"、"优先级次序覆盖"等逻辑运算来对各模拟面进行精确修饰。在 TIN 表面建模的基础上，Lynx 还通过上、下相邻表面 TIN 的对应连接形成一组三棱柱，来模拟地层或矿床内部；其前提条件是上、下相邻表面 TIN 上的对应点无平面位置偏移，即(x, y)相同。

3.6　时空数据模型

传统的空间数据模型是基于空间信息中空间和属性两个维度的，将实际动态变化的世界视为静态世界，因此其大多不支持对时间维度的处理和分析功能，将描述地理环境对象的数据看作一个瞬时快照。当这些信息数据发生改变时，传统的空间数据模型就将已有信息数据替换为当前最新的信息数据，此时已有数据也被删除，因此无法对空间地理等现象的历史状态进行处理分析，更不能根据历史信息为人们提供未来事件发展趋势的预测。

随着环境监测、地籍管理、遥感动态监测、近景摄影变形监测等应用领域对空间数据时变性的重视，传统的空间数据模型已经远远不能满足人们对时空数据的应用需求。因此，时空数据模型应综合、完整、准确地表征时空数据的空间特性、时间特性和属性特性，这样才能真正实现对时空数据的集成化、一体化和智能化组织管理。时空数据模型是描述现实世界中的时空对象、时空对象间的时空联系以及语义约束的模型。1992 年 Gail Langran 的博士论文《地理信息系统中的时间》标志着时空数据模型正式成为了地理信息科学领域的一个研究方向，对该方向的研究有着至关重要的作用。Gail Langran 在博士论文中对前人关于时空模型的成果进行了文献性总结和讨论，主要从计算机模型入手，将时空数据模型总结为四种形式：空间时间立方体模型（space-time cube）、序列快照模型（sequent snapshots）、基态修正模型（base state with amendments）和空间时间组合体模型（space-time composite）。

1. 空间时间立方体模型

Hagerstrand 最早于 1970 年提出了时空立方体模型。这个 3 维立方体由两个空间维和一个时间维组成，可用于描述 2 维空间沿时间维演变的过程。任何一个地理实体的演变历史都是空间时间立方体中的一个实体。该模型形象直观地运用了时间维的几何特性，也表现了地理实体是一个时空体的概念，虽其对地理变化的描述简单明了，易于接受，但是具体实现较为困难。随着数据量的增大，对立方体的操作会变得越来越复杂，以至于最终变得无法处理。

2. 序列快照模型

序列快照模型在快照数据库（snapshot database）中仅记录当前数据状态，数据更新后，旧数据的变化值不再保留，即"忘记"了过去的状态。连续快照模型是将一系列时间片段快照保存起来，反映整个空间特征的状态，根据需要对指定时间片段的现实片段进行播放。由于快照将未发生变化的所有特征重复进行存储，会产生大量的数据冗余，当应用模型变化频繁且数据量较大时，系统效率急剧下降。此外，连续快照模型不表达单一的时空对象，较难处理时空对象间的时态关系。因此，序列快照模型只是一种概念上的模型，不具备实用的开发价值。

3. 基态修正模型

为了避免连续快照模型将每张未发生变化部分的快照特征重复进行记录，基态修正模型按事先设定的时间间隔采样，只储存某个时间的数据状态（称基态）和相对于基态的变化量。基态修正的每个对象只需储存一次，每变化一次，只有很小的数据量需记录；同时，只有在事件或对象发生变化时才存入系统中，时态分辨率刻度值与事件发生的时刻完全对应。但基态修正模型较难处理给定时刻的时空对象间的空间关系。当整个地理区域作为处理对象时，该模型处理方法难度较大，效率较低，管理索引变化很困难。要获取"非起始"状态的数据，则需顺序进行数据叠加操作，整合出一套完整的空间数据，对于矢量模型而言，效率较低，而对栅格数据比较合适。

4. 空间时间组合体模型

空间时间组合体模型最初由 Chrisman 于 1983 年提出，简称时空复合模型，Gail Langran 和 Chrisman 于 1988 年对它进行了详细描述。它用带修正的基态作为建立累积几何变化的时空复合。每次变化均导致变化的部分脱离其父亲对象，成为具有不同历史的离散对象。换句话说，随着时间的发展，表达分解成越来越小的碎片，即该地区最大的公共时空单元，每个公共时空单元与不同的属性历史相联。空间时间复合体模型虽然保留了沿时间的空间拓扑关系，但由于其空间对象较为破碎，标注的修改较为复杂，涉及的关系链层次很多，必须对标注逐一进行回退修改。

第4章　空间数据的组织与管理

就空间信息技术研究的内容而言，它应该包括空间数据获取、空间数据管理和空间数据处理三个部分；而从 GIS 的功能来看，GIS 应该具有空间数据管理、空间分析应用和空间数据表达三大功能。无论是空间信息技术还是地理信息系统，空间数据组织与管理都是研究的重要内容，是其发展的基础、保障和核心。地理信息系统几次重大的技术变革都与空间数据组织与管理的发展紧密相关。空间数据的组织与管理决定了空间数据的存取效率，为进一步空间数据处理、分析、应用和可视化提供了合理的数据支撑，从根本上影响着空间信息技术的发展方向和地理信息系统的应用水平。本章详细分析了空间数据的管理方式，阐述了空间数据的访问方法和空间数据引擎，并对多媒体和多比例尺数据的集成、组织、管理和应用进行了说明。

4.1　空间数据组织与管理的要求

空间数据组织和管理是与空间数据处理、分析、应用的目的和要求紧密相关的，同时也与空间数据的类型和表达不可分割。本节从比较文件系统和数据库系统在管理空间数据方面的优势与不足入手，详细阐述对基于对象模型和基于场模型空间数据的组织策略，并对空间数据组织与管理需要研究的问题展开讨论。

1. 文件与数据库系统

文件是由大量性质相同的记录组成的数据集合，是数据组织的较高层次之一。它按一定的逻辑结构(如顺序、树等)把有关联的数据记录组织起来，并用体现这种逻辑结构的物理存储形式将数据存放在相应的物理存储设备上，在一定程度上，文件系统具有数据的物理独立性。文件组织的方法基本上是顺序的，读取数据时要么顺序读取整个文件，要么从开始位置移动一个指针偏移量读出其中的一部分。后来文件的组织方法进行了改进，增加了索引文件、链接式文件等，但数据读取的方法仍然是使用位置指针来控制读取的位置和读取的数量。

根据用户和系统设计要求，文件可以按一定的数据结构自由组织，这种数据结构可以不考虑用户的全局需要而仅仅为了满足某一特定应用需要，所以它的数据结构简单，组织方式灵活，存取效率较高，尤其对非结构化的空间数据组织与管理其效率更高。但是文件系统也存在一定的缺陷：①对每一个应用程序都需要针对文件结构进行特定的修改，当文件结构发生变化后，应用程序软件也必须随之变化；②文件系统在进行数据增加、删除、修改等操作时，需要大量移动或重新存取数据内容，常用的方法是将数据文件读入内存按链表或数组的形式组织，修改完成后再重新保存文件；③当数据保存在单独的文件中时，多个用户同时使用就会难以处理，必须建立一个中央控制系统来对文件的访问权限和每一个用户所能执行的操作进行控制；④由于操作系统的寻址能力有限，通常非结构化的数据文件并不适合处理那些数据量巨大的数据，当数据量很大时需要按一定规则将数据分成许多小文件，这样便于读取也方便组织。

数据库是结构化的数据组织，其管理数据的能力更强，是迄今为止数据组织的最高层次。数据库的物理基础仍然是以文件系统为基础的，不过这些文件内部之间的关系更密切，相互之间的约束更强，同时其完整性、一致性和并发控制的能力更强。DBMS 是位于用户和操作系统之间进行数据库存取和各种管理控制的软件，是数据库系统的中心枢纽，它具有数据定义、数据操作和数据控制等基本功能，在应用程序和数据文件之间起着重要的桥梁作用，用户或应用程序对数据库的全部操作都是通过它进行的。

数据库系统因为有专门的 DBMS 来负责对数据库的管理和维护，所以具有很多优势：①数据是整体结构化的，结构化的数据不再针对某一应用，而是面向全组织的。同时，数据存取的方式也很灵活，在进行数据的增加、删除、修改时非常便利，因为应用程序只需要关心数据的编辑工作也不需要考虑数据是如何存放的；②能够提供良好的数据独立性，包括数据的物理独立性和逻辑独立性。其中物理独立性是指数据在数据库中如何存储，应用程序不需要了解，应用程序需要处理的只是数据的逻辑结构，这样即便数据的存储结构发生了变化，应用程序不需要改变。逻辑独立性是指用户的应用程序与数据库的逻辑结构是相互独立的，也就是说，即使数据的逻辑结构发生了改变，应用程序也可以不改变；③数据共享性高，冗余度低，容易扩充。数据可以被多个用户、多个应用程序共享使用，可以大大减少数据冗余，节约存储资源，同时也解决了数据之间的不相容性与不一致性；④数据由 DBMS 统一管理和控制，数据库中数据的共享是并发的共享，即多个用户或应用程序可以同时存取数据库中的数据，甚至可以同时存取数据库中的同一数据，数据库提供诸如安全性保护、完整性检查、并发访问控制以及故障恢复等数据控制功能。

2. 空间数据的组织策略

从空间数据组织与管理的角度而言，空间数据可以分为非结构化的空间几何数据、关系数据、多媒体数据和能够结构化的专题属性数据。前者描述地理实体和现象的地理位置、形态和空间关系等特征，后者主要描述对应地理实体的有关属性信息。

从空间数据模型的角度而言，地理空间数据可以分为两大类：一类是基于对象的模型，它将地理空间看成是一个空域，地理要素存在其间，其核心是将空间信息抽象成明确的、可识别的和相互关联的事物或实体，可称之为对象，对应的数据结构就是矢量数据结构。它根据空间对象的形态特征又分为点状、线状和面状三类，其中点状要素用一对坐标点对表示其位置，线状要素用其中心轴线上抽样点的坐标串表示它的位置和形态，面状要素用范围轮廓线上的抽样点坐标串表示其位置和范围。在矢量数据结构中，地理要素是显式描述的，便于对单个要素进行操作，如空间查询和网络分析等。另一类是基于场的模型，它通常用于表示连续的或无固定形状的物体和现象，如地面高程、温度、降水量、土壤类型等，关键是将地理空间看成一个连续的整体，在这个空间中处处有定义，对应这一模型的数据结构可称为栅格数据结构。它将地理空间划分为规则的小单元，空间位置由像元的行、列号表示，像元的大小反映了数据的分辨率，空间物体由若干像元隐含描述，因此不便于对单个目标进行操作，而适合区域综合操作，如叠置分析。

3. 空间数据组织与管理研究的内容

顾及文件系统和数据库系统各自的特点，针对上述两种数据模型和对应的数据结构不同，加之特殊的应用需求，一般情况下需要采用不同的方法对空间数据进行组织和管理，具体的内容将在本章第 2 节中进行详细阐述。同时，在 GIS 应用过程中，用户既有对地理环境宏观上的认识需求，也有观察局部细节微观上的要求，这就要求我们必须考虑多比例尺空间数据的组织与管理问题，这部分内容在本章第 5 节中论述。随着 GIS 应用的进一步扩展和升华，GIS 空间数据的类型也得到了扩充，如多媒体数据，包括视频、音频、文本和图像，它们从不同的角度和侧面对空间事物和现象进行了深入表述，有利于我们对空间事物和现象进行全方位的理解和解释，也便于对空间信息进行有效地传输，这将在本章第 5 节进行说明。

4.2 空间数据的管理方式

4.2.1 文件管理模式

文件管理模式是空间数据管理最早最广泛的应用模式。它将所有的空间数据都统一存储在自行定义的空间数据结构及其操纵工具的一个或者多个文件中，包括非结构化的空间几何数据和结构化的专题属性数据，两者之间通过唯一标识码建立联系。早期或桌面的地理信息系统软件如 MapInfo 就是采用文件管理模式完成对空间数据的组织与管理的，它利用 MIF 文件负责空间几何数据的管理，MID 文件负责专题属性数据的管理，MIF 与 MID 文件之间采用隐含的序列号一一对应来实现几何数据和属性数据的联接，如图 4-1 所示。

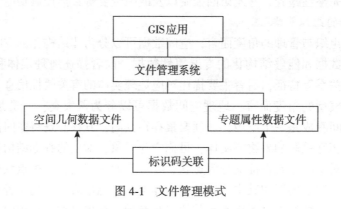

图 4-1 文件管理模式

文件系统进行空间数据的管理的优点是逻辑结构简单灵活、数据存取操作简便、查询分析效率很高、地图显示速度很快，非常适合桌面或单机使用的 GIS 空间数据库建立。在该模式下，对于基于场模型的空间数据，通常采用单个数据文件完成空间数据的组织(有时也可以是两个数据文件，一个数据文件用于定义元数据信息)，其中位置数据由单元行列号隐性确定，属性信息由该单元属性值定义；而对于基于对象的数据模型，通常将具有相同属性特征的一类地理实体作为一个图层，每个图层分别使用两个数据文件(几何数据文件和属性数据文件)完成对该图层地理实体或现象的统一管理，这两个数据文件之间通过显式或隐性的目标标识码建立数据联接。如果空间数据库涉及的空间地域很广，可以按一定的分幅规则进行分幅处理，这样可以保证每个数据文件都不至于数据量过大，以便于提高在后续空间数据的索引建立、图幅拼接、拓扑处理、查询分析和模型应用的速度和效率。

这种模式管理的缺点也是显而易见的。第一，缺乏数据的物理独立性，数据集不易进行扩展。这是文件系统固有的缺陷，一旦在应用过程中需要进行数据项的改变，数据文件必须重写，随之应用程序也需要进行相应的调整；第二，属性数据的管理功能较弱。需要开发者自行设计和实现对属性数据的更新、查询、检索、统计和汇总等操作，而这些操作常用的数据库管理系统一般都具有，这在一定程度上增加了开发工作量；第三，数据维护比较麻烦，数据一致性无法保证。几何数据和属性数据分别使用文件系统进行管理，两者之间通过共同的标识码建立联接，这种标识码如果是隐性的顺序码，一旦数据发生变化，极易遭到顺序码的破坏而使两类数据联接错位。而如果标识码是显式的代码，又增加了联接的难度和工作量；第四，数据的共享尤其是并发访问控制非常困难。这是文件系统无法克服的缺陷和弊端，从而影响了空间数据库使用的广度和深度。

4.2.2 文件和数据库混合管理模式

混合管理模式基本上兼顾了文件系统擅长非结构化数据的管理而数据库系统具有强大的结构化数据操作能力的优势。采用文件系统完成对空间几何数据的管理，采用商用关系数据库管理系统负责对专题属性数据的管理，两者之间通过显式的目标标识码进行联系，其管理模式如图 4-2 所示。

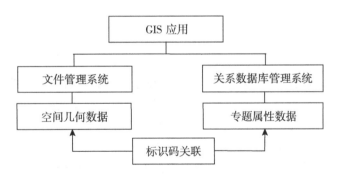

图 4-2 文件与关系数据库混合管理模式

一般来说，空间几何数据在一定的时期内变化不大，其数据逻辑结构也相对稳定；而专题属性数据变化频繁，其数据项也经常会增加或扩展，这样采用文件系统管理几何数据而用数据库系统管理属性数据比较适宜。加之 GIS 应用大多是为了解决某一领域或某个部门的专业应用，主要集中在对属性数据的操作上，使用数据库系统就可以借助系统提供的数据定义、操作、控制、维护和通信功能，所以这种模式的应用到目前为止仍然非常广泛，尤其在某一领域或某个部门所建立的局域网环境下。

这种管理方法的优点是充分发挥了文件系统和数据库系统各自的优势，使得系统开发和应用灵活高效；同时利用成熟的关系型数据库管理系统所提供的强大结构化数据的管理功能，完成了对无论是结构还是内容都变化较大的属性数据管理，既降低了系统的开发难度，减少了工作量，还能够保证属性数据的充分共享和并发访问控制。缺点是通过标识码实现几何数据和属性数据的联接，使数据的维护和一致性保证比较困难；另外，该模式比较适用于局域网环境下的 C/S 结构，无法满足 B/S 结构的应用。

4.2.3 全关系型数据库管理模式

随着关系型数据库管理系统的发展和日臻完善，利用大型关系数据库管理海量的空间数据成为可能。在全关系型数据库管理模式中，使用统一的关系型数据库管理空间几何数据和专题属性数据，几何数据以二进制数据块的形式存储在关系数据库的 BLOB(binary large object)中，通过空间数据访问引擎完成数据的存取和访问；属性数据仍然以通常的结构化数据管理的模式进行管理，并通过标准的数据库访问接口进行访问，其结构如图 4-3 所示。

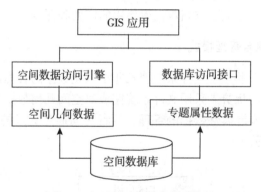

图 4-3　全关系型数据库管理模式

众所周知，关系数据库在其建立之初，就确定关系必须遵守关系模型的第一范式要求，通常每个元素必须是不可分割的数据项，其类型也是简单的数据类型，无法满足对空间几何数据这种变长数据的管理。早期的空间数据库建立中，甚至有过将一个具有 n 个坐标点的线目标，按相邻两个点组成的线段进行数据存储，这样该空间目标在数据库中就有 $n-1$ 条数据记录与之对应，这种方法存取效率低下，与属性数据的联接也比较困难，所以早期基本不用关系数据库进行空间几何数据的组织。一直到 20 世纪末，随着多媒体数据、空间数据这种变长数据应用需求的不断提升，在一些大型的关系数据库管理系统中扩展了能够存储变长数据的数据类型，它把所有复杂的数据类型抽象为一个二进制流，支持大数据量和长度可变的数据存储，通过增加一个变长二进制的数据类型来存放这些复杂的数据类型，这使得使用全关系型数据库管理系统进行空间数据的组织与管理成为可能。

采用全关系型数据库管理模式的优点很明显，首先它简化了几何数据与属性数据的联接，这样一个空间目标就对应数据库中的一条记录，避免了数据关联的处理，使得目标检索的速度加快，数据维护更加便捷；其次所有数据都使用关系数据库进行管理，数据的完整性、一致性和安全性能够得到保证，同时索引建立、并发访问、数据通信等功能可以借助数据库管理系统完成，这样既可以提高数据的共享程度，又可以降低系统开发的难度；

最后，还能够满足海量空间数据的组织和管理要求，数据量可以达到几百个 GB 甚至几十个 TB。存在的问题是由于变长数据在存储时需要压缩为二进制块，获取时又需要将这个二进制块进行解压，使得变长数据的读写效率要比定长的属性字段慢得多，特别是涉及对象的嵌套时，速度更慢，效率低下；此外，现有的 SQL 并不支持对这种变长数据类型的检索，当涉及空间查询时需要用户自行进行二次开发，扩展 SQL 以支持对空间数据的操作需求。

该模式既能够满足基于局域网环境下的 C/S 应用，也能够满足广域网条件下的 B/S 应用，是目前比较理想的应用模式，适合建立各种空间数据库的 GIS 应用。

4.2.4 对象-关系数据库管理模式

因为直接采用通用的关系数据库管理系统的效率不高，而非结构化的空间数据又十分重要，所以许多商用数据库管理系统软件商在关系数据库系统中进行了扩展，使之能够直接存储和管理非结构化的空间数据，如 Ingres，Informix 和 Oracle 等，其体系结构如图 4-4 所示。例如 Oracle，就在其 8.0.4 版本开始，推出了空间数据管理工具 Spatial Cartridge，并在其 Oracle8i 中，升级为 Oracle Spatial。Oracle Spatial 的对象-关系模型实现方法由一组对象数据类型、一种索引方法和在这些类型上的操作组成，支持点、线、面三种基本几何对象类型，提供 Quad-Tree 和 R-Tree 空间索引机制，可以进行空间数据的检索、关联、叠置、缓冲区等基本空间分析操作。

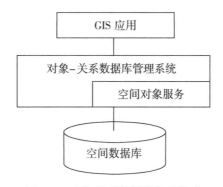

图 4-4　对象-关系数据库管理模式

对象数据库是采用全新的面向对象概念和思想来设计的全新数据库类型，但面向对象的技术与理论还不成熟，数据模型比较复杂，没有严格的数据基础，缺乏成熟的商用系统，而且市场仅仅处于实验培育期，同时许多功能难以实现，不具备 SQL 语言的强大功能，但这些恰恰是关系型数据库管理系统的优势；另外，对于开发人员而言无法轻易地在 RDB 和 OODB 之间舍此取彼，从而产生了一种折中的方案，那就是对象-关系数据库管理模式。该模式是目前最主流的应用模式，基本能够解决在局域网、广域网和万维网上所有的 C/S 和 B/S 应用。

这种模式的优点是在全关系型数据库管理模式的基础上改进发展起来的存储管理模式，所以保持了关系型数据库管理模式几乎全部的优势，数据的一致性、安全性、完整性仍然能够得到保证，几何数据和属性数据的对应关系简单明了，海量数据存储管理能够实现，多个用户的并发访问控制继续有效；同时由数据库软件商进行扩展解决空间数据变长记录的管理，数据的存取效率要比使用二进制大字段时高得多，用户在开发相应应用系统和数据库时，像数据结构、空间索引、存取方法基本上可以沿用数据库管理系统自带的功能，降低了用户的开发难度，提高了应用开发的效率，数据的标准化得以贯彻，共享和互操作更加方便。但也存在一定的缺陷，仍然没有解决对象的嵌套问题，某种程度而言，基本上还属于关系型数据库的管理模式；同时，空间数据结构遵循数据库软件商的定义和标准，不能由用户自行定义和扩展，在使用上仍然受到了一定限制。

4.2.5　面向对象数据库管理模式

为了克服关系型数据库管理系统在管理变长数据字段上的局限性，提出了面向对象数据模型。其设计思想是对问题领域进行自然的分割，以更接近人类思维的方式建立问题领域的模型，以便对客观的信息实体进行结构模拟和行为模拟，从而使设计出的系统尽可能直接地表现问题求解的过程。面向对象数据模型具有很强的语义抽象机制，包括分类、归纳、联合、聚集、继承和扩展等，使用该模型有助于缩小问题空间和解空间之间的语义差距，方便系统开发人员和用户之间的交流，同时对减少系统的数据冗余以及增强数据共享也有很好的作用。

应用面向对象数据模型基础上的面向对象数据库管理空间数据，不仅可以方便定义点、线、面以及复杂对象的数据类型和数据结构，还可以增加处理和管理这些空间对象的基本操作，包括属性查询、计算距离、检测空间关系，甚至一些复杂的运算，如网络分析、缓冲区分析、叠置分析等，这样可以将空间数据的数据存储与管理与其基本操作和功能无缝地集成在一起。对象数据库管理系统提供对于各种数据的一致访问接口以及部分空间服务模型，不仅能够实现数据的共享，而且还支持对基本操作、功能和空间模型服务的共享，使 GIS 应用开发可以将重点放在数据表现以及复杂的专业应用模型上。面向对象数据库管理模式结构如图 4-5 所示。

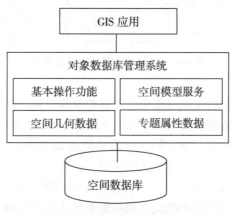

图 4-5　对象数据库管理模式

面向对象数据库管理模式是空间数据管理的最高级阶段，其优势表现在以下几个方面：面向对象模型最适应空间数据的表达和管理，它不仅支持变长记录，而且支持对象的嵌套、信息的继承与聚集，允许用户自定义对象的数据类型、数据结构以及基本操作和功能实现。但目前面向对象数据库管理系统还不够成熟，许多技术问题还需要进一步研究，存在的少数实验系统也因为价格昂贵而难以普及。

4.3 空间数据库引擎

从空间数据的管理方式中可以明确，关系数据库因具有坚实宽广的理论基础和非过程化的查询语言，在整个数据库应用领域占据着主导地位。但是传统的关系数据库仅仅支持一些简单的数据类型，不支持对空间数据类型的支持，无法满足对空间数据的应用需求。为了改变这种现状，人们尝试着在关系数据库系统的基础上进行扩展，使之能够同时管理空间几何数据和专题属性数据。这种扩展有两种方式：一种是将复杂的空间数据类型作为对象放入关系数据库中，并提供索引机制和简单的操作，这种扩展后的数据库称为对象-关系数据库，主要由数据库系统的软件开发商提供，如 Oracle；另一种是在关系数据库管理系统的基础上增加一个中间接口层，以提供对空间数据在数据库系统中的存取、索引和操作，如 Arc SDE，它们都被称为是空间数据库引擎(spatial database engine，SDE)。

SDE 是用来解决如何在关系型数据库系统中管理空间数据，它在常规的关系数据库管理系统的基础上添加一层空间数据的管理引擎，以获得在关系数据库中对空间数据的存储和管理能力。它是用户和空间数据库之间的一个开放的接口，是一种处于应用程序和数据库管理系统之间的中间件技术。用户可以通过空间数据库引擎将不同形式、不同类型的空间数据提交给数据库管理系统，由数据库管理系统进行统一管理，同样，用户也可以通过空间数据库引擎从数据库管理系统中获取空间数据来满足应用程序的操作需求。

4.3.1 空间数据库引擎的工作原理

空间数据库引擎的概念最早是由 ESRI 提出，ESRI 认为从空间数据管理的角度来看，空间数据库引擎可以看成是一个连续的空间数据模型，借助这一模型，就可以将空间数据加入到关系数据库管理系统中去。一般而言，空间数据库引擎只负责存储、读取、检索和管理空间数据以及提供对空间数据的基本处理功能，不提供复杂的处理如空间分析、模型应用等功能。也就是说，它只是负责底层的数据管理问题，而其上的应用功能由用户自己开发。

空间数据库引擎的工作原理如图 4-6 所示。它在用户(客户端)与关系数据库管理系统(服务器端)之间提供了一个开放的接口，客户端发出空间数据请求，由 SDE 服务器端处理这个数据请求，并转换成 RDBMS 能处理的请求事务，由 RDBMS 处理完相应的请求，再由 SDE 服务器端将处理的结果实时反馈给客户端。用户可以通过空间数据库引擎将获取的空间数据交给大型 RDBMS，由 RDBMS 统一组织与管理；同样也可以通过空间数据库引擎从大型 RDBMS 中读取这些空间数据，并经过相应的处理转换为用户可以理解的形式。这样，大型 RDBMS 就变成了各种格式不同空间数据的容器，而 SDE 就成为空间数据出入该容器的转换通道。

在服务器端，SDE 服务器处理程序执行本地所有的空间数据搜索和数据提取工作，将满足搜索条件的数据在服务器端缓冲存放，然后将整个缓冲区中的数据发往 SDE 客户

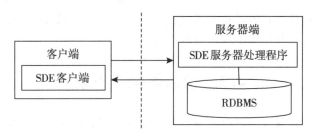

图 4-6　空间数据库引擎的工作原理

端。SDE 可以采用协作处理方式，处理既可以在客户端执行，也可以在服务器端执行，这主要取决于具体的应用和特定的网络环境条件。当处理比较简单而数据量比较大，网络传输比较差时，处理可以在服务器端完成；而处理相对复杂，数据量小且网速较高时就可以在客户端完成。

SDE 服务器端可以同时为多个 SDE 客户端请求提供数据服务，这些客户端请求可以是单纯地读取数据、插入数据、更新数据和删除数据，还可能涉及复杂的协同编辑情形，在多用户并发访问的情况下可能会产生冲突，SDE 必须结合 RDBMS 的并发访问控制功能处理可能出现的并发访问冲突。

4.3.2　空间数据库引擎的研究内容

SDE 是采用客户/服务器体系结构的高性能、面向地理实体的空间数据库管理系统。相对于客户端来讲，SDE 是服务器，提供空间数据服务的接口，接受所有空间数据服务的访问请求；而相对于数据库，SDE 又是客户机，提供数据库访问接口，用于连接数据库和存取空间信息。SDE 为系统开发人员提供了一个高效的实时应用系统的开发工具。

从 SDE 的实质而言，它主要负责存储和管理数据库中的空间要素，它将空间数据类型加入到关系数据库系统中，不改变和影响原有数据库系统的功能、性能和应用，只是在数据表中加入能够存储空间几何要素的数据项，供存储和管理与其关联的空间数据要素；而从表现而言，它由两部分组成，一是对所支持的空间数据类型的存储、语法、语义等类型的描述；二是提供一套操作函数，执行对感兴趣区域的信息查询。具体地讲，SDE 必须研究以下内容：

1. 数据模型

数据模型解决数据如何表述的问题。空间数据库是建立在空间数据模型基础上的，良好的空间数据模型不仅能够很好地表达地理实体，而且还有助于空间数据的组织与管理，并为空间分析和空间应用提供便利。空间数据模型通过对地理实体的抽象，明确需要表达的方式和表示的内容，前者决定地理实体的参考框架和空间维数，后者决定需要表示的内容，包括其类型、位置、特征及其相互关系等，如对空间地理要素类型划分，比较简单的划分仅仅将现实世界抽象为一系列的点、线、面目标，而比较复杂的划分可以将现实世界抽象为节点、纯节点、独立地物、拓扑弧段、无拓扑弧段、线状地物、面状地物、复杂地物等。空间数据模型决定了空间数据库需要表示什么，不需要表示什么，以及如何表示和表示的精确程度等问题。可以说，空间数据模型是空间数据库建立的基础，它决定着空间数据库和 SDE 的优劣。

2. 存储模型

存储模型解决数据如何存储的问题。数据模型确定了，那么怎样存储又是一个新的问题。如果说数据模型是地理空间到概念模型和逻辑模型上的一个映射，那么存储模型就是将这种逻辑模型映射为具体的数据库物理结构。

数据库在物理设备上的存储结构与存取方法称为数据库的物理结构，它依赖于具体的、特定的计算机系统，为一个给定的逻辑数据模型选取一个最适合应用要求的物理结构的过程，就是数据库的物理设计。空间数据库物理设计主要设计空间数据库的物理结构，也就是根据数据库的逻辑结构来选定特定的 DBMS，并设计和实施数据库的存储结构和存取方式等。物理设计是整个数据库设计的最终落实，它需要结合具体的数据库管理系统，以便最大限度地发挥该数据库系统的优势。

3. 查询语言

查询语言主要解决数据如何访问的问题。从用户的角度分析，空间数据库扩展了关系数据库的功能，能够提供对空间数据类型的存储、管理与处理，自然认为对空间数据库的访问也应该像传统的关系数据库一样，采用标准的 SQL 语言作为数据查询的主要手段。但由于关系模型的范式约束，不支持空间数据类型，因此也无法进行基于空间数据类型的空间操作和空间运算，不适用于 GIS 的复杂应用。在 SQL3 中，BLOB 被定义为一种新的数据类型，支持目前的通用数据访问接口像 ODBC、ADO 等，但它仍然仅仅作为一个数据块，需要应用程序解析和处理。因此，尚需开发出一套语义丰富、语法简单、功能齐全的空间数据库查询语言，目前主要有基于 SQL 扩展的空间查询语言、可视化查询语言和自然查询语言三种方法。

4. 空间索引

空间索引解决数据怎样快速查询的问题。空间数据库中的空间数据是海量的，如何在海量的空间数据中提取出用户或应用程序感兴趣的数据，并快速地响应用户或应用程序的显示、查询的需要，是评价一个 SDE 的重要性能指标。空间索引就是依据空间对象的位置和形态特征以及相互之间某种空间关系，按照一定顺序排列的一种数据结构，是对存储在物理介质上的空间数据位置信息的描述，是建立逻辑记录与物理记录之间的对应关系的桥梁。

传统的通用数据库管理系统，普遍采用 B-树、B+树、二叉树、位图索引、哈希索引来提高数据库的查询效率，但这些索引技术都是针对关系数据库中的一维数据的主关键字索引而设计的，对空间数据库中需要处理的二维甚至多维数据无效。在空间数据库中我们需要根据空间数据的特点，设计专门针对空间数据的索引方法，这些索引方法分为两大类：一类是基于空间目标排序的索引方法，其思路是按照某种策略将索引空间划分为许多格网，并给每个格网分配一个编号，然后基于这些编号利用数据库系统提供的一维索引技术建立空间索引；另一类是在空间数据库系统中加入专门的外部数据结构，来提供对空间数据的索引，如基于二叉树、四叉树和 B 树的空间索引等。有关空间数据的索引方法，将在本书第 5 章详细阐述。

5. 网络调度

网络调度解决数据的网络化问题。网络化是数据管理的必然趋势，是数据共享和互操作的前提。对一个特定的数据库系统而言，网络调度涉及两个方面，一个是数据库管理系统本身提供的网络化功能；另一个就是 SDE 的网络调度策略。

就数据库管理系统而言，它本身提供数据的网络化功能，支持数据的远程传输和调度，也提供数据索引、共享池等优化调度策略。但空间数据有其特殊性，数据量非常大，所以在实际应用过程中，需要增加一些额外的功能，如数据压缩、数据裁剪等，以便降低存储空间和减轻网络负担；同时，海量数据的传输与用户体验之间的矛盾需要我们考虑到数据的异步传输问题；此外，空间数据的缓存机制、网络的动态负载平衡、多用户并发访问控制等问题，也需要在建立 SDE 时加以考虑。

6. 安全性、完整性和一致性保证

数据的安全性、完整性和一致性保证，是数据库管理系统的基本功能和重要特征之一，但前提是数据必须是数据库管理系统能够接受的简单数据类型。目前，空间数据主要还是以 BLOB 类型进行的存储与管理，因此如何保证它们的安全、完整和一致是 SDE 必须考虑的问题。

在 SDE 中，空间数据的存储和读取大多以数据流的形式进行，这样数据是否完整就需要在 SDE 中进行特殊判断和检测；同时数据读取尤其在多用户并发操作时，需要 SDE 保证数据的一致性，只有这样才能使 SDE 读取的数据为有效的数据；另外，要防止数据被非法用户访问、破坏以及系统在故障发生后的安全恢复，除了利用数据库本身提供的安全性保证，在 SDE 与数据库系统进行数据交互以及通过 SDE 向应用程序提供数据时，还需要增加必要的安全措施。

4.3.3 空间数据库引擎的作用

空间数据库引擎是基于特定的空间数据模型，在特定的数据存储结构、管理系统的基础上，提供对空间数据的分布式存储、检索等操作，以提供在此基础上二次开发的函数集合。通过隔离数据服务层与用户服务层，屏蔽后台数据库的复杂性和异质性，并通过对地理空间数据的规范化，达到空间数据的共享和互操作的目的。

从空间数据库引擎的形成和发展来看，它基本上可以分为两种类型。一类是各大数据库软件商在他们的数据库管理系统中加入了对空间数据的支持，例如，Oracle 公司推出的 Oracle Spatial，它为空间数据的存储和索引定义了一套数据库结构，并通过扩展 Oracle PL/SQL 为空间数据的处理和操纵提供了一系列函数和过程，从而实现对空间数据服务的支持。这些扩展过的数据库管理系统，基本具有面向对象的特性，支持定义抽象数据类型，用户可以利用这种能力来增加空间数据类型和对它们的操作函数；另一类是由各 GIS 软件商在原有关系数据库基础上进行扩充，开发出专用的空间数据管理模块，完成对空间数据的模拟存储和简单操作，典型的代表是 ESRI 公司推出的 ArcSDE，它利用 HHCODE 技术提供对空间数据的索引，支持高效的空间数据检索，并提供简单的空间分析功能，允许用户或应用程序利用其提供的 API 函数实现将空间数据加入到 DBMS 中并能够从 DBMS 中读取和访问这些空间数据。

通过使用 SDE 这种高性能、分布式和多用户的实时应用系统开发工具，开发人员和 GIS 集成商改变了原有使用文件管理空间数据的模式，在空间数据的共享、安全、维护、处理和应用方面取得了长足的进步，具体地讲，SDE 具有如下作用：

①与大型关系数据库或对象关系数据库系统紧密结合，为任何支持的用户或应用程序提供方便快捷的空间数据服务和简单功能服务。

②提供开放的数据访问方式，通过 TCP/IP 横跨任何同构或异构网络，支持分布式数据库的访问与应用。

③对外提供基本的空间几何对象模型，用户或应用程序可以在此基础上建立空间几何对象，并对这些几何对象进行操作。

④快速的空间数据提取和分析。SDE 提供快速的空间数据提取和分析功能，可以进行基于拓扑关系的信息查询、空间对象的缓冲区分析、不同图层的叠置分析等。

⑤具有海量信息的管理能力。SDE 在用户或应用程序与物理数据的远程存储之间构建了一个抽象层，允许用户或应用程序在逻辑层面上完成与数据库系统的交互，而具体实际的物理存储则交由数据库系统来负责，从而保证了海量空间数据存储与管理的可行性。

⑥无缝的数据管理。实现了空间几何数据与专题属性数据的一体化管理，保证了数据的完整性和一致性，提高了数据的存取效率。

⑦并发访问控制。SDE 通过与成熟的数据库系统相结合，解决了空间数据的并发访问问题，使用户对空间数据的访问更加动态，更加透明。

这样，SDE 一方面可以实现对海量空间数据的一体化管理，支持多用户、多任务的用户管理，空间数据访问更加安全、透明、高效，有利于在不同的开发环境下良好的集成；另一方面屏蔽了不同数据库和不同文件格式之间的堡垒，实现了多源空间数据的无缝集成，从而为最终实现空间数据的共享和互操作提供了一种有效的途径。

4.3.4 几种典型的空间数据库引擎

如前所述，SDE 主要由数据库软件商和 GIS 软件商扩展数据库管理系统以适应对空间数据的存储与管理。其底层主要是关系型数据库管理系统，随着对象-关系数据库的发展和进步，其数据类型得以扩充，使得 SDE 也开始倾向于与对象-关系数据库管理系统进行集成。

1. ESRI 公司的 ArcSDE

ArcSDE 是 ESRI 公司在其地理信息系统平台(如 ArcInfo、ArcGIS)基础上推出的用于访问存储在关系数据库管理系统中海量空间数据的服务器软件产品。它的根本任务是作为GIS 软件和大型关系数据库管理系统之间联系的纽带和桥梁，是存储和管理多用户空间数据的通道，它可以增强对空间数据的管理能力并能够扩展其数据类型。从数据管理的角度看，ArcSDE 是一个连续的空间数据模型，借助这一模型用户可以实现用关系数据库管理空间数据。ArcSDE 可以提供空间几何数据和专题属性数据一体化高效的数据库服务，并采用客户/服务器体系结构，使得众多用户可以同时访问和操作空间数据。ArcSDE 还提供应用程序接口，软件开发人员可通过该接口将对空间数据的操作功能集成到自己的应用程序中去。

ArcSDE 允许用户在多种数据库管理平台中管理空间数据，并使所有的应用程序都能够使用这些数据，这些数据库管理平台包括 Oracle、IBM DB2、IBM Informix 以及微软的SQL Server。它基于多层体系结构，数据的存储和提取由存储层(DBMS)实现，而高端的数据整合和数据处理功能则由应用层负责。总的来说，ArcSDE 具有如下功能及特点：

①高性能的 DBMS 通道。ArcSDE 是多种数据库管理平台的通道，它本身并非一个关系数据库或数据存储模型，而是一个能够在多种 DBMS 平台上提供高效、高性能数据管理的接口。

②开放性。一方面允许多种数据库管理平台管理空间数据；另一方面体现在提供多样的客户端开发接口，通过这些接口可以自由访问底层的空间数据库表。

③多用户并发访问。ArcSDE 为用户提供大型空间数据库支持，允许多用户、多任务进行并发访问和编辑更新。

④连续、可伸缩的数据库。ArcSDE 可以支持海量的空间数据库和任意数量的用户，直至达到数据库管理系统允许的上限。

⑤GIS 工作流和长事务处理。多用户编辑、历史数据管理、check-out/check-in 以及松散耦合的数据复制都依赖于长事务处理和版本管理，而 ArcSDE 提供这种支持。

⑥丰富的地理信息数据模型。ArcSDE 能够保证存储于 DBMS 中的矢量和栅格几何数据的高度完整性，这些数据包括矢量和栅格几何图形、各种维数的坐标、曲线、拓扑、注记、元数据和图层等。

⑦灵活的配置。允许用户在客户端应用程序内跨网络、跨平台对应用服务器进行多种多层结构的配置，支持 Windows、UNIX、Linux 等多种操作系统。

ArcSDE 能够让同样功能在所有的 DBMS 中得以实现，尽管所有的 RDBMS 都支持 SQL，并能使用相似的方法处理这些 SQL，但不同的数据库在实现细节上却有着明显的差别，这些差别包括性能和索引、支持的数据类型、集成管理工具、复杂查询的执行以及对空间数据类型的支持等。

2. MapInfo 公司的 SpatialWare

MapInfo 公司推出的 SpatialWare 是一个高效存储、管理和维护空间数据的管理工具，它允许空间数据与大型数据库管理系统如 DB2、Informix、Oracle 和 SQL Server 实现良好的无缝整合，支持对海量空间数据的集中存储和管理，能够实现基于 SQL 的空间访问、分析和建模。其主要作用是能够把复杂的 MapInfo 地图数据对象存入大型数据库管理系统中，并能为其建立空间数据索引，从而在数据库服务器上实现对属性数据和几何数据的统一管理。用户或应用程序可以像访问普通数据库中数据字段一样访问这些空间对象字段，开发出完整的 C/S、B/S 模式下的应用；支持多用户共享读写访问，支持短事务和长事务处理，有严格的权限管理；提供二次开发过程中对空间数据查询、检索和数据库权限管理的一系列开发接口；可记录拓扑信息和工作区中实体的全部信息。

SpatialWare 需要在 MapInfo Professional 环境下运行，只支持 Sun Solaris、HP-UX 以及 Windows NT 或 2000 三种操作系统，不支持 Linux 操作系统。从空间数据的存储角度来看，对于关系数据库，如 SQL Server，SpatialWare 可以作为一个中间件，采用扩充数据库对象类型的方法将空间几何数据对象作为一个单独的列，添加到数据库表中；而对于像 Oracle 这样的对象-关系数据库，则直接利用其提供的对象类型进行存储。这种通过自定义等方式扩充数据库以便适应对空间数据管理的核心能力，使其具有良好的扩充性。

同时，SpatialWare 还具有灵活的数据上传和交换能力，它支持两种方式的数据上传，一是通过标准的 SQL 命令将 ASCII 数据加入到数据库中；二是通过 MapInfo 提供的工具将 TAB 数据上传。其他格式的数据如 DXF、DWG、E00、Shp 等可以通过 MapInfo 提供的通用转换器转换成 TAB 数据后上传至数据库管理系统中。

另外，SpatialWare 不仅实现了在数据库中存储空间数据类型的目标，而且还建立了一套基于标准 SQL 的空间运算符，使其可以使用标准的 SQL 语句创建、更改、插入、删除和查询空间数据，减少了用户的培训负担，降低了系统的开发成本；并采用 R 树空间索引技术建立了对空间数据的索引，从而在根本上提高了对空间数据的查询速度和效率。

3. 超图公司的 SuperMap SDX

SuperMap SDX 是超图 GIS 平台的空间数据库引擎，是其系列产品的核心和基础，为这些产品提供访问空间数据的能力，并通过它实现对空间数据的存储、管理、维护、索引和更新。目前它已经成为一个运行稳定、功能成熟和性能优越的空间数据库引擎。通过它，各种空间几何对象和影像数据集都能够存放到多种关系型数据库中，形成几何数据和属性数据一体化管理的空间数据库，并进行索引、增加、更新、删除等维护，可以按属性条件或空间条件进行各种查询，除此之外 SDX 还提供长事务管理、版本管理和拓扑关系维护等高级功能。

SDX 支持目前流行的多种商用数据库平台，如 Oracle、SQL Server、Informix、DB2等，这些数据库系统可以运行在多种操作系统平台上，既可以搭建同类型数据库之间的多节点集群，也可以搭建异构数据库和异构操作系统的分布式集群，使 SDX 能够在更多的操作系统(包括 Linux、Unix 等)上提供空间数据访问和管理的能力，具有"空间-属性数据一体化"、"矢量-栅格数据一体化"和"空间-业务信息一体化"的集成式空间数据库管理能力，是大型空间信息应用工程的理想选择。其优势和特色主要表现在以下几个方面：

①安装方便，开发简单。SDX 不需要安装配置复杂的空间数据库服务器，全面支持主流的商用数据库平台，并为用户提供全透明的数据访问方式。这样用户不必关心数据库在何种硬件平台或操作系统上，也不必了解数据库类型、服务器类型和操作系统类型，只需按统一的接口对数据进行存储和管理，大大简化了数据库配置、开发和应用的难度。

②能够高性能访问和管理海量的空间数据。SDX 采用了将四叉树索引、R 树索引、多级格网索引和图库索引相结合的混合多级索引技术，充分发挥了这些索引各自的优势，提高了数据访问和查询的效率；并采用文件缓存技术，均衡了网络和服务器的负载，提高了应用的整体性能；支持数据的有损和无损压缩，有利于节省存储空间和网络带宽，既提高了数据的传输效率，又能够保证数据的安全性。

③具有完善的空间数据模型。SDX 提供了全面的空间对象类型支持，既支持点、线、面和文本这种简单常用的空间对象，也支持多点、多线、网络、TIN、DEM、格网数据和影像数据等复杂的空间对象，同时还能够满足时空数据模型和拓扑数据模型的需要，使得SDX 能够支持众多大型 GIS 的应用需求。

④支持版本管理、长事务管理和数据的复制与同步要求。版本管理能够保存对数据更改的历史数据，便于数据的回溯和恢复；长事务管理有利于数据的并发访问，能够保证数据的安全性、完整性和一致性；数据复制与同步是空间数据分布式应用的基础，SDX 提供了离线复本、单向更新复本和双向更新复本三种不同类型的应用机制来满足分布式状态下空间数据的复制与同步。

此外，SDX 在已经实现数据库引擎和文件引擎的基础上，还增加了对 Web Service 数据引擎和内存数据引擎的支持。其中内存数据引擎是在内存中建立数据源，这样可以充分利用内存进行数据的操纵和处理，极大地提升数据的处理性能；而 Web Service 数据引擎可以提供直接对 WMS、WCS、WFS 等遵循 OGC 标准发布的地理空间数据服务的支持。这种扩展一方面能够简化最终用户应用的复杂度，同时还能够提高空间信息综合应用的完整性和灵活性。

4. Oracle 公司的 Oracle Spatial

Oracle Spatial 是 Oracle 公司推出的一种不需要中间接口而直接使用数据库管理系统来存储和管理空间数据的数据库组件，其实质是 Oracle 数据库中关于空间数据存储、访问、分析的一整套函数和过程的集合。除了空间数据管理的特殊功能外，它还具有关系型数据库管理系统的所有特性，如标准的 SQL 查询、页面缓冲、并发控制、多层结构的分布式管理、高效稳定的数据管理工具、高级语言过程调用等，并能确保数据的安全性、完整性和一致性。

Oracle 支持自定义的数据类型，这些类型可以通过数组、结构体或带有构造函数、功能函数的类来定义，Oracle Spatial 就是基于该特性而针对空间数据处理产生的。它提供了三种最主要的几何类型(点、线和面)以及由这些几何类型对象组合而成的集合，进一步细分又可以分为简单点、简单线、简单面、复合对象、点群、线群、面群这七种，分别用 1~7 进行标识。它的空间数据模型可分为几何元素、几何对象和层三级结构，每一种结构都对应于空间数据的一种表达，其中层是由几何对象组成，而几何对象则由几何元素组成。

Oracle Spatial 主要通过元数据表、空间数据字段和空间索引来组织和管理空间数据，并提供一系列空间查询和空间分析的程序包，让用户进行更深层次的空间信息应用开发。其中元数据表存储有关于空间数据的数据表名称、字段名称、坐标范围、坐标系和坐标维数等信息，用户只有通过它才能知道 Oracle 中是否有 Spatial 的空间数据信息；空间数据字段 SDO_GEOMETRY 是按照 Open GIS 规范定义的一个空间几何对象，它包含几何对象的类型、坐标系以及坐标数组；空间索引的目的是为了提高对空间数据的存取效率，针对不同的空间数据类型，Spatial 提供有 R 树索引和四叉树索引两种索引机制；程序包提供了丰富的空间操作函数和过程，以完成空间分析操作、几何对象操作、空间聚合操作、空间参照操作、线性参考操作、移植操作和调整优化等操作，此外还扩展了 SQL 语句，并用主过滤和次过滤的两层空间查询模型来解决空间查询和空间联合查询。

Oracle Spatial 将所有的空间数据类型，包括矢量、栅格、网格、影像、网络和拓扑等，统一在一个单一的、开放的、基于标准的数据管理环境中，允许用户和软件开发者将他们的数据库无缝地整合到企业级应用中去，允许用户和应用程序直接访问数据库中的空间数据。这既减少了管理专用系统的成本、开销和复杂性，又保证了数据的完整性和安全性，有效地解决了空间数据的备份和恢复以及控制用户的并发访问等问题。

4.4　矢量与栅格数据的管理

空间数据的组织和管理主要是确定在空间信息应用中空间数据的管理方法，本节主要针对不同的空间数据类型，分别从各自的数据特点和表达形式入手，重点阐述对矢量数据和栅格数据的管理办法。对地名数据库和元数据库，由于其与常规数据的数据管理没有太大的差别，本节不做特别说明。

4.4.1 矢量数据的管理

如前所述，矢量数据是空间数据中最主要的数据类型，具有数据精度高、转换方便、存储容量小等特点，但因其结构模型复杂使其成为空间数据管理中最为复杂的部分。矢量数据管理的基础是对空间数据模型的理解，而空间数据模型是从用户或应用的角度对现实世界的一种抽象表达，它反映了地理实体的某些结构特性和行为功能，并从最方便用户或应用的角度以计算机能够接受和处理的方式建立起来的一种数据逻辑组织方式。空间数据模型有的很简单，它将地理实体简单地抽象为点、线、面三种类型；而有的很复杂，如Oracle Spatial 就有点、线、面、多点、多线、多面和复杂对象这七种，Open GIS 提出的关于几何体的空间数据模型也是如此。空间数据模型没有好坏之分，评价的标准是能不能用最佳的方式客观真实地反映用户的实际需要以及为用户提供简单的访问数据库的逻辑接口。

从空间数据管理的演变和发展来看，目前对矢量型空间数据的管理方式主要有三种模式，这三种模式并存。第一种模式是按一定的数据格式采用文件系统进行管理，就是将表达现实世界地理实体的空间数据(主要是表达地理位置的空间几何数据)按一定格式组织成一个或多个数据文件。如 MapInfo 就是将矢量空间数据组织成 MIF 和 MID 两个数据文件，其中 MIF 文件用来存储地理要素的空间几何数据，MID 文件用来存储要素的专题属性数据，两个文件之间使用相同的标识码进行连接；还可以增加诸如数据索引之类的文件，如 ESRI 的 Shapefile 格式的矢量数据就是由 SHP、SHX、PRJ 和 DBF 四个数据文件组成。无论使用几个数据文件，其最终目的还是为了提供空间信息的存取与检索效率。在大多数情况下，人们习惯于按不同比例尺用横向分幅(可以是标准的地图分幅，也可以按区域分幅)和纵向分层(可以是要素的自然属性类别，也可以是不同的应用专题)的原则来组织矢量数据，这样既便于对地图要素的查询检索，也便于数据的灵活调度、更新和管理。采用该模式的优点是数据组织灵活、使用方便、存取速度快效率高；缺点是数据共享和互操作难度大、多用户并发访问控制复杂。

第二种模式是在传统关系型数据库管理系统的基础上，通过增加一个变长二进制的数据类型来支持对空间数据的存储，即把复杂的数据类型抽象为一个二进制流，但这只能停留在通过关系数据库来存储复杂的数据类型，并不能通过该字段建立索引来提高数据的存取效率。目前一些主流的关系数据库管理系统均支持这种二进制对象的存储，如 Oracle 中的 BLOB 和 CLOB 等数据类型，SQL SERVER 中的 TEXT/IMAGE 数据类型，Informix 中的 BLOB 数据类型，存储容量最大可以达到 4GB。这种方式可以有效解决在关系数据库中诸如视频、音频、图像、空间数据等的集中存储和管理问题，能够在数据库表中对其进行读取、增加、修改和删除操作，但无法对这类数据进行直接访问和建立索引。用户在进行该类数据存储或输入时，首先需要按自定义数据结构将空间几何数据打包成二进制流，这样才能存储到该数据类型字段中；而在读取操作时，又必须对它按自定义数据结构进行解析，这样使得空间几何数据的存取效率大打折扣，同时用户还需编写专门的程序(空间数据库引擎)来负责与数据库进行交互。该模式的优点是在数据库管理系统中完成了对空间数据的存储与管理，可以享用数据库管理系统所提供的各种数据存取、访问和控制的便利；但由于这种二进制流是用户自定义的数据结构，所以共享和互操作也有一定的难度。

第三种模式是将空间数据的复杂数据类型作为对象存储在关系数据库中，并提供相应的空间索引机制和简单的操作功能，这种扩展后的关系数据库一般称为对象-关系数据库。目前，许多大型的关系数据库软件制造商如 Oracle、DB2、Informix 等已经成功地推出了空间数据存取对象，Oracle Spatial 就是其中的典型代表，它由一组对象数据类型、一种索引方法和一组操作组成。这样，一个地理实体就可以用一行具有 SDO_GEOMETRY 的记录来存储，空间索引的创建和维护由基本的 SQL 语句完成，而操作负责实现简单的空间分析和常用的数据操作功能。数据类型 SDO_GEOMETRY 的定义如下：

```
CREATE   TYPE   SDO_GEOMETRY   AS   OBJECT
(
        SDO_GTYPE              NUMBER,
        SDO_SRID               NUMBER,
        SDO_POINT              SDO_POINT_TYPE,
        SDO_ELEM_INFO          SDO_ELEM_INFO_ARRAY,
        SDO_ORDINATES          SDO_ORDINATES_ARRAY
)
```

SDO_GTYPE 是关于几何对象的类型标识，是一个 4 个数字的整数，其格式为 DLTT。D 标识几何对象的维数；L 表示三维线性参考系统中的线性参考值，一般为空，只有在 D 为 3 维或 4 维时才需要设置该值；TT 为几何对象类型，其含义见表 4-1。

表 4-1　　　　　　　　　**Oracle Spatial 几何对象类型及其描述**

数 值	几何类型	描　　述
DL00		用于存放自定义类型的几何对象
DL01	点	几何对象仅仅包含一个点
DL02	直线或曲线	几何对象由直线段或曲线段组成
DL03	多边形	几何对象由一个多边形构成，该多边形内部可能含有洞
DL04	复合对象	几何对象由点、线、多边形组成的复合集
DL05	点群	几何对象由一个点或多个点组成
DL06	线群	几何对象由一条线或多条线组成
DL07	多边形群	几何对象包含多个外环，多个不相交的多边形
DL08-99	Oracle Spatial 内部暂且保留	

SDO_SRID 用于标识与几何对象相关的空间坐标系。如果为 NULL，则表示没有坐标系与该几何对象相关，否则该值为一个表征空间参照坐标系的代码值，Oracle 规定一个几何字段中所有几何对象都必须具有相同的 SDO_SRID 值。

SDO_POINT_TYPE 是一个包含三维坐标的对象类型，用于表示几何类型为点的几何对象。如果后续的 SDO_ELEM_INFO 和 SDO_ORDINATES 数组为空，则该值就是点对象的坐标值，否则，该值被忽略(用 NULL 表示)，这样可以获取更高的数据存取效率。

SDO_ELEM_INFO 是一个变长的数组类型，每三个数作为一个元素单位，用于表示坐标是如何存储在 SDO_ORDINATES 数组中的，元素单位包括 SDO_STARTING_OFFSET、SDO_ETYPE 和 SDO_INTERPRETATION。其中 SDO_STARTING_OFFSET 表明每个几何对像元素在 SDO_ORDINATES 数组中的首坐标位置；SDO_ETYPE 用于表示几何对象中每个组成元素的几何类型，其含义在表 4-2 中有详细说明；SDO_INTERPRETATION 的作用由 SDO_ETYPE 是否为复杂元素决定，如果是复杂元素就表示它后面有几个子三元组属于该复杂元素，否则该值表示该元素的坐标值在 SDO_ORDINATES 中是如何排列的。

SDO_ORDINATES 是一个可变长的数组，用于存储几何对象的实际坐标值，是一个最大长度为 1048576，类型为 NUMBER 的数组，它必须与 SDO_ELEM_INFO 配合使用才具有实际意义，其坐标存储方式由几何对象的维数决定，如果几何对象为二维，坐标以 $\{X_1, Y_1, X_2, Y_2, \cdots\}$ 顺序排列；如果几何对象为三维，则坐标以 $\{X_1, Y_1, Z_1, X_2, Y_1, Z_2, \cdots\}$ 顺序排列。

表 4-2 　　　　　　　**Oracle Spatial 中 SDO_ELEM_INFO 的含义说明**

SDO_ETYPE	SDO_INTERPRETATION	描　述　说　明
0	任意值	用于自定义类型，Oracle Spatial 不支持
1	1	点类型
1	N>1	具有 N 个点的点群
2	1	由直线段组成的线串
2	2	由弧线段组成的线串，一个弧线段由起点、弧线上任意一点和终点组成，相邻两个弧线段的点只需要存储一次
1003，2003	1	由直线段组成的多边形，起点和终点必须相同
1003，2003	2	由弧线段组成的多边形，起点和终点必须相同。一个弧线段由起点、弧线上任意一点和终点组成，相邻两个弧线段的点只需要存储一次
1003，2003	3	矩形，由左下角和右上角两点确定
1003，2003	4	圆，由圆周上的不同三个点组成
4	N>1	由直线段和弧线段组成的线群，N 表示线群的相邻子元素的个数，子元素的 SDO_ETYPE 必须为 2，一个子元素的最后一点是下一个子元素的起点，并且该点不能重复
1005，2005	N>1	由直线段和弧线段组成的多边形群，N 表示多边形群的相邻子元素的个数，子元素的 SDO_ETYPE 必须为 2，一个子元素的最后一点是下一个子元素的起点，并且该点不能重复，多边形的起点和终点必须相同

该模式是由数据库软件商在其产品上进行的扩展，所以除了传统关系型数据库所具有的标准 SQL 查询、页面缓冲、并发控制、多层结构的分布式管理、高效稳定的数据管理

工具、高级语言过程调用以及确保数据的完整性、安全性和可恢复性等特点之外。还可以通过 SQL 语句定义和操纵空间数据，并利用所提供的空间索引以及一整套函数和过程集合，使得对空间数据的存储、访问和分析更加便捷和高效，应用开发更加简单和方便。可以说，该模式是空间数据库理想的存取模式，也是今后一段时间空间数据库发展的方向。

4.4.2　栅格数据的管理

栅格数据管理的目的是将区域内相关的栅格数据有效地组织起来，并根据其地理分布建立统一的空间索引，快速调度数据库中任意范围任意分辨率的数据，进而达到对整个栅格数据库的无缝漫游和处理操作，同时与矢量数据库联合使用，完成对矢量数据库的更新和维护，并根据应用需要复合显示各种专题信息。随着地理信息系统技术和遥感对地观测技术的发展，以栅格数据形式存在的地理空间数据在地理空间信息应用中的地位和作用越来越明显。其中影像数据具有信息丰富、覆盖面广、现势性强、获取快捷等特点，而 DEM 数据表现了整个区域地形的高低起伏，可以广泛应用于地理分析。这些数据的引入，一方面丰富了地理空间数据的数据内容和数据类型，另一方面也增强了地理信息表达的直观性和形象性。以栅格形式存在的数据主要有三种类型，一是影像数据，包括遥感影像、航空影像和雷达影像等；二是 DTM 数据，用于表达地理实体和现象的连续分布，DEM 数据就是其中的一种；三是经过扫描、几何纠正、色彩校正和编辑处理后建成的栅格地图。

与矢量数据相比，栅格数据的结构比较简单，它没有复杂数据模型，仅仅是以规则的阵列来表示空间地物或现象，阵列中行列号隐含了目标的空间位置，而目标的属性信息由阵列的数值进行表示。所以栅格数据不能像矢量数据一样按目标进行数据组织，而只能以一定范围的阵列来进行表示。这就决定了栅格数据的管理必须按一定的区域为单位进行数据组织，当然这种区域可以按标准地形图分幅进行划分，也可以按一定地理范围进行划分。以标准地形图分幅组织栅格数据，一方面方便与对应矢量数据的套合显示，另一方面也便于矢量数据的更新维护；但在像军事应用、应急处理、电力设计、环境监测等大型应用中，以图幅为单位的数据组织模式难以满足实际应用的需要，因此有必要以区域为单位将多幅栅格数据建立一个无缝的数据库。

1. 管理模式

栅格数据的管理模式主要有两种：基于文件的管理模式和基于数据库的管理模式。基于文件的管理模式应用非常普及也非常成熟，可以说目前绝大部分的 GIS 软件和图像处理软件基本上是采用这种模式进行的管理，这样同一类型的数据可以放在同一个大的数据目录下，而不同分辨率的数据使用不同的子文件目录进行管理；同时对一些说明信息和描述信息（如图像类型、拍摄时间、成像比例尺、数据存储位置等）使用元数据文件统一组织。文件管理模式的优点是组织结构简单、使用操作方便、存取效率极高，缺点是数据共享不便、并发控制困难、数据的安全性无法保证。

基于数据库的管理模式是在关系数据库的基础上，将栅格数据存储在变长的二进制大字段中，通过编写专用的数据接口进行数据的存取访问，并将其元数据信息一并存放在数据库表中，两者可以进行无缝一体化管理。这种管理模式的优点是：所有数据集中存储，数据的安全性、完整性和一致性能够得到保证；支持事务处理和并发访问控制，有利于多用户的访问和共享；方便构建在异构网络环境下的分布式应用。

2. 影像数据的管理

影像数据的特点可以概括为"广"、"快"、"精"、"深"、"大"五个字。其中,"广"代表视域辽阔,便于宏观分析,如地球资源卫星的一幅影像所覆盖的地面面积可达 34000km²(相当于海南岛的大小),气象卫星甚至可以把半个地球全拍在一张照片里;"快"就是其瞬间成像,及时处理,快速处理,有助于周期性观测迅速获取目标信息和对环境进行动态监测,如地球资源卫星,每 18 天就可以覆盖全球一遍;"精"是影像形成逼真,信息丰富,能够进行定性分析、定量分析和专题制图;"深"是可利用各种波段了探测不同的地物;"大"说明数据量巨大,一幅范围为 100km² 分辨率为 0.61m 的 QuickBird 影像其数据量就接近 1GB,如此海量的数据给数据管理带来了一定的困难。

对影像数据的管理,有两个技术问题首先必须解决,其一是数据分块,其二是空间索引。由于在海量的影像数据中,我们每次调度和使用的数据仅仅是其中极小的一部分,因此数据分块是高效组织和管理影像数据的关键。通过数据分块可以有效地减少数据的传输速度和效率,方便对数据的显示和运算处理,同时以小的图像块作为一个文件或是一条记录也便于操作。数据分块包括数据块大小的确定和影像切割两部分,前者对图像调度效率的影响是至关重要的,一般我们按 128×128、256×256、512×512、1024×1024 的大小进行分割,研究表明当图像块的大小为 256×256 时,影像调度的效率最高;影像切割的算法比较简单,相应的处理模块也比较成熟,最简单的方法就是将图像转换为非压缩的直接编码格式,并顺序读取需要裁剪部分的数据内容,然后按需要的编码格式对其进行数据压缩编码即可。

空间索引是指依据空间对象的位置和形状或空间对象之间的某种空间关系,按一定的顺序排列的一种数据结构,用来提高系统对空间数据的存取效率。影像数据库中的数据主要是正射影像,本身就有一定空间参照,适合建立以空间参照为基准的空间索引,一般采用自顶向下、逐级划分的策略。

3. DTM 数据的管理

DTM 是利用一个任意坐标场中大量选择的已知 X、Y、Z 的坐标点对连续地面的一个简单的统计表示,简单地说,DTM 就是描述地球表面形态多种信息空间分布的有序数值列阵。它所描述的地面特性信息类型主要包括以下四组:地貌信息,如高程、坡度、坡向及更复杂的地貌因子;基本地物信息,如水系、交通网、居民点、工矿企业等;主要的自然资源和环境信息,如土壤、植被、地质、气候等;主要的社会经济信息,如一个地区的人口分布、工农业产值、国民收入等。DEM 是用一组有序数值阵列形式表示地面高程的一种实体地面模型,可用于土方计算、通视分析、坡度分析、汇水区分析和淹没分析等。从概念上讲 DTM 和 DEM 有很大的不同,DEM 仅仅是 DTM 的一个分支;但从数据组织和管理的角度而言,它们应该说没有什么差别,目的相同,采用的技术和方法也是一样。下面就以 DEM 数据的管理为例来说明在空间数据库中 DTM 数据应如何组织和管理。

DEM 数据组织的目的是将所有相关的 DEM 数据通过数据库有效地管理起来,并根据其地理分布建立统一的空间索引,进而可以快速调度数据库中任意范围的数据,实现对整个研究区域 DEM 的无缝漫游。相对于矢量数据和影像数据而言,DEM 的数据量是比较小的,因此在大范围分辨率较高的应用中,一般在水平方向上将同一尺度的 DEM 数据划分为一系列的块,在垂直方向上将不同尺度的 DEM 进行分层组织。考虑到 DEM 数据的来源，通常情况下以地形图图幅为单位进行组织比较适宜，也就是说，可以把一幅图的 DEM 存储为一个数据文件或数据库中的一条记录；而在分辨率较低的应用中，甚至可以将整个区域的 DEM 作为一个文件或一条记录。

4. 栅格地图的管理

栅格地图是各种比例尺的纸介质地形图和各种专业使用的彩图的数字化产品，就是每幅图经地图扫描、几何纠正和色彩校正后，形成在内容、几何精度和色彩上与地形图保持一致的栅格数据文件，可作为背景用于数据参照或修测拟合其他地理相关信息，可以用于 DLG 的数据采集、评价和更新，也可以与 DOM、DEM 等数据信息集成使用。从栅格地图的数据来源和应用目的而言，以图幅为单位进行数据的组织和管理是最为适宜的，也就是说将一幅图作为一个数据文件或数据库的一条记录。

4.5　空间数据的组织

4.5.1　空间数据的基本组织方式

空间现象的千姿百态，导致了空间数据的种类繁多。为了提高空间数据的存储和检索速度，便于对不同要素进行分析和灵活调用，需对海量的空间数据进行有效的分类与组织。在大多数情况下，人们习惯于按不同比例尺、横向分幅(标准分幅或区域分幅)、纵向分层(专题或时间序列)来组织海量空间数据。

1. 空间数据的分层组织

空间数据可按某种属性特征形成一个数据层，通常称为图层，层是指地理特征及其属性在逻辑上的集合。图层是描述某一地理区域的某一(有时也可以是多个)属性特征的数据集。因此，某一区域的空间数据可以看成是若干图层的集合。

层的概念同时适合于栅格数据和矢量数据，在栅格数据结构中，每种属性可形成一个独立的层，而新的属性就意味着在数据库中新加一层；在矢量结构中，层是用来区分地理实体的主要类型，目的是为了制图与显示。

原则上讲，图层的数量是无限制的，但实际上要受数据结构、计算机存储空间等的限制。通常按以下方法对空间数据进行分层：

①按专题分层。每个图层对应一个专题，包含某一种或某一类数据。如地貌层、水系层、道路层、居民地层等。对于不同的研究目的，空间数据可以根据不同的专题分成不同的数据层。

②按时间序列分层。即把不同时间或不同时期的数据作为一个数据层。

空间数据分层的目的主要是为了便于空间数据的管理、查询、显示、分析等。当空间数据分为若干数据层后，对所有空间数据的管理就简化为对各数据层的管理，而一个数据层的数据结构往往比较单一，数据量也相对较小，管理起来就相对简单；而进行查询时，不需要对所有空间数据进行查询，只需要对某一层空间数据进行查询即可，因而可加快查询速度；分层后的空间数据由于任意选择需要显示的图层，因而增加了图形显示的灵活性；对不同数据层进行叠加，可进行各种目的的空间分析。

2. 空间数据的分块组织

由于空间数据的海量及空间分布范围广等特征，无论哪类数据，如果不进行分割，就会受到诸多因素的限制，如磁盘容量有限、数据库维护不便、查询分析效率不高等。为了解决这些问题，空间数据在组织时，常常在数据分层的基础上，对空间数据进行分块，这样，当只涉及某块的一些操作时，只对该块的小范围进行操作就可以了。当需要跨越多块数据时，利用软件自动地将相关块的数据拼接起来就可以了。

(1)横向分块

基于文件、数据库形式实现的存储，不能容纳较大的数据集，分块组织可以有效地对数据进行分割，有效地管理海量空间数据。分块组织是将某一区域的空间数据按照某种分块方式，分割成多个数据块，以文件或表的形式存放在不同的目录或数据库中。在空间数据库中，用图块来表示互不重叠的某地理区域中的要素，通过空间上的拼接，覆盖完整的地理区域。

分块的方式主要有：标准经纬度分块、矩形分块和任意区域多边形分块。

(2)分块的尺寸

从大小上，图块可以是任意尺寸。因此，图块尺寸根据实际需要而定，一般一个图块不能太大，否则在数据传输和处理过程中容易造成计算机存储空间的溢出。一般地，图块划分的原则是：①按存取频率较高的空间分布单元划分图块，以提高数据库的存取效率；②使基本存储单元具有较为合理的数据量；③考虑未来地图数据更新的图形属性信息源及空间分布，以利于更新和维护。

多数情况下，图块按照地图图幅大小划分。

3. 三维空间数据的组织

三维空间数据采用三维金字塔式数据组织。采用这种组织方式，在对规则体数据进行浏览处理时，可以根据当前显示的分辨率自动适配合适的金字塔体数据层，以快速实现对规则体数据的分析和可视化。

4.5.2 多比例尺空间数据的组织

在数字技术、网络传输、多媒体可视化等技术条件下，人们不再满足于静态、单一分辨率的空间表达，提出从多角度、多视点、多层次对空间认知表达的要求，这是 IT 业日益兴起的"以人为本"、"个性化"、"自适应"需求。作为一种视觉化 IT 产品，GIS 应当为用户提供"连续"、"无级变焦"式可视化功能，即具有多尺度、多分辨率的空间表达与应用。观察的视点越深，获得的信息越多，越详细；观察的视点越远，获得的范围越广，获得的信息越概略。

空间信息服务多元化趋势使得"多尺度"机制相应地产生多种功能作用。人们对空间现象的认知表现为从总体到局部、从概略到细微、从重要到次要的层次顺序。对于空间信息导航，多尺度空间数据库的比例尺调节接近于连续式变化，没有大的跳跃，较好地满足了思维连续性的要求。

多尺度空间数据库可改变网络环境中的数据传输方式，实现跨尺度变化中的逐步精细化的数据叠加传输。按照信息内容的层次性，建立顾及尺度影响的新型空间索引，在多尺度框架下，在服务器端建立层次化数据组织，实现从主体到细节化的渐进式传输。这一渐进式的传输方式可介入用户的互动操作，满足用户的自适应条件，节省传输时间，提高传输效率。有的用户可能只需了解区域的概略信息内容，在获得其符合要求的内容后可随时停止传输，避免全部数据传输而浪费时间。

在多尺度空间数据库支持下，可根据屏幕当前可视化比例尺，动态地选择对应的尺度内容进行显示，获得适宜的可视化效果。

多尺度空间数据库的建立增强了不同数据集成匹配的能力，可以实时地将不同尺度的数据调整为一致的尺度，或通过临时输出不同版本的数据使得其尺度达到一致或接近，为不同系统间的数据互操作提供条件。

1. 空间数据的多尺度特征

(1)尺度的概念

广义地讲，尺度(scale)是指在研究某一物体或现象时所采用的空间或时间单位，也可指某一现象或过程在空间和时间上所涉及的范围和发生频率。在地理现象的研究中，通常用到的尺度主要有概念尺度性、量纲多尺度和内容多尺度；在地理信息系统可以将尺度简单地理解为分辨率或者比例尺，也可以叫做"粒度"。

地球系统是由各种不同级别子系统组成的复杂巨系统，各个级别的子系统在空间规模和时间长短方面存在很大差异，而且由于空间认知水平、精度和比例尺等的不同，地理实体的表现形式也不相同，因此多尺度性成为地理空间数据的重要特征。

在空间数据中多尺度特征包括空间多尺度和时间多尺度两个方面：空间多尺度是指空间范围大小或地球系统中各部分规模的大小，可分为不同的层次；时间多尺度指的是地学过程或地理特征有一定的自然节律性，其时间周期长短不一。

空间多尺度特征表现在数据综合上，数据综合类似于数据抽象或制图概括，是指数据根据其表达内容的规律性、相关性和数据自身规则，可以由相同的数据源形成再现不同尺度规律的数据，它包括空间特征和属性的相应变化。

多尺度的地理空间数据反映了地球空间现象及实体在不同时间和空间尺度下具有的不同形态、结构和细节层次，应用于宏观、中观和微观各层次的空间建模和分析应用。

地理空间数据描述各种尺度的地理特征和地学过程，不同尺度上所表达的信息密度差距很大。一般来说，尺度变大信息密度变小，但这种变化不是等比例的。在事先不了解尺度变化所带来的影响情况下，改变数据比例尺将使显示的结果与最初愿望大不相同。为了在某种尺度状态下对某种地学现象及其变化过程进行描述，必须了解该现象的变化特征是如何随着尺度的变化而发生的。在应用空间数据进行综合分析时，大量不同来源的数据通常是不同比例尺的，必须很好地解决尺度的问题，才能避免在解决有关问题时因错误地处理或理解尺度而做出错误的判断和推理。

(2)空间数据的多尺度特征

空间数据的多重表达问题由来已久，早在 1988 年，美国地理信息和分析国家中心就提出了数据库多重表达的概念，他们认为，数据库多重表达是指随着在计算机内存储、分析和描述的地理客体的分辨率(比例尺)的不同，所产生和维护的同一地理客体在几何、拓扑结构和属性方面的不同数字表达形式。也就是说，具备多重表达机制的 GIS 能够以不同分辨率或比例尺的数据集的方式来表达数据库。因此，又被称为多重表达数据库(multiple representation database)。

不同尺度所表达的信息密度有很大的差异。一般而言，尺度增大时所表达的信息密度减少，但并不是呈简单的比例变化。根据不同层次和不同领域的用户对 GIS 的要求和使用的不同，空间数据在不同的尺度条件下展现如下特征：

①同一地物在不同的尺度条件下可以表现为不同的几何外形。这是因为尺度不同，对地物的抽象和化简的程度也不尽相同。如图 4-7 所示，居民地在比例尺为 1：500 时是一个复杂的多边形；比例尺为 1：1 万时简化为一个简单多边形；在更小的 1：50 万比例尺时被抽象表示为一个简单的点。

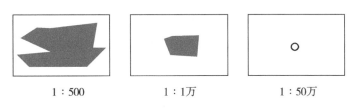

| 1：500 | 1：1万 | 1：50万 |

图 4-7　不同尺度下同一地物的不同表示外形

②同一属性的地物在不同的尺度条件下出现聚类、合并或者消失现象。在由大比例尺向小比例尺转换的过程中，要素分类所遵循的几何、时态和语义等方面的规则都会发生变化。如图 4-8 所示，比例尺为 1：500 时三个相互独立的同类地物，在比例尺变为 1：1 万时三个地物归并为一个地物。

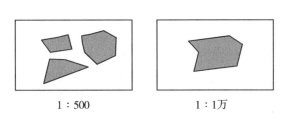

| 1：500 | 1：1万 |

图 4-8　同一属性地物在不同尺度下的聚类、合并与消失

③同一地物在不同尺度的表达下会表现出不同的属性。以公路为例，依据交通部的技术标准来划分，公路分为汽车专用公路和一般公路两大类。汽车专用公路包括高速公路、一级公路和部分专用二级公路；一般公路包括二、三、四级公路。它们在 1：2.5 万至 1：10 万地形图上的符号表示是不一样的。

可见，为了进行多尺度的空间数据表达，首先应该从各个实例当中概括出多级尺度条件下表达空间数据可能呈现出来的特征，即应当把握空间数据的几何特征、属性特征和尺度变化特征。

2. 空间信息的多尺度表达

地理空间中隐含了一个空间尺度的概念。如果地理信息应用中涉及的地理空间强调宏观的整体结构研究，那么这个隐含的尺度就是一个大尺度；反之，如果应用的目的是强调地理实体的绝对位置，那么这个尺度就是一个小尺度。地理空间尺度和范围与具体研究的地理区域的地学问题有关。因此在空间数据库中可能需要两种坐标空间，一种是位置和关系相对精确的空间；另一种是着重宏观地理现象的粗略的空间，这就意味着作为基础的精确底层空间数据库应该有派生多种比例尺数据的能力。

在测绘学领域，比例尺是尺度的一种更为通俗的说法。虽然随着计算机制图和 GIS 的发展，比例尺的概念与常规地图的比例尺概念已有所不同。传统的比例尺概念是地图上某线段的长度与实地相应线段的长度之比，决定着实地的轮廓变为制图表象的缩小程度；而在计算机条件下，地图可以随意缩放，实际上比例尺是变化的，在这里比例尺的概念更多的是指要素的详细性和完备性。

在空间数据库中我们把同时存在几种不同比例尺(或详细程度)空间数据的现象称为多比例尺空间数据库。多比例尺空间数据库的表现形式主要有两种，一种是一库多版本，即在空间数据库中，建立一个较大比例尺的主导数据库，而其他比例尺(或分辨率)的空间数据库是从该主导数据库中衍生或派生而来，形成多个版本的空间数据库，这种形式也叫"基于主导数据库的多重表达"(master database multiple representation)。这种形式建立的多比例尺空间数据库是地图学界最终的奋斗目标，它几乎能帮助我们解决目前多比例尺空间数据库中存在的所有问题，如数据冗余、数据的更新维护、数据一致性保证以及多层数据库之间的连接，等等，存在的主要障碍是对制图综合的要求太高；另外一种就是多库多版本，即在空间数据库中，独立建立对应于多种比例尺的多个空间数据库，也称为"多重表达数据库"(multiple representation database)。这种方式虽然存在数据冗余、不同层次数据库对同一地理实体或现象表达的不一致性和相互之间连接困难等问题，但在目前制图综合尚不能投入实际应用的条件下，仍不失为一条权宜之计。

地理信息的多尺度表达有其存在的理论依据和实际需求，具体体现在：

①它是人类推理习惯的自然表达方式模拟。大多数情况下空间物体的分辨率会随尺度的变化而变化，如果距离物体比较近，即尺度较大，那么将会看到更多的物体细节；相反，如果距离物体比较远，即尺度较小，那么只能看到物体的主要特征，这也就是分辨率随着物体的尺度而变化的规律。人类的推理是以一种有序的方式对思维对象进行的各种层次的抽象，以便使自己既看清了细节，又不被枝节问题扰乱了主干，因为"超过一定的详细程度，一个人能看到的越多，他对所看到的东西能描述的就越少"。为了既满足空间数据应用中用户对地理环境宏观上的认识，又考虑到他们有观察局部细节微观上的要求，需要建立多比例尺的空间数据库来满足用户不同层次的需要。

②它是空间数据分析和应用的需要。为了研究地理系统，人们曾经提出了不少不同类型的地理系统概念模型，其中 S. Beer 所提出的地理系统等级概念模型尤其适合于区域地理系统的研究，其概念模型如图 4-9 所示，这种概念模型也被称为"空间分辨率圆锥"，它要求研究者在研究区域地理系统过程中，充分注意所研究的对象，注意该对象在系统等级序列中所处的地位。因为，对象的地位基本上决定了系统的研究对象所可能涉及的空间范围以及应该采用的比例尺，同时，它还确定了在该对象地位上所能解决问题的层次以及对于研究结果的评判精度。多比例尺空间数据库的思路在一定程度上体现了 S. Beer 的地理系统的等级概念模型，它是针对"单一比例尺(分辨率)数据表达"方式的弊病而产生的。因为地理比例尺对于地理研究的性质具有决定意义，某一区域在某一比例尺条件下的地理资料，不但代表了在该种比例尺条件下对于该区域地理空间结构的抽象和概括，而且也代表了在该种比例尺条件下对于该区域地理功能的抽象和概括，而这样的地理资料实际上也

就限制了利用它所能进行的地理研究的性质。以数字形式存在的单一比例尺数据库仅仅是地理要素的一部分特征的表达，其中的空间数据对象只是真实地理环境全部信息的一个子集，这个子集的真实程度是随着对该地理对象进行数据表征时的分辨率（比例尺）的不同而变化的。在最坏的情况下，该数据子集不但在地物信息的详细程度上远不尽如人意，甚至会出现对地物歪曲表达的情况。因此，为了能够全面充分地反映系统所关心区域的空间地理信息，我们不得不采用多种比例尺共存的方式，建立对应多种比例尺数据的空间数据库来满足系统多层次的需求。

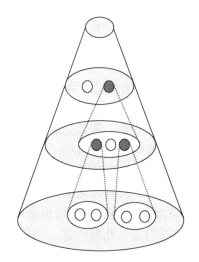

图4-9 S. Beer 的地理系统等级概念模型

③这是对方便灵活的全自动制图综合技术"缺乏"状况的一种补充。如果自动制图综合技术完善，我们完全可以建立一种较大比例尺的数据库，而系统对小比例尺数据的需求可以直接从大比例尺数据库中综合派生。这样无论从保证系统的安全性、完整性还是从减少系统数据的冗余方面都无疑是一种进步，遗憾的是目前我们还不具备这种能力，还不能提供这种快速准确有效的制图综合方法。这个原因可能会使我们对制图综合自动化的前途产生悲观情绪，然而科学家们对此问题的态度是既积极进取又清醒现实，许多制图专家都有过类似的描述。依近期内技术水平，制图综合不可能达到完全自动化的程度，因此，为了实际应用的需要，有必要事先在数据库中存储多种比例尺（分辨率）层次的数据，以供使用者随时存取和操作。

④经费和效益问题。除了上述原因之外，还有其他诸如资料保证、经费、工作量等因素也要求我们只能建立多比例尺的空间数据库。例如，在应用中需要建立的主导数据库比例尺需要1:25万的分辨率和详细程度，而为了强调反映少数特殊地区，还需要建立1:5万空间数据库作为辅助。这种情况下，如果建立的主导数据库为1:5万，在理论上，用制图综合的方法生成1:25万比例尺层次的空间数据库是行得通的，但实践证明是不可行的，因为这不仅会带来巨大的人力、物力和财力的浪费，同时在时间上也无法保证。

3. 多比例尺空间数据库的实现策略

建立空间数据库的目的是将分幅分层生产的地理空间数据产品进行统一的规划和整

理，使之符合相关的规范和统一标准，并将数据进行有效的组织和管理，以便于后续对空间数据的查询、检索、分析、分发和输出。从应用性质上可以分为基础地理空间数据库和专业应用空间数据库，其中基础地理空间数据库是各级测绘部门围绕基础测绘业务开展所取得的成果资料，是符合国家规定的技术规范和标准要求的、通过计算机系统使用的数字化的测绘成果数据库，包括 DLG、DEM、DOM、DRG、地名数据库以及相应的元数据库等；而专业应用空间数据库仅仅是政府职能部门和企事业单位从各自的业务需要出发，收集、采集、编辑、存储、管理和输出的行业应用空间数据，它在大部分情况下主要以矢量数据的形式存在。从表现形式而言，除了地名数据库和元数据库，无非是矢量数据库、DEM 数据库、影像数据库和栅格地图数据库四种。因此，可以说建立多比例尺空间数据库就是建立多个层次的矢量数据库、DEM 数据库、影像数据库和栅格地图数据库。

多比例尺矢量数据库中不同比例尺的空间数据的生产依据不同的测量规范，具有不同的数据精度、取舍程度和应用目标。由于目前自动制图综合问题还没有完全解决，还不能通过建立一种比例尺的空间数据库而综合成任意比例尺的空间数据，所以目前的实现策略可以是"一库多版本"和"多库多版本"并存，即预先建立几种重点比例尺如 1∶1 万、1∶5 万、1∶25 万和 1∶100 万的主导数据库，再由这些主导数据库派生出相近比例尺的空间数据。这主要基于应用的效率考虑，当比例尺跨度不大时，使用简单的取舍、合并和概括，就目前的技术水平是可以实现的，同时其速度和效率也能够容忍。而比例尺跨度大时，即便能够派生出所需比例尺的空间数据，其速度也难以容忍。

DRG 是将已经出版的地图经过扫描、几何纠正、色彩校正和编辑处理后产生的，它保持了模拟地形图的全部内容和几何精度，生产方便快捷，成本低廉，可用于制作模拟地图，也可以作为一些应用的地理背景，还可以作为存档图件。不同比例尺的栅格地图来源于不同比例尺的纸质地图产品，相互之间无法派生转化，所以多比例尺栅格地图数据库只能采用"多库多版本"的模式，即针对不同比例尺的数字栅格地图分别建立各自的空间数据库。

DOM 由航空航天遥感数据或扫描得到的影像数据经过辐射校正和几何校正，并利用数字高程模型进行投影差改正处理产生的正射影像；而 DEM 库是定义在 X、Y 域离散点（规则或不规则）的以高程表达地表起伏形态的数据集合。它们都是对地球表面客观存在的地理实体或现象的真实写照，没有经过人为的编辑、修改或综合，也没有因为某一用途而有取舍、强调。只有在比例尺变小的过程中，格网元素按一定的规则进行了数据抽取，但这种抽取方法没有人为因素的影响，可以用一定的算法和规则实现，而且抽取的速度和效率在目前的计算机条件下可以接受，随着计算机处理速度和存储设备读取速度的提高，这种抽取将越来越快。因此，多比例尺数字正射影像数据库和多比例尺数字高程数据库可以采用"一库多版本"的实现策略，即建立一个分辨率较高的主导数据库，其他层次的数据库采用自动方法进行抽取。在实际应用过程中，可以采用抽取方法预先建立其他层次或分辨率的空间数据库，这样在后续应用中，速度和效率将进一步得到保障。

4.5.3 多媒体数据的组织

1. 多媒体空间数据库

多媒体是当前计算机行业的热点课题之一，随着计算机数字图像处理技术、数字存储和压缩技术、超大规模集成电路技术的发展而产生和逐渐成熟。它是计算机交互综合处理多种媒体信息，如文本、图像、图形、音频、动画、视频等，使多种信息建立逻辑连接，集成为一个系统并具有交互性。多媒体技术汇集了计算机体系结构、计算机系统软件、视频与音频信号的获取、处理以及显示输出等技术。

多媒体空间数据库是对基础地理空间数据库和专业应用空间数据库的重要补充，包括文本、图像、图形、音频、动画、视频等，它能使人通过多种感官获取相关信息，多感知的信息表示促进了人们对信息的理解，也更加吸引注意力；同时，丰富的色彩、精美的图形图像、良好的音响效果和流畅的动画本来就足以振奋人心，给人以强有力的感染和身临其境的感受。众所周知，地图数据是人们对现实世界中客观地理环境的一种抽象，无论地图的比例尺有多大，它仍然是人们综合和概括的结果，不可避免地会引起信息的损失，当然这种损失是建立在更加突出反映所表现的地理环境的基础上的，但由于制图人员的水平和素质不同，这种损失表现的程度也不一样，而图像和视频信息就没有这种弊端；另外，多媒体技术更加具有吸引力，单纯以某一建筑物为例，平面图形只能说明它的平面位置和与周围环境的关系，而三维立体图形就具有较强的优势，它不仅能够反映建筑物的位置和与周围环境的联系，而且突出了建筑物本身的特点，如楼层数、大门及窗户的位置及形状，等等。多媒体空间数据库主要用于专业应用 GIS 系统中，一般情况下可以对专业应用领域的目标和现象进行补充说明，以增强对重要目标信息的传输效果，如在公共安全应用领域，重要的保护单位、交通枢纽、桥梁涵洞、仓库物流、医疗机构等，可以使用多媒体来加强对它的表达，理解和解释。

2. 多媒体数据的组织

在空间数据应用中，多媒体数据（主要指图像、音频和视频数据）的应用特点主要表现为：首先从应用的范围来讲，主要用来突出反映重点目标和重点部位的信息，如在突发事件应急指挥中多媒体可以全方位表达重点目标的环境信息，如要害部门、交通枢纽、危险源以及避难场所等；其次是应用的程度，目前对多媒体数据的应用仍然属于浅层次的应用，主要用在播放背景音乐、解说词及视频压缩和还原等领域，对多媒体数据的进一步处理涉及较少；最后是多媒体数据的存储形式，仍然以一个不可分割的整体面貌出现。

在空间数据库的建立过程中，对多媒体数据的组织主要有两种方法：一种是文件和数据库相结合的方式，将多媒体数据文件仍然以原有文件的形式存在，而在对应的空间数据库中保存多媒体数据的完整路径，在进行查询访问时，根据查询到的多媒体数据文件的路径和文件的存储格式调用相应的多媒体播放软件进行播放。但这种方式在 B/S 结构的应用中会受到一定的限制，因为数据文件在网络环境中共享和并发访问无法得到保证。另一种是在关系数据库系统中将多媒体数据一体化存储，将多媒体数据文件用二进制流的形式存储在数据库的 BLOB 字段中，使数据共享和并发访问不受限制，但由于多媒体数据文件格式各异，播放的软件也各种各样，所以在具体的应用中，还需要将 BLOB 字段中的二进制流进一步还原为原始数据文件再进行播放。

在现有的关系数据库管理系统中，有些产品对每一条记录中 BLOB 字段的数量有所限制，有的甚至要求每条记录只能有一个 BLOB 字段。因此在具体应用中，可以通过以下两种方法解决，一种是将多媒体数据文件分开存储，每条数据库记录包含目标标识、多媒体数据文件标识和 BLOB 字段，这样可能会出现一个目标标识对应若干条多媒体数据记录的情况；另外一种是将所有的多媒体数据文件打包为一个二进制流并统一存储在一个 BLOB 中，在需要播放时再将它们还原为原始数据文件。但这又会给更新和维护带来很大的麻烦，因为无论是增加还是删除，都需要将 BLOB 字段中的二进制流重新读出并还原，更新后再打包存储。

第5章　空间数据库索引技术

针对 DBMS 中存储的数据的提取和访问称为数据库检索或数据库查询。查询是数据库最常用的功能之一，数据库系统通过建立索引来优化数据的检索操作，提高数据查询的效率。同样，对于空间数据库的查询而言，作为一种有效的数据检索手段，空间索引也是必需的。但由于空间对象本身的复杂性和特殊性，使得传统的索引技术并不适合空间索引，因此，建立合适的空间索引，对于空间查询乃至整个空间数据库建设本身，都是十分重要的。

5.1　概　　述

5.1.1　数据库索引技术

数据索引是在磁盘上组织数据记录的一种数据结构，是对存储介质上的数据位置信息的描述。它用于优化某类数据检索操作，是提高系统对数据获取效率的一种重要手段。索引技术可以帮助我们以多种方式来访问一个记录集合，并有效地支持各种类型的查询。索引能够有效地检索满足搜索条件的记录。在一个给定的数据记录集合上可以创建多个索引，选择一组好的索引是改善系统性能的最有力工具。

数据库查询或数据检索是 DBMS 最常用的功能之一。根据其应用领域的不同，数据库的查询可以有多种形式。查询优化和求解的有效性很大程度上取决于数据在物理上是如何存储的。数据库索引技术是研究数据库文件在物理存储设备上的组织及存储方式，属于数据库物理设计部分。常用的数据库索引技术包括两大类：基于树的索引技术和基于哈希的索引技术。

5.1.2　空间数据库索引技术

空间数据库索引技术就是对存储在介质上的数据位置信息的描述，用来提高系统对数据获取的效率。空间数据库索引技术的提出是由两方面因素所决定的：其一是由于计算机的体系结构将存储器分为内存和外存两种，访问这两种存储器一次所花费的时间大约相差十万倍以上，尽管现在有"内存数据库"的说法，但在实际应用中，绝大多数数据是存储在外磁盘上的，如果对磁盘上的数据的位置不加以索引和组织，每查询一个数据就要扫描整个数据文件，这种访问磁盘的代价就会严重影响系统的效率。其二是空间数据库所表现出的空间数据的多维性使得传统的数据库索引技术并不适用。与传统的数据库相比，空间数据库涉及对大量多维空间目标的存储与操作。这些空间目标具有其特殊性：

①空间目标往往具有不规则的几何形状，且目标之间的空间关系复杂（如相交关系、

相邻关系、包含关系等)。

②存储空间需求量大。

③对空间目标的空间操作比传统的选择或连续操作复杂、运算量大。

④难以定义合理的空间目标的空间次序，无法应用通常的排序技术，如归并排序等。

因此，对空间数据的处理是一项时间和空间开销都很高的操作。为了有效提高对空间数据的处理效率，尤其是针对空间位置的实时查询效率，空间数据库必须利用有效的索引机制。空间索引的目的就是为了在空间数据库中快速定位到所选中的空间要素，从而提高空间操作的速度和效率。经研究发现，高效的空间索引体系必须满足以下几点要求：

①动态性。基于海量的空间数据，要能以任意顺序对数据对象进行添加和删除，并且能够保证存储速度。

②二级和三级存储管理。

③输入数据和插入顺序的独立。

④时间和空间有效性。

⑤空间索引算法与数据库系统融合要对现行系统产生最小影响。

5.1.3　空间索引的基本概念

1. 空间索引定义

空间索引就是指依据空间对象的位置和形状或空间对象间的某种空间关系，按一定的顺序排列的一种数据结构。其中包括空间对象的概要信息，如对象的标识、外接矩形及指向空间对象实体的指针。

空间索引是介于空间操作算法和空间对象之间的一种辅助性措施，其主要目的是对空间数据进行筛选和过滤，以便在进行空间操作时，大量与空间对象无关的空间数据被预先排除，从而达到提高空间操作效率的目的。

尽管有许多特定的数据结构和算法用来完成空间索引，但基本原理相似，采用分割原理，把查询空间划分为若干区域(通常为矩形或多边形)，这些区域或单元包含空间数据并可唯一标识。

2. 常见空间索引

常见的空间索引一般是自顶向下、逐级划分空间的各种数据结构。目前有规则分割法和基于对象的分割法两大类。

空间数据库索引技术正处在不断发展和完善阶段，目前对于空间数据库索引技术及基于它的空间数据查询方法的研究还在不断深入，新的技术和方法也在不断涌现。本章主要介绍网格空间索引、R-树空间索引、四叉树空间索引和填充曲线空间索引。

5.2　网格空间索引

5.2.1　网格索引的概念

网格索引的基本思想是将研究区域用一正交的网格(orthogonal grid)划分成大小相等或不等的格网，记录每一个格网所包含的地理实体。当用户进行空间查询时，首先计算出用户查询对象所在网格，然后再在该网格中快速查询所选地理实体，这样就会大大提高空间数据的查询速度。

把一幅图的矩形地理范围均等地划分为 m 行 n 列，即规则地划分二维数据空间，得到 $m×n$ 个小矩形网格区域。每个网格区域为一个索引项，并分配一个动态存储区，全部或部分落入该网格的空间对象的标识以及外接矩形存入该网格。

网格索引是一种多对多的索引，会导致冗余，网格划分得越细，搜索的精度就越高，当然冗余也越大，耗费的磁盘空间和搜索时间也越长。网格法必须预先定义好网格大小，因此它不是一种动态的数据结构。

5.2.2　网格索引构建的主要步骤

在建立地图数据库时需要用一个平行于坐标轴的正方形数学网格覆盖在整个数据库数值空间上，将后者离散化为密集栅格的集合，以建立制图对象之间的空间位置关系。通常是把整个数据库数值空间划分成 32×32（或 64×64）的正方形网格，建立另一个倒排文件——栅格索引。每一个网格在栅格索引中有一个索引条目（记录），在这个记录中登记所有位于或穿过该网格的物体的关键字，可用变长指针法或位图法实现，如图 5-1、图 5-2、图 5-3 所示。

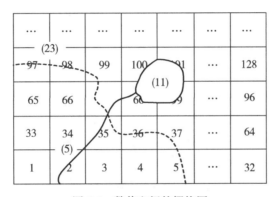

图 5-1　数值空间的栅格网

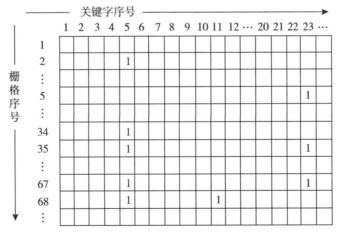

图 5-2　位图法

97

栅格序号

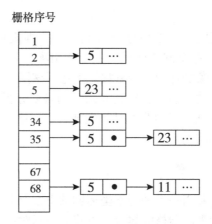

图 5-3 变长指针法

以图 5-4 为例，具体的网格索引建立过程如下：

①根据需要将图幅分为 $m \times n$ 个格网区域，如图 5-4 中的 5×5。

②根据坐标计算出每个地物目标所在的网格，并记录网格编号，如图 5-4 中地物 A 处于 GRID_{20} 一个中，而 E 处于 GRID_{22}、GRID_{23}、GRID_{24}、GRID_{32}、GRID_{33}、GRID_{34}、GRID_{42}、GRID_{43} 和 GRID_{44} 9 个网格之中。

③根据坐标计算出每个网格中包含的地物，并记录地物编号，图 5-4 中 GRID_{31} 中包含了地物 B 和 D。

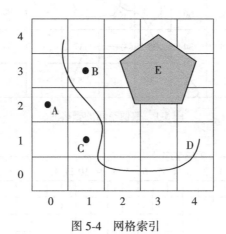

图 5-4 网格索引

单元网格索引是一种多对多的关系，即一个网格单元可以包含多个空间要素，且一个空间要素可以跨越多个网格单元。在这种多对多的关系下，网格的大小是影响索引效率的最主要因素。与空间要素的外包络矩形大小相比，网格单元很大时，将导致每个网格单元内包含有很多空间要素。第一阶段选择的网格虽少，但导致第二阶段将不得不处理大量网格内的空间要素的边界比较，潜在地增加了查询的时间。如果网格单元太小，小于空间要素外包络矩形的平均大小，将会导致空间索引产生大量的网格单元，并且很多网格单元都索引出相同的空间要素。当大量的空间要素外包络矩形被网格单元切割时，空间索引表变大，因而查询网格单元时间增长。网格单元的大小不是一个确定性的问题，需要多次尝试和努力才会得到好的结果。有一些确定网格初始值的原则，用它们可以进一步确定最佳网格大小，可在任何时候重新计算网格的大小，使 DBMS 重建空间索引表。如果空间要素外包络矩形的大小变化比较大，可以选择多种网格大小，但在空间索引搜索的过程中，DBMS 必须搜索所有网格单元级，这将消耗大量时间。最佳网格的大小可能受图层平均查询范围大小的影响，如果用户经常对图层执行相同的查询，经验数据表明，网格的大小为查寻空间范围的 1.5 倍时，效率较高。经验数据表明，网格单元的大小取空间要素外包络矩形平均大小的 3 倍时，可极大地减少每个网格单元包含多个空间要素外包络矩形的可能性，获得较好的查询效率。

5.2.3　网格索引的应用

单元网格索引是将研究区域用一组正交的网格划分为大小相等或不等的网格，记录每一个网格所包含的空间要素。当用户进行空间查询时，首先计算出查询空间要素所在的网格，然后通过该网格快速定位到所选择的空间要素。所有的图形显示和操作都可以借助于空间索引来提高效率。下面以开窗检索显示例子来说明网格空间索引的应用。

以图 5-5 为例，网格索引的应用(矩形查询)如下：

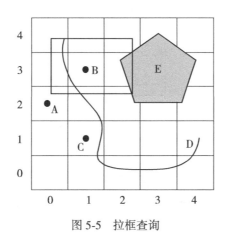

图 5-5　拉框查询

①在拉框查询的状态下，用鼠标拉一个矩形框出来进行地物选取。
②根据拉框范围确定要查询范围包含和经过的网格序列。
③通过查询索引取出上述步骤中得出的格网序列，取出这些格网中所包含的地物。
④根据地物坐标与选取矩形范围的关系，计算出与矩形范围有交集的地物，将其显示出来。

5.3　R-树空间索引

5.3.1　R-树索引概念

R-树索引最早由 A. Guttman 在 1984 年提出，随后又有了许多变形，构成了由 R-树、

R⁺-树、Hibert R-树，SR 树等组成的 R-系列树空间索引。R-系列树都是平衡树的结构，B-树在 k 维上的自然扩展，也具有 B-树的一些性质。R-树中用对象的最小外接矩形（minimum bounding rectangle，MBR）来表示对象。R-树有以下几个特性：

①每个叶节点包含 m 至 M 条索引记录（其中 $m \leqslant M/2$），除非它是根节点。

②一个叶节点上的每条索引记录了（I，元组标识符），I 是最小外包矩形，在空间上包含了所指元组表达的 k 维数据对象。

③每个非叶节点都有 m 至 M 个子节点，除非它是根节点。

④对于非叶节点中的每个条目（I，子节点指针），I 是在空间上包含其子节点中矩形的最小外包矩形。

⑤根节点至少有两个子节点，除非它是叶节点。

⑥所有叶节点出现在同一层。

⑦所有 MBR 的边与一个全局坐标系的轴平行，如图 5-6 所示。

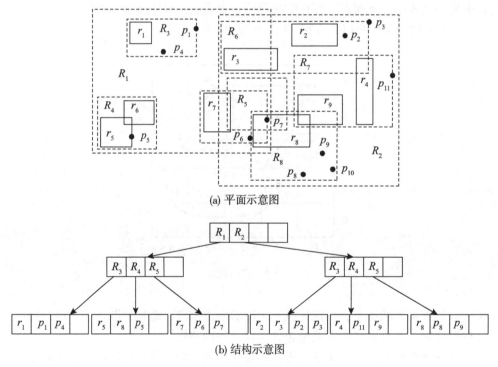

(a) 平面示意图

(b) 结构示意图

图 5-6　一棵 2 维空间 R-树的例子

5.3.2　R-树索引构建的主要步骤

以图 5-7 为例，在图 5-8 中反映了 R-树建立的过程，即数据插入过程：

步骤 1：最开始由一棵空树开始，根据 R-树特性依次进行数据插入，直到节点包含的数据超过了规定的 M 值（上述例子中 $M=4$），则进行节点分裂。

步骤 2：根据 R-树的特性进行节点分裂，然后重复上述步骤进行数据插入。

步骤 3：重复上述两个步骤，直到根节点包含的子节点超过 M，则根据 R-树特性对根

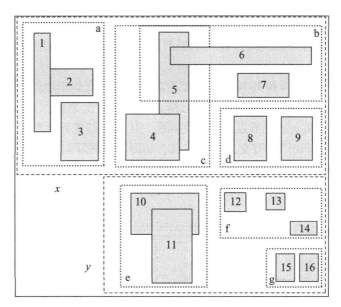

图 5-7 一个空间对象集合

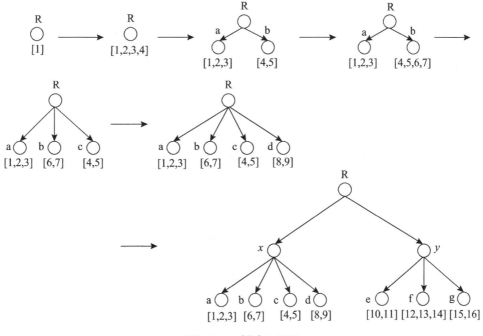

图 5-8 R-树建立过程

节点进行分裂操作，R-树深度增加。

步骤 4：递归重复上述三个步骤，直到 R-树最终生成。

5.3.3　R-树索引的应用

以常用的矩形查询为例来说明 R-树索引的具体应用，图 5-9 即对应的索引查询结果，具体步骤如下：

步骤 1：根据矩形范围和 R-树根节点范围求交，若有交集则递归查询子节点，若无交集则结束查询，如图 5-9 中过程为，矩形先和 R-求交，有交集则判断 x、y 节点，可知只与 x 有交集，则继续和 x 的子节点进行求交判断。依次递归直到叶节点。

步骤 2：求出所有和矩形有交集的叶节点，如图 5-9 中即 a、b、c 三个叶节点。

步骤 3：依次对上面所得的叶节点中的具体对象和矩形进行求交，找出和矩形范围有交集的对象成员，如图 5-9 中即为 2、3、4、5 四个对象成员，即为本次查询结果。

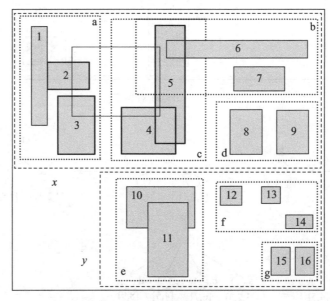

图 5-9　R-树查询

5.4　四叉树空间索引

四叉树是建立在对区域循环分解原则之上的一种层次数据结构，在计算机图形处理、图像处理及地理信息系统中有着广泛的应用。

5.4.1　四叉树索引概念

四叉树空间索引的基本原理是将已知的空间范围划分成四个相等棋盘状的子空间，将每个或其中几个子空间继续按照该原则划分下去，这样就形成了一个基于四叉树的空间划分。四叉树是一种树状数据结构，在每一个节点上会有四个子区块。四叉树常应用于二维空间资料的分析与分类，将资料区分成 4 个象限，资料范围可以是方形或矩形或其他任意形状。这种数据结构是由拉斐尔·芬科尔（Raphael Finkel）与 J. L. Bentley 在 1974 年发展出来，主要是针对空间点的存储表达和索引。类似的资料分割方法也称为 Q-树。所有的四叉树有共同的特点：①可分解成为各自的区块；②每一个区块可持续分解直到资料无法分解为止；③树状数据结构依照四叉树法加以区分。

5.4.2 四叉树索引构建的主要步骤

四叉树索引就是递归地对地理空间进行四分，直到自行设定的终止条件（比如每个节点关联图元的个数不超过 3 个，若超过 3 个，就再四分），最终形成一棵有层次的四叉树。如图 5-10 中有数字标识的矩形是每个图元的 MBR，每个叶子节点存储了本区域所关联的图元标识列表和本区域地理范围，非叶子节点仅存储了区域的地理范围。如图 5-10 所示，可知四叉树的创建步骤如下：

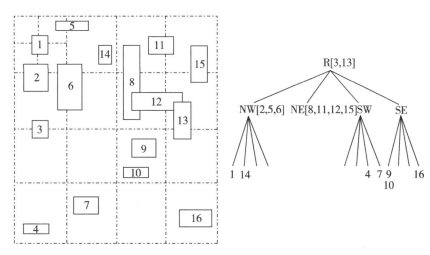

图 5-10 四叉树的构建

步骤 1：对目标区域进行四分，将不能被四分的单个子节点所包含的地物图元归入根节点的成员列表当中，如图 5-10 中 R 四分为 NW、NE、SW、SE 四个子节点，而图元 3 和 13 不能被上述四个子节点单独包含，则归入 R 的关联序列。

步骤 2：将上面所得的各个子节点和其所包含的图元进行关联，若满足条件则结束，不满足则按照上述步骤，对子节点一次递归四分，关联图元，直到满足终止条件，如图 5-10 中节点 NW 进行四分 2、5、6 和 NW 关联，1、14 则分入 NW 的子节点中。

5.4.3 四叉树索引的应用

以图 5-11 为例，四叉树的查询步骤如下：

步骤 1：首先，从四叉树的根节点开始，把根节点所关联的图元标识都加到一个 List 里，如图 5-11 中即把 3、13 加入到 List 中。

步骤 2：比较此矩形范围与根节点的四个子节点（或者叫子区域）是否有交集（相交或者包含），如果有，则把相应的区域所关联的图元标识加到 List 集合中，如果没有，则以下这棵子树都不再考虑，如图 5-11 中即把 NW 和 NE 关联的图元加入 List。

步骤 3：以上过程的递归，直到树的叶子节点终止，返回 List。

步骤 4：从 List 集合中根据标识一一取出图元如图 5-11 中的橙色图元，判断图元 MBR 与矩形有无交集，若有，则进行进一步的精确几何判断；若没有，则不再考虑此图元。

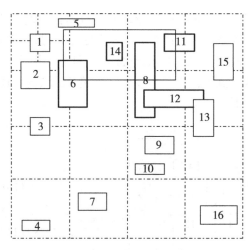

图 5-11　四叉树的查询

5.5　填充曲线空间索引

5.5.1　填充曲线索引概念

空间填充曲线由意大利科学家皮亚诺于 1890 年首次构造出来，并由希尔伯特于 1891 年正式提出，之后就得到了深入的研究和广泛的应用。空间填充曲线是一类可以将 d 维数据空间"填满"的曲线。按照特定的填充规则，空间填充曲线通过有限次数的逼近操作可以把多维数据空间划分为众多体积非常小的网格，且无论逼近操作的程度如何，总是能够发现一条连续的空间填充曲线通过所有网格而不相互重叠。

因为在空间数据所处的多维空间中根本就不存在天然的顺序。事实上，存储磁盘从逻辑上说是一维的存储设备，这使问题变得复杂。因此，需要一个从高维空间到一维空间的映射函数，该映射函数是距离不变的，使得空间上邻近的元素映射为直线上接近的点，而且一一对应，即空间上不存在两个点映射到直线上的同一个点。为达到这一目标，提出了许多映射方法。最突出的映射方法包括 Hilbert 曲线、Z 曲线和 Gray 曲线，如图 5-12、图 5-13 和图 5-14 所示。

空间填充曲线是一种降低空间维度的方法。它像线一样穿过空间每个离散单元，且只穿过一次。

根据空间填充曲线的填充过程，可以推导出以下两个特点：

①网格之间是通过分层进行嵌套的。经过第 k 次逼近操作之后所产生的网格在第 ($k+$

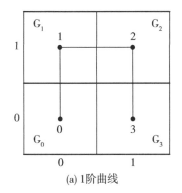
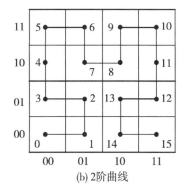

(a) 1阶曲线　　　　　　　　　　(b) 2阶曲线

图 5-12　Hilbert 曲线

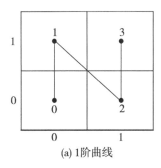
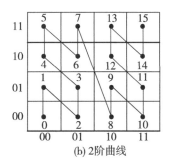

(a) 1阶曲线　　　　　　　　　　(b) 2阶曲线

图 5-13　Z 曲线

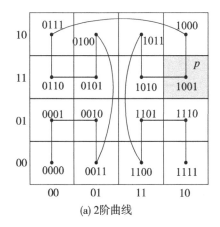
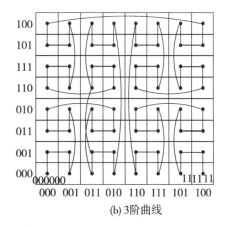

(a) 2阶曲线　　　　　　　　　　(b) 3阶曲线

图 5-14　Gray 曲线

1）次逼近操作中将被分割成 2^k 个体积更小的位于下一层的网格，且它们所映射的填充线段是连接在一起的，这些 2^k 个第 $(k+1)$ 层网格的集合可以合并在一起形成一个第 k 层网格。

②网格对应的标识符。将一个网格根据其对应的上层网格的标识符逐层串联在一起，从而产生一个标识符。

基于空间填充曲线的索引结构的基本思想：按照空间填充曲线的填充过程将索引空间

分割成众多大小相等的网格，并且将唯一编号赋给每一个网格，将多维空间中的数据对象映射到一维空间中，空间填充曲线的填充过程必须能够较优地保持住多维空间数据对象之间的邻近关系以实现较优的查询性能。

下面以 Z 曲线为例来说明填充曲线空间索引的构建和应用。

5.5.2　填充曲线索引构建的主要步骤

空间填充(space-filling)曲线是利用一个线性顺序来填充空间，可以获得以下从一端到另一端的曲线，如图 5-15、图 5-16 所示 Z 曲线和 Hilbert 曲线的生成。

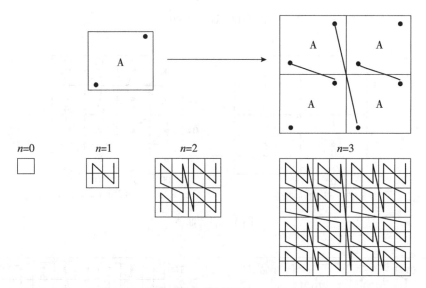

图 5-15　生成一条 Z 曲线(Asano et al.，1997)

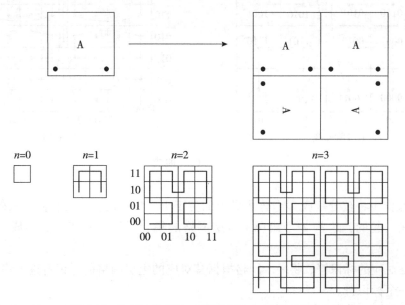

图 5-16　生成一条 Hilbert 曲线(Asano et al.，1997)

下面介绍生成 Z 曲线和 Hilbert 曲线的算法(Faloutsos and Roseman，1989)。

1. Z 曲线

步骤 1：读入 x 和 y 坐标的二进制表示。

步骤 2：隔行扫描二进制数字的比特到一个字符串，如图 5-17 所示。

步骤 3：计算出结果二进制串的十进制值 $z(2，4) = 24$。

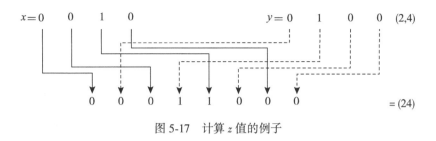

图 5-17　计算 z 值的例子

2. Hilberlt 曲线

步骤 1：读入 x 和 y 坐标的 n 比特二进制表示。

步骤 2：隔行扫描二进制比特到一个字符串。

步骤 3：将字符串自左至右分成 2 比特长的串 s_i，其中 $i=1，2，\cdots，n$。

步骤 4：规定每个 2 比特长的串的十进制值 d_i，例如"00"等于 0，"01"等于 1；"10"等于 3；"11"等于 2。

步骤 5：对于数组中每个 j，如果：$j=0$ 把后面数组中出现的所有 1 变成 3，并把所有出现的 3 变成 1；$j=3$ 把后面数组中出现的所有 0 变成 2，并把所有出现的 2 变成 0。

步骤 6：将数组中每个值按步骤 5 转换成二进制表示(2 比特长的串)，自左至右连接所有的串，并计算其十进制值，如图 5-18 所示。

5.5.3　填充曲线索引的应用

图 5-19 是另一个给出了 x、y 坐标，查找 z 值的例子。

使用 Z 序方法可以处理早先列出的所有查询：

①点查询。使用二分法在排序文件中查找给出的 z 值，或在基于 z 值的 B-树索引上使用 B-树搜索。

②范围查询。查询形状可以翻译成一组 z 值，就像它是一个数据区域一样。通常，我们选择它的近似表示，尽量平衡 z 值的数量和近似中出现额外区域的数量。然后搜索数据区域的 z 值以匹配 z 值。这种匹配的有效性由以下几点可以看出：用 z_1 和 z_2 分别代表两个 z 值，其中 z_1 是较短的一个，并未失去一般性；对于相应的区域(比如块)r_1 和 r_2，只有两种可能：如果 z_1 是 z_2 的前缀(例如，$z_1 = 1***$，$z_2 = 11**$ 或 $z_1 = *1**$，$z_2 = 11**$)，则 r_1 完全包含 r_2；两个区域不相交(例如，$z_1 = *0**$，$z_2 = 11**$)。

③最近邻居查询。Z 序空间中的距离并不能很好地对应原始的 $X-Y$ 坐标空间中的距离。可以采用 Z 序的 B 树来处理最近邻居的查询。首先，计算查询点 p_i 的 z 值，并从 B-树中找到数据点 p_j 和最接近的 z 值。然后计算 p_i 与 p_j 之间的距离 r，以 p_i 为中心，r 为半径进

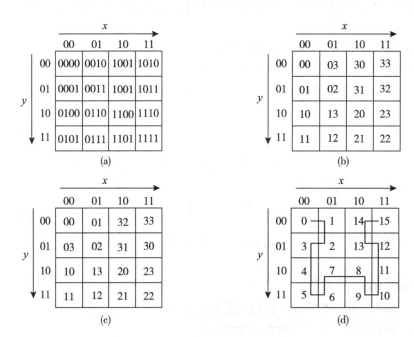

图 5-18　Hilbert 曲线转换的例子

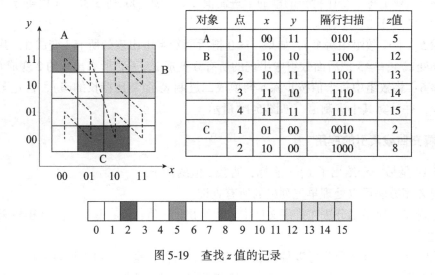

图 5-19　查找 z 值的记录

行范围查询。检验所有得到的点并返回与查询点距离最短的那个点。

　　④空间连接。空间连接是范围查询算法的一般化。设 S 是空间对象集(例如 lakes)，R 是另一个对象集(例如 railway-line segment)。空间连接"找出所有穿过湖的铁路"将按如下方法进行处理：将集合 S 的元素转化成 z 值并排序；将集合 R 的元素也转化成排序后的 z 值列表，合并两个 z 值表。其中，在确定交叠时要小心处理代表"任意"字符的" * "。

　　采用 Z 序的 B-树会有一些缺陷。一个问题和连接操作有关：如果网格的结构不一致，索引的分区就不能直接连接，为了易于处理空间连接就不得不重新计算索引。作为空间填充曲线，Z 序的另一个缺点是它有很长的对角线跨越，连接这些跨越的连续 z 值在 X–Y 坐标系中距离很大。Z 序的空间聚类可以通过使用 Hilbert 曲线来改进。

5.6 B-树及 BSP 树

5.6.1 基本概念

1. BSP 树概念

BSP 树是一种标准的二叉树，一般用来在 n 维空间中进行对象的排序和搜索，整个 BSP 树在应用中表示整个场景，其中每个树节点分别表示一个凸子空间。每个节点里面包含一个"超平面"作为二分空间的分割平面，该节点的两个子节点分别表示被分割成的两个子空间。另外，每个节点还可以包含一个或者多个几何对象。BSP 树能很好地与空间数据库中空间对象的分布情况相适应，但对一般情况而言，BSP 树深度较大，对各种操作均有不利影响。

2. B-树概念

B-树是一种平衡的多路查找树，一棵 m 阶的 B-树或为空树或为满足如下性质的 m 叉树：

①树中每个节点至多有 m 棵子树；

②若根节点不是叶子节点，则至少有 2 个孩子(特殊情况：没有孩子的根节点，即根节点为叶子节点，整棵树只有一个根节点)；

③除根之外的所有非终端节点至少有 $m/2$ 棵子树；

④所有叶子节点都出现在同一层次上，叶子的层数为树的高度 h，并且不带任何有用的信息，可以看作是外部节点或查找失败的节点，实际上这些节点不存在，指向这些节点的指针为空，即对于叶节点，每个 P_i 为空指针。

⑤所有非终端节点中包含下列信息数据(n，P_0，K_1，P_1，K_2，…，K_n，P_n)。其中：n 为当前节点的关键字总个数，每个非根节点中包含的关键字个数 n 满足 $\lceil m/2 \rceil - 1 \leqslant n \leqslant m-1$；$K_i(1 \leqslant i \leqslant n)$ 是关键字，且关键字序列递增有序即 $K_1 < K_2 < \cdots < K_i < \cdots < K_n$；$P_i$ 为指向子树根的节点，且指针 P_{i-1} 指向子树中所有节点的关键字均小于 K_i，但都大于 K_{i-1}，即 $\text{Key}(P_0) < K_1 < \text{Key}(P_1) < K_2 < \cdots < K_i < \text{Key}(P_i)$。

5.6.2 索引构建的主要步骤

1. BSP 树索引构建

BSP 树索引建立过程是一个递归的过程，先选择根节点，根据分割条件把根节点分为两个子节点，然后递归地分割左右子节点，直到分割满足最终要求，即到叶节点，则 BSP 树建立完成，如图 5-20 所示。

2. B-树索引构建

B-树的生成过程是由空树开始的，逐个插入关键字，即可生成 B-树，下面以关键字序列(A，B，C，…，Y，Z)来展示一棵 5 阶(即树中任一节点至多含有 4 个关键字，5 棵子树)B-树的生成过程，如图 5-21 所示。

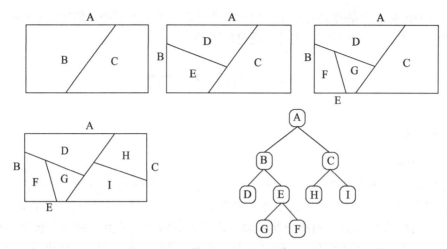

图 5-20　BSP 树索引结构

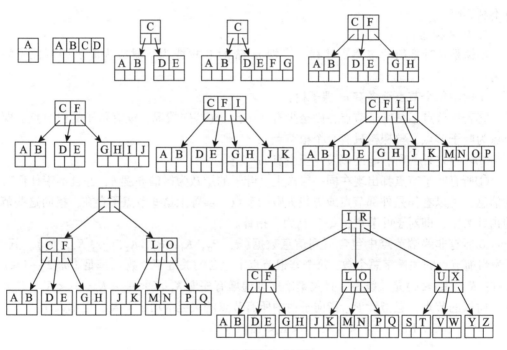

图 5-21　B-树的生成过程

5.6.3　索引应用

以图 5-21 为例，通过查找 K 来展示 B-树查询的一般过程：

步骤 1：首先读取根节点 $[I, R]$，比较发现 $I<K<R$，于是选择根节点中 I 和 R 之间的子节点。

步骤 2：读取节点 $[L, O]$，如果 $K<L$，则选择 L 左边的节点。

步骤 3：读取叶节点 $[J, K]$，查找到待查目标 K。

第6章　空间数据的查询与优化

作为与数据库交互的主要手段，查询语言是数据库管理系统的一个核心要素。SQL 是关系数据库管理系统的通用商业查询语言，它直观、通用又易于使用。由于空间数据库管理系统既要处理空间数据，又要处理非空间数据，所以，很自然地希望能够扩展 SQL 来支持空间数据。因此，本章在简要介绍关系数据库查询语言 SQL 的基础上，主要介绍基于 SQL 扩展的空间查询语言以及空间查询处理与优化。

6.1　关系数据库结构化查询语言

20 世纪 70 年代，关系数据库之父 Edgar Frank Codd 发表的"A Relational Model of Data for Large Shared Databanks(用于大型共享数据库的关系数据模型)"奠定了关系数据库的核心理论基础。随着关系代数理论研究和软件系统研发的不断推进，关系数据库在 20 世纪 80 年代很快成为数据库市场的主流，数据库管理系统厂商几乎都支持关系模型，数据库领域研究大多以关系模型为基础。目前关系数据库产品占数据库市场的 90% 以上，主流的关系数据库有 Oracle、Mysql、SQLServer、DB2、Sybase 等。

关系数据库是建立在关系数据模型基础上的。关系(标准范式化的表)是关系模型的核心，是装载数据的基础，它是由汇集在表结构中的行和列组成的集合。表格结构是由一个或多个列(属性项)构成，表格中的数据则是按行(记录)的形式存放。每行记录存放一个唯一的数据实体，数据实体的构成单元则按照列的种类定义。

结构化查询语言(structured query language, SQL)是一种关系数据库查询和程序设计语言，用于存储、更新、查询、删除数据以及管理关系数据库系统。SQL 是关系数据库用户和应用程序与关系数据库的标准化接口。目前 SQL 标准有 3 个版本：

①SQL-89，也称 ANSIX3135-89，定义了模式定义、数据操作和事务处理。ANSIX3135-89 和随后的 ANSIX3168-1989 构成了第一代 SQL 标准。

②SQL-92，也称 ANSIX3135-1992，描述了一种增强功能的 SQL。SQL-92 包括模式操作，动态创建和 SQL 语句动态执行、网络环境支持等增强特性。

③SQL3 标准，由 ANSI 和 ISO 合作开发，用于抽象数据类型的支持，为新一代对象关系数据库提供了标准。

6.1.1　SQL 的构成与特点

SQL 依据其执行的功能不同，主要包括以下四个部分：

①数据查询语言(data query language, DQL)，用于对数据的检索查询。SELECT 语句是数据查询的唯一语句，完成了各种条件约束的数据检索。

②数据定义语言(data definition language，DDL)，用于创建、修改、删除数据库中的各种对象(如表、视图、存储过程等)。主要包括 CREATE、ALTER、DROP 语句。

③数据操纵语言(data manipulation language，DML)，用于添加、更新、删除数据。主要包括 INSERT、UPDATE、DELETE 语句。

④数据控制语言(data control language，DCL)，用于控制用户的对象访问权限和数据库访问方式。主要包括 GRANT、DENY、REVOKE 语句。

除此之外，SQL 还包括一些附加语言要素如事务控制语言(COMMIT 语句等)、程序化语言(主要包括 DECLARE 等实现存储过程的语句)等。

SQL 语句均有特定的语法格式，总体上讲，每条 SQL 语句都是从一个关键谓词(如 SELECTE、INSERT、DROP 等)开始，关键谓词表示该语句将要执行的操作，整个 SQL 语句由一个或多个子句构成，每个子句均由一个关键词开始(如 FROM、WHERE 等)。一般格式如图 6-1 所示。

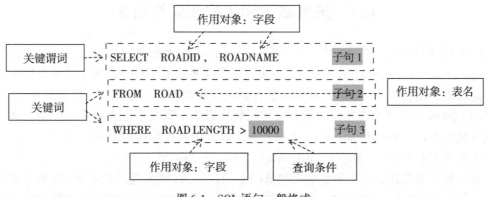

图 6-1   SQL 语句一般格式

作为结构化的查询语言，SQL 有以下主要特点：

①高度统一性。SQL 语言集各种用户类型、各种数据库操作任务于一体，无需多种操作语言。同时所有关系数据库都支持 SQL 语句，用户编写的 SQL 程序具有很好的移植性。

②非过程化。SQL 语言不需要用户关注数据的存储路径和检索方法，只需要把重点放在想要得到的数据对象(可以是一条记录，也可以是一个记录集)。

③简易性。SQL 语句的基本语法结构较为简单，用户可以在短时间内掌握 SQL 命令。

6.1.2   表的创建、修改和删除

1. 表的基本概念

表(也称关系)是关系数据库数据存储和操作的基础。从逻辑结构上看，数据库就是表的集合。表由行(记录)和列(字段)组成。其中，列又称字段，表示同种类型的属性项，列是由名称和类型定义的。行又称记录，是一条包含若干属性项的信息组合。表至少包含两个或两个以上的列，一般情况下表应该有一个主字段(也称主关键字)，作为每条记录的唯一标识。表由一条或多条记录构成，也可以没有记录(这种类型的表称为空表)。表6-1是一个教师信息表，该表定义了工号、姓名、性别、出生日期、职称这五个字段，存

储了四位老师的基本信息。

表 6-1   教师信息表

工号	姓名	性别	出生日期	职称
601	李兵	男	1958-12-2	教授
602	韩萍	女	1972-5-5	副教授
603	王瑞	女	1977-8-14	讲师
604	张成	男	1984-3-12	讲师

字段是表的骨架，需要用某种数据类型定义。SQL 支持预定义数据类型和用户自定义数据类型。其中，SQL 预定义数据类型包括以下四种：

（1）字符型

字符型是关系数据库最常用的数据类型之一，分为定长和变长两种。定长字符变量的字符个数在表创建时确定，与此同时，数据库分配了相应长度的存储空间。变长字符型定义的变量是根据用户的输入动态分配存储空间。两者的区别在于，数据库对定长字符变量的处理效率远高于变长字符变量；数据库不允许对变长字符变量创建索引。例如，Oracle 数据库常用的字符类型见表 6-2。

表 6-2   **Oracle 数据库常用字符类型**

数据类型	说　　明
CHAR(size)	定长字符串,size 为其最大长度,不到 size 长度的存储空间用空格填充。CHAR 字段最多可以存储 2000 字节的信息
NCHAR（size）	CHAR 类型的扩展,支持多字节和 UNICODE 格式数据。NCHAR 字段最多可以存储 2000 字节的信息
VARCHAR2(size)	变长字符串,size 为其最大长度,不使用空格填充至最大长度。VARCHAR2 最多可以存储 4000 字节的信息
NVARCHAR2(size)	VARCHAR2 类型的扩展,支持多字节和 UNICODE 格式数据。NVARCHAR2 字段最多可以存储 4000 字节的信息

（2）数字型

数字型主要用于存储数字类数据。数字类型一般采用精度和范围描述。精度是指存储的有效数字的位数，范围则表示小数部分数字的位数。例如，123.89 的精度为 5，范围为 2。不同关系数据库支持多种类型的数字型数据。例如，Oracle 数据库常用的数字型见表 6-3。

表 6-3   **Oracle 数据库常用数字类型**

数据类型	说　明
NUMBER（P，S）	Oracle 数据库最常见的数字类型。P 表示精度，表示有效数字的位数，最多不能超过 38 个有效数字；S 表示范围，S 为正数时，表示从小数点到最低有效数字的位数，S 为负数时，表示从最大有效数字到小数点的位数
INTEGER	INTEGER 是 NUMBER 的子类型，它等同于 NUMBER(38，0)，用来存储整数
FLOAT	FLOAT 也是 NUMBER 的子类型。Float(n)，数 n 指示位的精度，可以存储的值的数目。N 值的范围可以从 1 到 126
BINARY_FLOAT	32 位单精度浮点数字数据类型。可以支持至少 6 位精度，每个 BINARY_FLOAT 的值需要 5 个字节，包括长度字节
BINARY_DOUBLE	64 位双精度浮点数字数据类型。每个 BINARY_DOUBLE 的值需要 9 个字节，包括长度字节

（3）日期型

日期型用于存储日期数据，关系数据库提供了多种日期类型。例如，Oracle 数据库有六种日期类型，常用的日期型有以下两种，详见表 6-4。

表 6-4   **Oracle 数据库常用日期类型**

数据类型	说　明
DATE	一般占用 7 个字节的存储空间。存储内容包括：世纪、年、月、日期、小时、分钟和秒
TIMESTAMP	占用 7 字节或 12 字节。TIMESTAMP 可以包含小数秒，带小数秒的 TIMESTAMP 在小数点右边最多可以保留 9 位

（4）二进制型

二进制类型可以存储包括文本、图像、视频等在内几乎任何类型数据。Oracle 数据库支持内置和外置两种二进制数据类型。内置的二进制类型即为二进制大对象类型（binary large objects，BLOB），它存储非结构化的二进制数据大对象。它可以被认为是没有字符集语义的比特流，一般是图像、声音、视频等文件。Oracle 11g 中 BLOB 对象最多存储 128T 二进制数据。外置的二进制类型为 BFILE 类型，数据库内仅存储数据在操作系统中的位置信息，而数据的实体以外部文件的形式存在于操作系统的文件系统中。

2. 表相关操作的 SQL 语句

（1）创建表

create　table　表名（

              列名 数据类型［default 缺省值］［not null］［UIQUE］

              ［，列名 数据类型　［default 缺省值］　［not null］］

                  ……

              ［，primary　key（列名［，列名］...）］

　　　　[，foreign　key (列名 [，列名]...)
　　　　references　　表名 (列名 [，列名]...)]
　　　　[，check(条件)])

其中：default：设置该列的缺省值，当插入数据时没有指定该列的值时默认取该值。

　　　UNIQUE：唯一性约束，该列不允许取重复的值。

　　　not null：该列不允许取空值。

　　　primary key：主键约束。

　　　foreign key 本表中的外码 . references 对应主表中的主键：外键约束。

　　　check：用户自定义的约束条件，根据实际需要而定。

（2）修改表结构

　　建立完基本表后，由于关系数据库的模式设计需要，或者项目逻辑关系的变化，经常需要进行基本表逻辑关系的修改。修改表结构的语法如下：

alter　　table　　表名

　　　　[add<新列名> <数据类型> [完整性约束]]　　—这里可以增加新的属性

　　　　[drop<完整性约束名>]　—删除列

　　　　[alter column<列名> <数据类型>]　—修改列属性

　　说明：增加完整性约束可以是 add constraint 数据库中约束名称 [完整性约束条件]，如果是用户定义完整性约束可以是 check( )语句。

（3）删除表

　　删除表的 SQL 语法比较简单，形如：

drop table<表名>

　　执行完删除表的操作，表的定义、表中数据、索引都将被删除。但 drop table 不能够除去由 foreign key 约束引用的表，因此必须先除去引用的 foreign key 约束条件。

6.1.3　记录的插入、更新和删除

　　记录是关系数据库操作的重要对象。关系表就是由一条条的记录填充的。数据库的规模也主要由存储记录的量决定。关系数据库针对记录的操作包括插入、更新和删除三种。

1. 插入记录

（1）指定值插入

　　指定值插入是指用户在 SQL 语句中直接给出一条或多条记录的值，并通过 SQL 语句将数据插入数据库中。语法结构如下：

　　　　insert into 表名　　[(列名 [，列名] …)]

　　　　values　　(值 [，值]…)[，(值 [，值] …)…]

　　说明：语句中的列名是可选项，如果含有一个或多个列名，则表示该语句将向指定的列插入相应的数据；若没有指定列，则表示插入整行数据。标准 SQL 语句支持多条记录的插入。插入记录时必须注意：插入的数据值必须与相应列的数据类型一致；插入数据的值应在相应列的值域范围内；多值数据插入时，数据值的顺序必须与相应字段的顺序一致。

（2）查询值插入

查询值插入是指将条件查询语句的结果插入到关系表中。语法结构为：

$$insert \quad into \ 表名 \quad [（列名[，列名] \cdots）]$$
$$（子查询）$$

需要注意的是，列的数量和类型必须和后面子查询的个数和类型相对应。

（3）表数据的复制

insert into 语句向数据库插入数据的前提是关系表已经创建完成，该语句适合将多个数据值组合后插入数据库。如果将已有数据库的数据整体或者按条件筛选后形成一个新表，则可以用 select into 语句，具体语法结构如下：

$$select（列名[，列名] \cdots）$$
$$into \ 新表名$$
$$from \quad 源表名$$
$$where \quad 筛选条件$$

该语句会自动创建以新表名命名的关系表，然后将数据源表中满足筛选条件的相应列的数据复制到新表中。

2. 更新记录

更新记录语句实现的是对数据库中现有记录数据值的修改操作。更新记录语句是由 update 语句实现的。其语法结构如下：

$$update \ <表名>$$
$$set \qquad <列名> \ = \ <表达式> \ [，<列名> \ = \ <表达式>] \cdots$$
$$[where \ <条件>];$$

更新列名的设置使得 update 语句可以更新单列数据也可以更新多列数据。通过 where 子句的设置可以更新多行数据。

3. 删除记录

删除记录的操作是由 delete 语句实现的。其语法结构如下：

$$delete \ from \ <表名>$$
$$[where \quad <条件>];$$

where 子句可以删除满足特点条件的记录，若没有修改子句则删除表中的所有数据。delete 语句将删除整行记录而不能只删除部分字段，同时 delete 语句只能删除关系表中的数据，而不能删除关系表本身。

6.1.4 查询

查询语句是 SQL 语言的核心语句，SQL 语言对数据库的读（查询）操作都是由查询语句完成的。查询语句的关键谓词是 select，该语句由一系列子句灵活组成，这些子句的作用是设定筛选条件、设置结果形式等。其语法结构如下：

$$select \ [all \ | \ distinct] \ <列名> \ [，<列名>] \cdots$$
$$from \ <表名> \ [，<表名>] \cdots$$
$$[where \ <条件表达式>]$$
$$[group \ by<列名 \ 1> \ [having<条件表达式>]]$$
$$[order \ by \ <列名 \ 2> \ [asc \ | \ desc]];$$

select 关键谓词后面可以使用 all 关键字查询满足条件的由所有字段构成的记录，而后面指定字段名则查询出满足条件的记录的特定属性字段，SQL 语句支持单列（单字段）查询和多列（多字段）查询。where 子句用于设定筛选条件，该子句是可选项，如果没有则表示返回所有记录。group by 子句设定了查询结果的分组规则（其中 having 关键词为其他行选择标准）。order by 子句设定了查询结果的排序规则（其中 asc 表示按某一列数据值升序排列，desc 则表示降序），SQL 语句支持单列排序，也支持多列（复合字段）排序。需要注意的是，无论 select 语句由多少子句构成，order 子句一定要放在最后。distinct 关键词表示删除查询结果中值相同的行。

select 查询语句最强大的功能体现在 where 子句上，where 子句可以设置各种查询筛选条件。

1. 简单查询筛选条件

where 子句的简单筛选条件可以实现单值比较筛选和范围筛选。

where 子句支持数值类型和字符串类型的多种单值比较运算，比较运算符见表 6-5。

表 6-5 **SQL 单值比较运算符**

运算符	说明	运算符	说明
=	等于	! = 或 <>	不等于
>	大于	! >	不大于
<	小于	! <	不小于
>=	大于等于	<=	小于等于

where 子句的范围筛选是通过 between and 关键词组实现的。where 子句格式如：

    where 列名 between 字段值 1 and 字段值 2

此时，where 子句将返回查询结果值在字段值 1 和字段值 2 间（并包含字段值 1 和字段值 2）的记录。字段值可以是数据值类型，也可以是字符型。

2. 复杂查询筛选条件

where 子句的复杂筛选条件包括组合条件（and 运算符、or 运算符）、in 运算符、not 运算符、like 运算符等。

（1）and 组合条件查询

    where<条件表达式> [and <条件表达式>] [and <条件表达式>]…

and 运算符为与运算，表示返回多个条件表达式同时满足时筛选的结果。

（2）or 组合条件查询

    where <条件表达式> [or <条件表达式>] [or <条件表达式>]…

and 运算符为或运算，表示返回多个条件表达式只要一个满足时筛选的结果。

（3）and、or 组合使用

    where <条件表达式> [and <条件表达式>] [or <条件表达式>]…

子句中 and 运算符的优先级要高于 or 运算符，因此上式等价于：

    where （[<条件表达式> and <条件表达式>) or <条件表达式>

（4）in 运算符

in 运算符可以使用户获取到指定字段值里的记录。与 not 运算复合为 not in 则表示范围不在指定字段值里的所有记录。where 子句的语法结构如下：

　　where　<列名>　in(字段值 [，字段值])

（5）not 运算符

not 运算符表示对筛选条件的值取反，表示返回除筛选条件外其他记录。

（6）like 运算符和通配符

like 运算符是实现模糊查询的关键词。模糊查询是指依据部分字段值信息(如字符串中的部分字符)，查找出按一定模式包含指定字段值的所有记录。

SQL 语句提供"%""−""[ ]""＊"四种通配符。"＊"一般放在 select 关键谓词后面，其作用与 select all 一致。其他三个通配符都可以和 like 运算符搭配，like 运算符单独使用相当于"＝"运算符，与通配符配合便可实现模糊查询。子句语法结构与执行结果见表 6-6。

表 6-6　　　　　　　　　　**SQL 通配符及其与 like 关键词配合执行结果**

like 子句	通配符结构	执行结果
where <列名>*like*	'字段关键值%'	返回以"字段关键值"开头的所有记录
	'%字段关键值'	返回以"字段关键值"结尾的所有记录
	'%字段关键值%'	返回包含"字段关键值"的所有记录
	'字段关键值 1% 字段关键值 2'	返回以"字段关键值 1"开头、"字段关键值 2"结尾的所有记录
	'＿'	一个"＿"代表一个字，多个"＿"连在一起代表多个字，例如，'＿＿＿＿＿'代表五个字
	'字段关键值＿'	表示以"字段关键值"开头的多一个字的所有记录；"＿"的位置可以与"%"类似放置
	'[ ]'	返回满足[ ]中任意一个字符的记录；还可以与"＿"、"%"结合使用。例如，'[学生]%'表示以"学"或"生"开头的字段值

6.2　空间查询语言

数据查询是 GIS 的一个重要功能，一般定义为作用在 GIS 数据上的函数，它返回满足条件的内容。查询是用户与系统交流的途径，用户提出的很大一部分问题都可以以查询的方式解决，查询的方法和范围在很大程度上决定了 GIS 的应用程度和应用水平。数据查询可以定位空间对象、提取对象信息，是地理信息系统进行高层次空间分析的基础。

空间查询是 GIS 和空间数据库的核心应用功能之一。从面向信息处理过程的角度看，GIS 是个对地理信息进行采集、处理、存储、查询、分析和输出的计算机系统，但从用户的使用角度看，GIS 应该是个空间信息的查询系统。空间数据的采集、处理、存储甚至包括空间分析等 GIS 的功能并非是用户所能了解掌握的，更不是用户的直接需求，用户关注或想要知道的是如"汶川大地震的震中在哪"，"国家体育馆鸟巢在北京什么地方"，"离测绘学院最近的移动营业厅在哪里"，"测绘学院 1 公里范围内的医院有哪些"，"长江有多长"，"珠穆朗玛峰有多高"等空间问题。从专业的角度看，这些问题可以抽象概括成用户对其生活地理空间中空间目标、空间方位、空间度量的查询。因此，从用户的角度出发，GIS 的各种功能最终都将落实到空间查询上。

查询、检索是空间数据库中使用最频繁的功能之一。用户提出的很大一部分问题都可以以查询的方式解决，查询的方法和查询的范围在很大程度上决定了空间数据库管理系统的应用程度和应用水平(崔铁军，2007)。空间查询语言则是实现空间查询的重要方式。空间查询语言不仅可以使用户方便地访问、查询和处理空间数据，也可以实现空间数据的安全性和完整性控制。

6.2.1　空间查询对象

空间查询对象是空间查询语言的操作核心，空间查询语言区别于一般查询语言的关键就在于其操作的对象是具有时空特征的空间查询对象。GIS 中，地理空间的描述是通过地理实体、地理实体间的空间关系及时空过程进行的，因此，GIS 中的空间查询对象就包括地理实体、空间关系和时空过程三大类(乐小虹，2006)。

1. 地理实体信息

地理实体信息包括地理实体的位置信息、高程信息、属性信息。

（1）位置信息

地理实体位置信息包括地理实体的绝对位置、相对位置和地址位置信息。

①绝对位置。指地理实体的地理坐标和投影坐标等数值信息，通常使用经纬度以及投影坐标值表示。

②相对位置。通过与参照地理实体间的空间方位关系、空间拓扑关系等描述。例如，"郑州市博物馆在郑州市科技馆旁边"、"郑州市在河南省内"等。

③地址位置。地址是一串字符信息，内含国家、省份、城市或乡村、街道、门牌号码、屋邨、大厦等建筑物名称，或者再加楼层数目、房间编号等(百度百科)。使用地址来表示一个地理实体的位置信息属于地理实体空间位置信息的一种特殊表示方式。例如，"河南省博物院在河南省郑州市农业路 8 号"。

（2）高程信息

地理实体的高程信息分为绝对高程和相对高程：

①绝对高程。指高出高程基准面的高度，通常用距离单位"m"表示。例如，"嵩山海拔 1491.7m"。

②相对高程。用与参照地理实体的高差表示，例如，"嵩山相对于郑州市区高1381.7m"(郑州市的平均海拔 110m)。

（3）属性信息

地理实体的属性信息查询主要是对存储在空间数据库中的属性信息的查询，是通过SQL 语句对数据表中相应字段查询获取的。

2. 空间关系

早期研究认为空间关系分为拓扑关系、度量关系、顺序关系。其中拓扑关系是指拓扑变换下的拓扑不变量，如空间目标的相邻和连通关系等。度量关系是用某种度量空间中的度量来描述空间目标的某些空间信息以及目标间的关系，如线状实体的长度，地理实体间的距离等。顺序关系描述目标在空间中的某种排序，如前后、上下、左右、南北西东等。随着对空间关系研究的不断深入，模糊空间关系、不确定性空间关系、时空拓扑关系等很多深层次复杂的空间关系被不断地提出和研究。

3. 时空过程

时空过程反映的是不同时刻下，空间对象间所具有的空间关联性。空间对象在不同的时刻，不仅可能具有属性特征的变化，也可能存在几何特征的变化。地理空间中的时空过程体现为地理实体和空间关系的动态变化。地理实体的动态性从几何形态的角度，表现为空间目标的演化、生成、分割、合并和消亡等；从属性的角度上表现为地理实体属性随时间发生连续或间断的变化。空间关系的动态性表现在一个地理实体相对于另一个地理实体的位置随时间发生的变化。

因此，时空过程包括地理实体几何形态变化、地理实体属性变化、空间关系动态变化。例如，三峡水库随着蓄水或泄洪水位的变化而引起的库区淹没范围变化属于地理实体几何形态变化；地籍管理中的地块历史归属属于地理实体属性变化。

时空过程需要时空数据模型的支持。时空数据模型是在时间、空间和属性语义方面更加完整地模拟客观地理世界的数据模型，但时空数据模型的数据组织和处理方法与非空间的数据库模型有很大差别，因此，对时空数据模型的研究存在很大的难度和挑战。

6.2.2　基于 SQL 扩展的空间查询语言

SQL 是关系数据库的核心，对于存储在关系数据库表格中的数据有着很强的查询能力。在空间查询中，GIS 可以通过 SQL 出色地完成空间数据库中地理实体的属性数据查询，同时还可以利用 SQL 语句支持的诸如 COUNT、SUM、AVERAGE 等内置函数完成对属性数据的集合查询。关系数据库中 LOB 的出现，使得在关系表的字段中存储变长的空间数据成为可能。许多 GIS 软件和空间数据库产品都通过 LOB 实现了地理信息的空间数据和属性数据全关系数据库存储，如 Oracle Spatial。但通过 LOB 存储的空间数据本质上是一些不为 SQL 直接解译的"数据包"，要想解译出这些"数据包"中的空间信息就必须通过应用程序完成。应该说，用 LOB 进行空间数据的存储，实属是使用关系数据库进行变长复杂空间数据存储查询的过渡和"无奈之举"。

面向对象技术的发展推进了关系数据库在对象存储和管理上的发展。SQL3 即 SQL99，提供了面向对象的扩展，包括：用户自定义类型（UDT）、用户自定义函数（UDF）、集合类型（VARRAY）等。其中用户自定义类型支持用户在关系数据库中根据自己的需求定义数据类型，UDT 的一种定义方式就是将自定义类型定义成对象数据类型（AS OBJECT）；用户自定义函数则可以将一些用户特殊操作或者高级语言实现的函数创建、引用到关系数据库中。UDT 和 UDF 可以完成用户数据及其操作的封装，实现真正意义上的面向对象的数据存储与查询。通过这些重要的扩展，GIS 可以将空间数据类型和空间函数扩展到关系数据库中（即扩展 SQL），实现空间数据在关系数据库中的对象存储和查询。例如：insert into 居民点 values（ 598，'火车站'，'郑州火车站'，POINT（1，113.653474，34.746875））语句在居民点表中插入了"郑州火车站"这个点类型的地理实体，其坐标为（东经113.653474，北纬34.746875）、ID 号为598、类型为"火车站"；select c.geometry from sdb_居民点 c where name ='河南省图书馆'语句可以得到"河南省图书馆"的几何对象 POINT(1，113.62072，34.743917)。

由于 SQL 及其扩展的空间查询对应用者的要求很高，适合专业领域人员而不是普通用户，它是一种专业开发人员的查询语言，这种查询方式应该是在对空间信息系统和空间数据库进行开发时使用。

1. SQL3 对面向对象技术的支持

SQL3 是 ANSI（X3H2）和 ISO（ISO/IEC JTC1/SC21/WC3）的 SQL 标准化委员会在 SQL-92 标准的基础上，于1999年推出的第三代 SQL 标准，故称为 SQL-99 或 SQL3。SQL3 增加了许多对面向对象技术的支持，使 SQL 语言成为支持对象关系数据的结构化查询语言（李昭原，2007），适应了当今数据库技术对复杂数据和复杂查询的支持，大大提高了 SQL 语言对复杂数据的控制能力。当然，SQL3 并没有将 SQL 与面向对象技术完全融合，还在不断地发展和完善（曹渝昆等，2002）。

SQL3 面向对象技术的支持体现在以下几个方面（李昭原，2007）：

①命令行类型，是由用户定义的具有特殊名称的特殊行类型，可以在一个基本表的定义中指定特定的行。

②抽象数据类型（Abstract Data Type，ADT），是 SQL3 设计的类似于面向对象语言中类概念的一种复杂数据类型。它可将数据类型的声明、属性、操作封装在一个实体中，对于该数据对象的访问只能通过公共接口访问，提高了数据的安全性。ADT 允许用户自定义函数操作数据对象；并支持面向对象技术的继承和重载特性。

③引用类型（REF），是 SQL3 引入的类似于高级程序设计语言中指针概念的一种类型用于指向带有 REF 属性的类型或者表。

④聚合类型，是有零个或多个特定数据类型的元素构成的复合数据，类似于高级程序设计语言中的数组概念。

⑤大对象（LOB），是 SQL3 提供的用于大尺寸数据的存储的类型，分为字符大对象（CLOB）和二进制大对象（BLOB）两种。由于该类型将一个数据对象以一个包的形式存放到数据库中，只有将读取出的数据对象进行再解译才能被应用程序使用。

⑥用户自定义函数和过程。SQL3 还提供了用户自定义函数和过程，对数据进行操作，并具有重载特性。

⑦封装性，是面向对象技术的核心属性。SQL3 的封装性体现在两个方面：一是 ADT 定义了成员变量以及对成员变量的操作接口，只能通过接口访问数据，确保了数据的安全；而是成员变量和成员函数的都具有 PRIVATE、PROTECTED 和 PUBLIC 封装级别，确定了成员变量和函数的使用范围。

⑧继承性。SQL3 提供了对抽象数据类型、函数甚至是表的继承，明晰了类型（函数或表）之间的层次关系，提高它们的复用性。

2. 基于 SQL 的空间数据类型和空间算子描述

ADT 是 SQL3 支持的类似于面向对象概念的数据类型。ADT 的定义可用三元组表示：

（D，S，P）。其中，D（Data）是数据对象，S（Structures）是 D 上的关系集，P（Operation）是对 D 的基本操作集。ADT 的格式定义如下（陈文博，2001）：

> ADT 抽象数据类型名 ⎰
>
>> 数据对象：<数据对象的定义>
>>
>> 数据关系：<数据关系的定义>
>>
>> 基本操作：<基本操作的定义>
>
> ⎱ ADT 抽象数据类型名

其中，数据对象和数据关系的定义用形式化伪码描述。基本操作的定义格式为：

> 基本操作名（参数表）
>
>> 初始条件：<初始条件描述>
>>
>> 操作结果：<操作结果描述>

ADT 将数据对象、数据关系和基本操作从形式上封装到了一起，利用 ADT 建模有以下几个优点：不用考虑具体的语言代码实现过程，有利于程序员专心解决数据模型的整体设计；面向对象，一个对象对应一个 ADT；包含数据组织部分和数据操作部分，数据和相应操作相关联，关系明确；ADT 过渡到编程级要求时，是一个逐步求精的过程，有利于提高代码的重用率。

OpenGIS 简单要素规范的目的是制定一个标准的基于 ODBC API 的 SQL 方案，使该方案能够支持简单地理要素集的存储、提取、查询、更新。OpenGIS 的简单地理空间要素集以具有几何类型字段的表的形式存储在关系数据库中，每个要素就是表中的一行，要素的非空间属性以标准 ODBGSQL92 类型定义，空间属性以附加定义的几何对象的类型来确定，可以实现地理空间要素的空间数据与属性信息的无缝存储。规范中描述的几何对象模型对几何元素进行定义，其几何体类的层次结构如图 6-2 所示。

OpenGIS 几何对象模型中基本的几何类型包括点、线、面和其他几何集合子类。每个几何对象都与一个空间参考系统相关联，这个空间参考系描述了用于定义几何对象的坐标空间。如图 6-2 的 Point、LineString、Polygon 等用于表示点、线、面的空间几何体的 0、1、2 维几何类。OpenGIS 几何对象模型定义了 14 种空间几何对象类和一个空间参照系统类。空间几何对象类包括：几何体（Geometry）、几何体集合（Geometry Collection）、点（Point）、多点（MultiPoint）、曲线（Curve）、线段（Line）、线（LineString）、线环（LinearRing）、多曲线（MultiCurve）、多线（MultiLineString）、表面（Surface）、多边形（Polygon）、多表面（MultiSurface）、多多边形（MultiPolygon）。从几何对象类层次图可以明显看出 OpenGIS 几何对象类之间存在严格的继承、聚合等关系，体现了面向对象的思想，是个典型的面向对象矢量空间数据模型。例如，Geometry 这一所有几何对象的父，抽象定义了所有几何对象诸如 Dimension（）——维数、GeometryType（）——几何类型等空间函数；LineString(线)是由多个 Point(点)组成；MutiPoint(多点)等复合要素也都继承了GeometryCollection(几何体集合)的基本属性。OpenGIS 矢量数据模型还对每个几何类进行了定义，每个几何类的属性都有严格的说明，其方法也都进行了设计。例如，LineString(线)的定义：LineString 是两点间线性插值构成的曲线，每个连续的点对构成一条线段，其方法包括 NumPoints( )整型——线包含的点的个数，PointN(N：整型)：点类型——返回这条线上给定的点数 N。

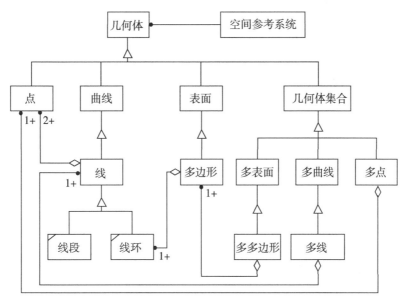

图 6-2　几何对象类层次结构

下面以 Geometry，Point，LineString，Polygon 这四个代表几何体、点、线、面的基本几何对象类为例，说明基于 ADT 的空间数据类型和空间算子的描述方法。

（1）几何体基类 Geometry

ADT GEOMETRY｛

数据对象：D =｛GEOMETR_SRID｜ GEOMETR_SRID ∈ N｝

数据关系：R｛ GEOMETR_SRID ｜ GEOMETR_SRID 为空间坐标系的标识 ID｝

基本操作：

DIMENSION( )：int

初始条件：GEOMETRY 的派生类实体不能为空

操作结果：返回几何体的空间维数

GEOMETRYTYPE( )：string

初始条件：GEOMETRY 的派生类实体不能为空

操作结果：返回几何体的几何体类型

SRID( )：int

初始条件：GEOMETRY 的派生类实体不能为空

操作结果：返回几何体的空间坐标系的标识 ID

ENVELOPE( )：POLYGON

初始条件：GEOMETRY 的派生类实体不能为空

操作结果：返回几何体的最小外接矩形

ISSIMPLE( )：int

初始条件：GEOMETRY 的派生类实体不能为空

操作结果：判断几何体是否是简单几何体，如果是则返回 1，否则返回 0

｝ADT GEOMETRY 不可实例化，可被继承

（2）点类型 POINT

ADT POINT｛

　　数据对象：D=｛（X，Y）| X，Y∈R｝

　　数据关系：R｛（X，Y）| x 为点的 x 坐标，y 为点的 y 坐标｝

　　基本操作：

　　POINT（X，Y）：POINT

　　初始条件：X，Y 为实数，不可为空

　　操作结果：创建 POINT 实体

　　GETX（ ）：double

　　初始条件：POINT 不能为空

　　操作结果：返回点的 x 坐标值

　　GETY（ ）：double

　　初始条件：POINT 不能为空

　　操作结果：返回点的 y 坐标值

　　DIMENSION（ ）：int

　　初始条件：POINT 对象不为空

　　操作结果：返回 0

　　GEOMETRYTYPE（ ）：string

　　初始条件：POINT 对象不为空

　　操作结果：返回"POINT"

　　SRID（ ）：int

　　初始条件：POINT 对象不为空

　　操作结果：返回父类 GEOMETRY 的空间坐标系的标识 ID

　　ENVELOPE（ ）：POLYGON

　　初始条件：POINT 对象不为空

　　操作结果：返回空值

　　ISSIMPLE（ ）：int

　　初始条件：POINT 对象不为空

　　操作结果：返回 1

｝ADT POINT 继承 GEOMETRY

（3）线类型 LINESTRING

ADT　LINESTRING｛

　　数据对象：D=｛（ pointcount，pointsonlinestring）| pointcount∈N，pointsonlinestring∈点数组｝

　　数据关系：R｛（ pointcount，pointsonlinestring）| pointcount 为线所包含的点的总数，pointsonlinestring 为线所包含的所有有序点的集合｝

　　基本操作：LINESTRING（points）：LINESTRING

　　初始条件：points 为点的数组，不可为空

操作结果：创建 LINESTRING 实体

POINTN(n)：POINT

初始条件：n 为自然数，LINESTRING 不能为空

操作结果：返回线上第 n 个点，超界是返回 NULL

NUMPOINTS( )：int

初始条件：LINESTRING 不能为空

操作结果：返回线所包含的点的总数

DIMENSION( )：int

初始条件：LINESTRING 对象不为空

操作结果：返回 1

GEOMETRYTYPE( )：string

初始条件：LINESTRING 对象不为空

操作结果：返回"LINESTRING"

SRID( )：int

初始条件：LINESTRING 对象不为空

操作结果：返回父类 GEOMETRY 的空间坐标系的标识 ID

ENVELOPE( )：POLYGON

初始条件：LINESTRING 对象不为空

操作结果：返回 LINESTRING 的最小外接矩形

ISSIMPLE( )：int

初始条件：LINESTRING 对象不为空

操作结果：不自交叉则返回 1，自交叉则返回 0

⟩ADT LINESTRING 继承 CURVE

（4）多边形类型 POLYGON

ADT POLYGON ⟨

数据对象：D = ⟨（ interiorringcount，centroidpoint，exteriorring，interiorring） ｜ interiorringcount ∈ N，centroidpoint ∈ 点类型，exteriorring ∈ 点数组，interiorring ∈ 线数组⟩

数据关系：R ⟨（ interiorringcount，centroidpoint，exteriorring，interiorring） ｜ interiorringcount 是多边形的内边界个数，centroidpoint 是多边形的内点，exteriorring 是多边形的外边界，interiorring 是多边形的内边界⟩

基本操作：POLYGON(exterring，interrings)：POLYGON

初始条件：exteriorring 为外边界，不可为空，interiorring 为内边界的数组，无内边界时可为 NULL，interiorringcount 为内边界的个数，无内边界时设置为 0，centroidpoint 内点可为空

操作结果：创建 POLYGON 实体

NUMINTERIORRING ( )：int

初始条件：POLYGON 不可为空

操作结果：返回 POLYGON 的内边界个数，无内边界时返回 0

ERIORRING( )：LINESTRING

初始条件：POLYGON 不可为空

操作结果：返回 POLYGON 的外边界

INTERIORNING（N：int）：LINERRING

初始条件：N 为自然数，POLYGON 不可为空

操作结果：返回第 N 个内环，N 超界时返回 NULL

AREA（ ）：double

初始条件：POLYGON 不可为空

操作结果：返回多边形的面积值

CENTROID（ ）：POINT

初始条件：POLYGON 不可为空

操作结果：返回多边形的内点

POINTONSURFACE（ ）：POINT

初始条件：POLYGON 不可为空

操作结果：返回在多边形内的点

DIMENSION（ ）：int

初始条件：POLYGON 对象不为空

操作结果：返回 2

GEOMETRYTYPE（ ）：string

初始条件：POLYGON 对象不为空

操作结果：返回"POLYGON"

SRID（ ）：int

初始条件：POLYGON 对象不为空

操作结果：返回父类 GEOMETRY 的空间坐标系的标识 ID

ENVELOPE（ ）：POLYGON

初始条件：POLYGON 对象不为空

操作结果：返回 POLYGON 的最小外接矩形

ISSIMPLE（ ）：int

初始条件：POLYGON 对象不为空

操作结果：如果是简单多边形则返回 1，不是则返回 0

｛ADT　POLYGON 继承 SURFACE

3. 基于用户自定义类型的空间数据类型实现

用户自定义类型（user defined type，UDT）是 SQL 提供的支持用户根据自身需求在关系数据库里扩展自定义类型的方法。不同关系数据库产品提供 SQL 创建用户自定义类型的方法不同，Oracle 数据库采用 SQL 标准的 CREATE TYPE 语句实现用户自定义类型，该语句功能十分强大，相对应的，语法十分复杂，其核心简化格式如下：

CREATE［OR REPLACE］TYPE type_name｛AS OBJECT ｜ UNDER supertype_name｝

　　（Attribute_name　datatype［，attribute_name datatype］…

　　　　　　［MEMBER FUNCTION　function_spec，］…］

　　）［｛FINAL ｜ NOT FINAL｝］［｛INSTANTIABLE｜ NOT INSTANTIABLE｝］；

其中,OBJECT 关键字表示定义的类型是对象类型;UNDER 表明创建的对象类型为一个已经存在的对象类型的子类型;MEMBER FUNCTION 用于说明成员函数(方法);FINAL | NOT FINAL 声明该对象类型能否作为任何子类型的父类型从而被继承;INSTANTIABLE | NOT INSTANTIABLE 表明该对象类型能否创建实例。

对象类型的重编译和删除使用 ALTER TYPE 和 DROP TYPE 语句实现。

以 Oracle 数据库为例,通过 UDT 对 Geometry、Point、LineString、Polygon 四个典型的空间数据类型进行定义,说明对象类型的定义及聚合、继承、多态等面向对象性质的实现。

(1)Geometry 类型的定义

```
create or replace type geometry as object
(
        geometry_srid number,
        not final member function dimension return number,
        not final member function geometrytype return varchar2,
        not final member function srid return number,
        not final member function envelope return geometry,
        not final member function issimple return number
) not final    not instantiable
```

其中,object 关键词说明 Geometry 是以对象类型的方式定义的。在 OpenGIS 几何对象模型中,Geometry 是一个根类型,故该类使用 not final 定义,同时,它还是一个不可实例化的类型,所以使用 not instantiable 进行修饰。dimension 等五个成员函数被定义成 not final 类型,说明这些方法是被其诸如 Point 的子类型进行重载实现的,geometry 本身并不需要实现,体现了 geometry 对几何对象的高度抽象。

(2)Point 类型的定义

```
create or replace type point under geometry
(
        x number,
        y number,
        constructor function point( a in number, b in number) return self as result,
        member function getx return number,
        member function gety return number,
        overriding member function dimension return number,
        overriding member function geometrytype return varchar2,
        overriding member function srid return number,
        overriding member function envelope return geometry,
        overriding member function issimple return number
) not final    instantiable
```

其中 under 关键词是表示 point 类型是继承 geometry 类型的;x、y 是代表点类型 X、Y 坐标的成员变量;constructor function point( )是点类型的构造函数;getx、gety 是点类型的成员函数，用于返回点类型的 X、Y 坐标；overriding 关键词表示 dimension 等五个函数是对 Geometry 类型函数的重载。

（3）LineString 类型的定义

```
create or replace type linestring under curve
(
        pointcount number,
        points_in_linestring pointarray,
        constructor function linestring(points in pointarray) return self as result,
        member function point_n(n in number) return point,
        member function numpoints return number,
        overriding member function length return number,
        overriding member function getstartpoint return point,
        overriding member function getendpoint return point,
        overriding member function isclosed return number,
        overriding member function isring return number,
        ……
) not final    instantiable
```

需要说明的是，pointarray 是个过渡类型，代表点的数组；它的定义采用了集合对象类型——可变数组 varray，定义方式为：create or replace type pointarray is varray(20000) of point；省略的部分是对 Geometry 的继承，可参见 Geometry 类型的相关定义。point_n 方法用于获取线上的第 n 个点，numpoints 方法返回线对象包含的点的个数；length 至 isring 等五个函数是对父类型 Curve 函数的重构，实现线对象的计算长度，获取首末端点等具体操作。

（4）Polygon 类型的定义

```
create or replace type polygon under surface
(
        interiorringcount number,
        centroidpoint point,
        exteriorring linestring,
        interiorring linestringarray,
         constructor function polygon (intercount in number, centro in point, exter in
         linestring, inter in linestringarray) return self as result,
        member function getintercount return number,
        member function getexteriorring return linestring,
        member function getinteriorring N (n in number) return linestringarray,
        overriding member function area return number,
        overriding member function centroid return point,
        overriding member function pointonsurface return point,
        ……
```

）not final instantiable

其中 interiorringcount、centroidpoint、exteriorring、interiorring 四个变量分别代表 Polygon 类型的内边界个数、内点、外边界和内边界；area、centroid、pointonsurface 是对父类 surface 相应函数的重载，分别表示计算面积、返回内点和获取多边形内的点；省略的部分是对 Geometry 的继承，可参见 Geometry 类型的相关定义。

4. 基于用户自定义函数的空间算子实现

用户自定义函数（user defined function，UDF）是 SQL 提供的扩展数据库功能的方法，这些函数添加到标准 SQL 之中，为 SQL 查询提供了丰富的数据操作和管理工具集。根据实现方式的不同，用户自定义函数分为有源函数和外部函数：使用 SQL 已有函数创建的函数称为有源函数；使用 C、C++或 JAVA 语言等高级语言实现，为外部调用访问的函数称为外部函数。由于直接操作对象的成员变量，空间数据类型的成员函数实现功能相对简单，可采用有源函数的方式，使用 SQL 语句在 PL/SQL 中实现。空间关系函数和空间分析函数由于算法复杂，适合使用外部函数的方式，调用高级语言编写的 DLL 实现，然后在关系数据库中进行注册调用。

创建函数的 SQL 语句 CREATE FUNCTION 语句的通用形式如下所示：

CREATE［OR REPLACE］FUNCTION function name

［（［arg［｛IN｜OUT｝］datatype，……］

RETURN datatype｛IS／AS）function_body_here

对象类型方法的定义方法与关系数据库中存储过程非常相似。可以制定创建或替换（CREATE OR REPLACE），可以命名函数，还可以指定若干参数，这些参数可以是输入（IN）参数，也可以是输出（OUT）参数。对方法而言，参数是可选的，但是必须指定返回（RETURN）类型。

以 Oracle 数据库为例，通过 UDF 对点类型的构造函数 point（）和线类型计算长度的函数 length（）进行说明。这两个函数均采用有源函数的方式在 PL\SQL 中实现。

（1）构造函数 point（）的实现

```
constructor function point(a in number, b in number) return self as result is
begin
    x：=a；
    y：=b；
    geometry_srid：=1；—缺省设置点类型实体的空间参照坐标系 srid 为 1；
    return；
end；
```

（2）length（）方法的实现

```
overriding member function length return number is
    PI constant number：= 3.1415926；
    d number；
    len number；
  begin
    len：= 0；
```

```
for i in points_in_linestring. first .. points_in_linestring. last - 1 loop
    d: = acos( sin( points_in_linestring(i+1). gety( ) / 180 * PI ) * sin( points_in_
linestring(i). gety( ) / 180 * PI) + cos( points_in_linestring(i). gety( ) / 180 * PI) * cos
( points_in_linestring(i+1). gety( )/ 180 * PI) * cos( points_in_linestring(i). getx( ) / 180 *
PI - points_in_linestring(i+1). getx( ) / 180 * PI) ) ;
```

len: = d/PI * 180 * 60 * 1. 8553 + len；--1. 8553 代表地球上一分弧长的长度（单位：km）

```
        end loop；
    return len；
end；
```

overriding 关键词说明该方法是对父类型方法的重载。

6.2.3　自然空间查询语言

自然空间查询语言是指利用人类自身使用自然语言（汉语）这种表达形式对各种空间查询进行描述的语言，即基于自然语言的空间查询语言。Egenhofer(1996)指出支持自然语言描述空间信息查询请求是 GIS 与用户自然语言交互过程的重要内容，例如"河南省图书馆在哪里"、"测绘学院 1 公里范围内的医院有哪些"就是汉语自然语言空间查询语句，通过这些实例不难看出，自然语言的空间查询语句简单易懂，对用户所需空间操作的表达自然直接。与 SQL 及扩展 SQL 查询相比，自然语言的空间查询应该是普通用户使用的一种空间查询方式。

1. 自然空间查询语言的解译过程

自然空间查询语言的解译过程是个自然语言处理的过程(江铭虎，2006)，就是研究如何利用计算机来理解和处理自然空间查询语言，即把计算机作为语言研究的工具，在计算机技术的支持下对自然空间查询语言进行定量化的研究。

用户通过查询界面输入查询要求和显示查询结果，输入的查询语句的处理流程为：用户在查询界面中输入自然空间查询语句（例如，"河南省图书馆在哪里"、"陇海路有多长""距测绘学院 1 公里内的医院有哪些"等），解译器首先基于空间知识库（空间词典、空间查询句型模板、句法规则、空间语义）对用户输入的空间查询语句进行空间分词、句法分析和语义分析，将自然空间查询语句解译成空间查询函数；然后，空间查询函数根据解译出的地理实体名称（测绘学院）或空间目标种类（医院）通过扩展 SQL 访问空间数据库，查询出对应的地理实体或地理实体集；空间查询函数再对查询出的地理实体或地理实体集进行空间查询操作（空间定位、度量求算、距离求算、拓扑分析、路径分析等）得到最终的查询结果集；最后解译器根据结果的表达需求用图形或文字（文字方式还将使用空间知识库中的查询结果模板）将查询结果输出到用户查询界面显示。自然空间查询语言的解译过程如图 6-3 所示。

(1)空间分词

空间分词就是根据空间知识库中的空间词典，根据一定的算法，把基于自然语言的空间查询语句切分成一个个的汉语词汇的过程。根据空间词典的构成成分，空间分词的过程包括在地理实体名称库中匹配出已有的地理实体名称（如河南省图书馆、陇海路等）；在

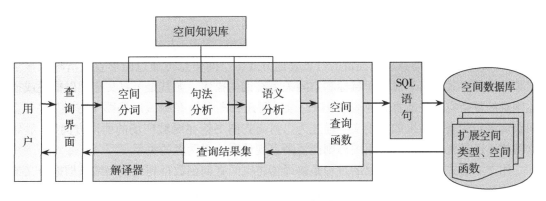

图 6-3 自然空间查询语言解译过程

空间词汇库中匹配出空间词汇(如东、南、上、下、长度、高程、范围、交叉、路径等);在查询词汇中匹配构成自然空间查询语句的其他辅助成分。同时空间分词还要完成未登录词识别(数词处理、地名识别、译名识别、其他专名识别)的任务。空间分词的最终结果就是输出切分好的词汇链表和对词汇进行词性标注。

(2)句法分析

句法分析是指对输入的单词序列(一般为句子)判断其构成是否合乎给定的句法,分析出合乎语法的句子的句法结构(宗成庆,2008)。句法结构一般用树状数据结构表示,通常称之为句法分析树,简称分析树。句法分析的任务包括判断句子属于某种语言、消除句子中词法和结构歧义、分析句子的内部结构三项。通过句法分析就是要识别出查询语句的查询目标、查询条件及查询实体及其之间的关系,为语义分析和空间查询函数转换做好准备。

由于空间查询语言的句法结构相对固定、数量有限,基于自然语言的空间查询语言的句法分析重在通过句法分析得到句子的内部结构,匹配自然空间查询语言的句法规则,分析空间查询语句是否符合句法规则,得到空间查询语句的句子结构。

(3)语义分析

如何才能确定空间分词和句法分析后的各个句子成分所代表的空间语义呢?这就需要进行语义分析。从某种意义上讲,自然空间查询语言解译的最终目的就是在语义理解的基础上根据用户的需求对空间目标进行相应的空间操作得到查询的结果。由于词是能够独立运用的最小语言单位,句子中每个词的含义及其在特定语境下的相互作用和约束构成了整个句子的含义。基于自然语言学的这一基本观点,对自然空间查询语言语义分析的研究就可以落实在自然空间查询语句句子成分构成的语义框架的研究上。因此,分析总结各种空间语义对应的语义框架是十分重要的,匹配语义框架成功的句子成分将根据其在语义框架的位置进行填充和语义标引,最终确定空间查询语句所要执行的空间查询函数。

(4)空间查询执行

空间查询函数在空间数据库中查询出对应的地理实体或地理实体集,对这些地理实体或地理实体集进行空间查询操作(由空间语义解释获得,如空间定位、度量求算、距离求算、拓扑分析、路径分析等)得到最终的查询结果集。

（5）查询结果的表示

解译器将空间查询函数得到的查询结果集根据用户的需求输出到用户查询界面上。空间信息在认知中有两种表达方式，即文字方式和图像（图形）方式（Nelson，1996 Lloyd R，1997）。图形是空间信息系统独特的信息表达方式，空间信息可通过图形直观清晰地显示出来。这种方式可用于对空间目标和空间关系查询的描述，尤其是可将文字难以描述或描述困难的复杂空间关系直观地表示出来。如"河南省图书馆在绿城广场哪个方向"这个空间查询语句的查询结果如果用文字描述为"河南省图书馆在绿城广场的西南方向"，显然这种描述还是比较模糊的，用图形则能清晰直观地表达出两者的关系。

用文字形式输出查询结果的过程是解译器将空间查询函数得到的查询结果根据语义框架对应的结果模板组织成自然语言的查询结果，并将结果输出到用户查询界面显示。文字形式多是用于描述用户的空间目标和空间度量关系查询。例如，空间目标查询"河南省图书馆在哪?"的查询结果使用查询结果模板"查询目标+'在'+'北（南）纬'+纬度值+'东（西）经'+经度值"描述为"河南省图书馆在东经113°37′16.59″北纬34°44′39.87″"（空间定位描述方式）或者使用"查询目标+'在'+相对目标+方位词"模板表示为"河南省图书馆在河南省工业大学北边"（空间关系描述方式）；空间度量关系查询"陇海路有多长?"（其空间查询句型模板为"查询目标+'多长'"）的查询结果模板是"查询目标+数量（返回数值）+量词+'长'"，查询结果为"陇海路长10.6公里"。

由于文字和图形都是语言表达形式，两者可以取长补短，互相转换。尤其是对空间目标查询时，既可以发挥文字描述简单通用的特点，也可发挥图形表示直观形象的优势。

2. 自然空间查询语言的空间知识库

自然语言里地理空间的概念都是通过词、句法和语义表示的。词是指构成空间查询语句的各类分词单位，它是空间词典中的一个地名，同时也代表实实在在的一个地理实体。句法则是指空间查询模板和结果模板中的各种空间查询模板表示的句子结构。语义则是指分词单位和句法所构成的自然空间查询语句中所蕴含的空间语义。空间查询知识就是指上述自然空间查询语言中的词法、句法、语义等语法知识、语义知识和语用知识。

空间知识库（图6-4）就是通过把自然空间查询语言中词法、句法、语义等语法知识、语义知识甚至是语用知识用一定的计算机知识表示的方法建立起来的知识库。它是通过对大规模真实语料、依靠大量的语言学知识，并将这些知识形式化，从而得到自然空间查询语言解译过程中所需的各种知识。整个空间查询语言的解译过程都需要以上空间知识库的支持。

（1）空间查询词典知识

通过对空间查询语句的总结分析，自然空间查询语言的词汇包括三大类：地理实体名称类、空间词汇类和查询词汇类。地理实体名称类是指空间数据库中的地理实体的名称及查询知识；空间词汇类则是用于表示地理实体位置、空间关系和时空过程的汉语词汇；而查询词汇类则是指除了地理实体名称和空间词汇以外的构成自然空间查询语句成分的词汇。

①地理实体名称（geographical entity name，GEN）用于描述空间查询语句中的地理实体名称，可以包含编码、地理实体名称、词频权重、实体种类等语义项。其中，地理实体名称与空间数据库中地理实体的名称一致，可以在空间数据入库的时候一同构建，也可以从

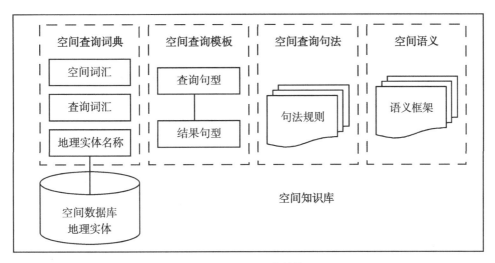

图 6-4 空间知识库结构图

已有的空间数据库中抽取；词频权重表示该地理实体被查询的频度，词频权重越高，则在智能输入，模糊查询，词义消歧时优先选择；实体种类表示该地理实体在汉语认知空间的分类，地理实体的种类信息十分丰富，应尽可能地总结归纳，在归纳总结的过程中一定要将汉语自然语言对地理实体的定义和说明突出考虑，以满足人们的日常习惯。地理实体名称词典中的词是从语言成分的角度对自然空间查询语句中地理实体的认识，这些词代表着地理空间中一个个实实在在的地理实体，因此地理实体名称词典中的词还有两个隐藏的知识，即地理实体的位置和属性。

②空间词汇（spatial word，SW）用于代表具有空间语义的词汇。空间词汇又分为位置、方位、度量、拓扑、网络等类型，分别说明实体位置、空间方位关系、空间度量关系、空间拓扑关系、空间网络等语义。表 6-7 为典型空间词汇汇总表。

③查询词汇（querying word，QW）表示构成自然空间查询语句查询成分的词汇。根据自然空间查询语言的特点以及空间知识库的空间领域知识，空间查询词汇一般分为 7 种（表 6-8）：查询动词（query verb，QV）、查询条件词（query condition words，QC）、查询助词（query auxiliary words，QA）、查询疑问词（query interrogative，QI）、数词（numeral，QU）、量词（measure words，QM）、逻辑词（logical words，QL）。

不难看出，以上词典知识代表着地理空间中地理实体的分类、位置及属性，表示了地理实体间的关系以及时空过程，是非常典型的事实知识，它在整个支撑自然空间查询语言的知识库中处于底层，是其他知识运用的基础。因此，除了根据系统应用范围对地理实体名称及相应的空间数据库进行组织外，其他词典知识则应该在词典构建时尽可能完整地收集用于表达这些知识的汉语词汇，包括对应的同义词、近义词等。

（2）空间查询模板知识

模板文法又可称为关键字匹配文法，是早期自然语言理解采用的研究方法。基于模板文法的自然语言理解系统存储了一系列的语言模板，在解译自然语言时，系统会将输入的自然语句逐个同已存储的语言模板匹配，如果匹配成功，则执行该模板的一个解释。这种

表 6-7　　　　　　　　　　　　　　　　　　　典型空间词汇

大类	中类	小类	类型编码	词　汇	备注
SW	OR：空间方位		SW-OR	方向、方位	Orientation
		AB：绝对	SW-OR-AB	东、南、西、北、中、东南、西南、东北、西北	Absolutely
		RE：相对	SW-OR-RE	前、后、左、右、中、上、下、左前、左后、右前、右后…	Relatively
	ME：空间度量		SW-ME	距离、距、离、短、近、远、路程	Measure
		LN：长度	SW- LN	长、长度、周长、宽、宽度、深、深度	Length
			SW-ME-LN	公里、千米、里、英里、海里、丈、米、厘米、分米、尺、寸、码、英尺、英寸、毫米、微米、纳米、市里、市丈、市尺、市寸、市分	
		AR：面积	SW-AR	面积、占地、大	Area
			SW-ME-AR	平方公里、公顷、亩、平方米、英亩、平方分米、平方厘米、平方毫米、平方英寸、平方码	
		VO：体积	SW-VO	体积	Volume
			SW-ME-VO	立方米、立方、立方厘米、立方英尺、立方英寸	
		GR：坡度	SW-GR	坡度、缓、陡	Grade
			SW-ME-GR	度(两种属性，还属于位置)	
		TM：时间	SW-ME-TM	时间、天、小时、分钟、刻、周、月、季度、旬、年、秒(两种属性，还属于位置)	Time
	TP：空间拓扑		SW-TP		Topology
		CS：交叉	SW-TP-CS	交会、相交、交叉、经过、穿过、流经、穿越、横穿、横越、横断、纵穿、纵越、纵贯、入口、起点、末端、终点、出口	Cross
		CI：包含、被包含	SW-TP-CI	内部、里、内、范围内、包含、包括、所在、所处	Contain Within
		DJ：相离	SW-TP-DJ	附近、靠近、周围、围绕、环绕、沿着	Disjoint
		TO：相接	SW-TP-TO	邻接、相邻、挨着、连接、交界、相连、近旁、旁边	Touch
	NW：空间网络		SW-NW		Network
			SW-RD	路径、路线、走法	Road
		IN：指示	SW-NW-IN	从、到、经由、朝、顺、沿、经过	Indicator
		AC：动作	SW-NW-AC	走、坐(加载体)、跑、飞、去、来、离开、移动、流、穿、划分、越、断、贯、看到、看见、见到	Action
		VH：载体	SW-NW-VH	车、汽车、火车、飞机、船	Vehicle
	SE：空间实体		SW-SE	地方、位置	
		PO：位置	SW-SE-PO	经度、纬度、东经、西经、南纬、北纬、度、分、秒、E、W、S、N、°、′、″	Position
		EL：高程	SW-EL	海拔、高程、高	Elevation

表 6-8 查询词汇

大类	中类	类型编码(简写)	词 汇	备注
QW		QW-		Querying Words
	V：动词	QW-V(QV)	查找、查询	Verb
	AU：助词	QW-AU(QA)	在、从、到、有、是、的、位于、要、需要	Auxiliary words
	IG：疑问词	QW-IG(QI)	哪、哪里、什么、哪条、哪个、哪些、多、多少、能否、能不能、有没有、有无、怎么、怎样	Interrogative
	NU：数词	QW-NU(QN)	阿拉伯数字、汉语数字	Numeral
	ME：量词	QW-ME(QM)	个、条	Measure word
	CO：条件词	QW-CO(QC)	比、大于、小于、等于、最大、最多、最短、最快、最近	Condition
	LO：逻辑词	QW-LO(QL)	和、与、且、并且、或	Logical

方法的优缺点十分明显，优点是应用明确、处理简单、控制性强，因此在具体的受限领域中有着较好的应用；缺点则是，模板总是有限的，不可能穷尽自然语句的所有解译形式，解译系统对句子的分析能力完全取决于模板的数量，而模板过多则会导致解译的效率低，模板间也存在着词法、句法或语义交叉的问题。

空间查询模板知识对于完成空间分词、词义消歧、未登录词获取、句法分析和语义分析都起到了重要的控制作用，是典型的控制知识。在空间分词时，通过空间查询模板首先可以确定自然空间查询语句分词的重要控制词汇，进而初步确定查询语句的句子结构，为空间分词做好预处理，这样不仅减少了空间分词的词汇数量，而且可以大大提高分词的速度及准确性；通过空间查询模板的控制，可以避免一定的分词歧义，减少词义消歧的工作量，同时还可以初步确认未登录词。在句法分析时，通过匹配空间查询模板就可以初步确认句子结构。空间查询模板一般包括地理实体查询模板、空间方位查询模板、空间度量查询模板和路径查询模板等类型。空间查询模板一般由问题模板和结果模板构成。采用bachus naur for(BNF)描述的空间方位查询模板和距离查询模板如下所示：

（1）空间方位查询模板

问题模板：<空间查询语句>∷=<查询目标>｛"在"｜"位于"｝[<参照目标>]｛"什么"｜"哪个"｝｛"方向"｜"方位"｝

结果模板：<文字结果语句>∷=<查询目标>"在"[参照目标]<方位结果>

<方位结果>∷=｛<绝对方位>｜<相对方位>｝

<绝对方位>∷=8方向｛"东部"｜"西部"｜"南部"｜"北部"｜"东北部"｜"东南部"｜"西北部"｜"西南部"｜"中部"｜"东边"｜"西边"｜"南边"｜"北边"｜东北边"｜"东南边"｜"西北边"｜"西南边"｝

<相对方位>∷=空间词汇表中SW-OR-RE类词汇

（2）距离查询模板

问题模板1：<空间查询语句>∷=<查询目标>"到"<参照目标>｛"有"｜"相距"｝｛"多远"｜"多少"｛"米"｜"公里"｝｝

问题模板2：<空间查询语句>∷=<查询目标>"到"<参照目标>"距离"｛"是"｜

"有"｝｜｛"多远"｜"多少"｛"米"｜"公里"｝｝

问题模板2：：<空间查询语句>：：=<查询目标>｛"距"｜"距离"｝<参照目标>｛"是"｜"有"｝｛"多远"｜"多少"｛"米"｜"公里"｝｝

结果模板：<文字结果语句>：：=<查询目标>"到"<参照目标><距离结果>｛"米"｜"公里"｝

<距离结果>：：=线状地理实体和面状地理实体边界的长度值

在自然空间查询语言解译系统实现时采用空间查询句型模板的另一种表现形式——程序方式(沙宗尧，等，2003)体现。以上空间查询句型模板将对应一个模板函数，在模板匹配函数的控制下，调用空间查询句型模板进行空间分词预处理以及未登录词识别操作。

(3)空间查询句法知识

空间查询句法知识是自然空间查询语言文法进行分析后，依据自然空间查询语言的受限性，将自然空间查询语句的句法结构进行总结得到的知识。它是句法分析的基础。只有将自然空间查询语言的句法知识进行详细的总结，才能得到较为完善的空间查询句法结构，在对这些句法结构进行定义的基础上，构建句法规则库，给自然空间查询语言进行句法分析提供分析的依据，从而识别出空间查询语句的查询条件、查询目标和查询实体等构成成分。

语言是句子的集合，其中每个句子是该语言词汇表中一个或多个符号(词)的字符串(姚天顺，等，2002)。句法就是这个句子集合的有限的形式说明。由于自然空间查询语句句法简单且句子间无上下文相关，属于上下文无关句法。自然空间查询语句的句法可分为两类：陈述句和疑问句，其中，陈述句所占的比例最大。采用BNF形式语言描述这两类句法结构如下：

①陈述句空间查询语句：

<查询语句>：：=［<查询动词>］<查询条件><查询目标>

　　<查询目标>：：=｛<地理实体名称>｜<空间词汇>｜<实体分类>｝

　　　<空间词汇>：：=｛<空间位置>｜<空间方位>｜<空间度量>｜<空间网络>｝

　　　　<空间位置>：：=｛地方｜位置｜高｝例如：测绘学院的位置

　　　　<空间方位>：：=｛方向｜方位｝例如：火车站在测绘学院的方位

　　　　<空间度量>：：=｛长｜远｜宽｜深｝例如：陇海路长度

　　　　<空间网络>：：=｛路径｜路线｝例如：测绘学院到火车站的最短路线

　　<查询条件>：：=［<空间约束条件…>］［<逻辑词>］［<属性约束条件…>］

说明：逻辑词为"且"、"或者"、"而且"等词。查询动词不影响句子含义，一般可以不写，在句法分析预处理时也会去除。

②疑问句空间查询语言：

疑问句空间查询语句的一般形式为：

<查询语句>：：=［<查询条件>］<查询目标><查询疑问词>［<空间词汇>］

　　<查询条件>、<查询目标>同陈述句空间查询语句相同

　　<查询疑问词>：：=｛什么｜哪｜哪里｜哪个｜哪一个｜哪条｜哪一条｜哪些｜多｜多少｝

　　<空间词汇>：：=｛<空间位置>｜<空间方位>｜<空间度量>｜<空间网络>｝

　　　<空间位置>：：=｛地方｜位置｜高｝

　　　<空间方位>：：=｛方向｜方位｝

$$\text{<空间度量>}::=\{长\mid 远\mid 宽\mid 深\}$$
$$\text{<空间网络>}::=\{路径\mid 路线\}$$

判断形式的疑问句空间查询语句是疑问句查询语句的一种特例，其形式为：

<查询语句>::=[<查询条件>]<查询疑问词>[<查询助词>]<查询目标>

　　<查询疑问词>::=\{是否\mid 是不是\}

　　<查询助词>::=\{有个\mid 有\}

　　<查询目标>::=\{<地理实体名称>\mid <空间词汇>\mid <实体分类>\}

（4）空间语义知识

从某种意义上讲，自然语言处理的最终目的应该是在语义理解的基础上实现相应的操作，一般来说，一个自然语言处理系统，如果完全没有语义分析的参与能够获得很好的系统性能是不可想象的（宗成庆，2008）。空间语义知识就是指自然空间查询语言中涉及的各种语义，是对自然空间查询语言进行语义分析的基础。通过语义分析，就可以解译并执行自然空间查询语言表示的用户所需空间操作。在这些语义中空间语义是核心，这是由于自然空间查询的主题就是地理实体、空间关系及时空过程，因此对空间语义的研究十分重要。除空间语义以外，自然空间查询语言还包括查询语义，即体现自然空间查询语言查询语用的语义，包括条件关系语义和逻辑关系语义。空间语义一般分为内部空间语义、外部空间语义和空间查询语义三大类，又可以细分为地理实体语义、空间方位语义、空间拓扑语义、空间度量语义、空间网络语义、条件关系语义和逻辑关系语义等。

自然语言学中框架语义表示法是用于表示空间语义的一种使用方法。通过对构成空间语义的每个核心框架元素和非核心框架元素进行详细描述，便可详实地说明该空间语义所要执行的空间操作以及与其他空间语义的关系。下面表 6-9 至表 6-17 通过地理实体语义实例对基于框架语义的空间语义进行说明。

表 6-9　　　　　　　　　　　　　　　[地理实体]框架

框架名	地 理 实 体	
定义	对地理实体的查询，缺省为对空间位置的查询	
核心框架元素	维度	汶川大地震震中(零维)在北纬 31.0° 东经 113.4° 长城(一维)长 8851.8 千米 故宫(二维)占地 72 万多平方米 小浪底水库(三维)库容 130 亿立方米
	形状	飞船着陆点在内蒙古
	位置	河南省图书馆在东经 113°37′16.59″ 北纬 34°44′39.87″
	大小	国家体育场(鸟巢)占地 20.4 公顷 小浪底水库库容 130 亿立方米(三维)
	属性	龙门石窟是世界文化遗产
词元	地理实体名称库中实体名称(地名和机构名)(GEN)	
语义表示	GEN	

总框架：内部空间语义

分框架：[地理实体集][空间位置][空间高程][属性]

表 6-10   [地理实体集]框架

框架名	地理实体集	
定义	指满足一定条件的地理实体集(包括一个或多个地理实体)	
核心框架元素	查询条件(QC)	测绘学院1公里范围内的学校
词元	地理实体名称库中实体种类(EC)	
语义表示	EC,不会单独出现,前面一定有条件	

总框架:[地理实体]

表 6-11   [空间位置]框架

框架名	空 间 位 置	
定义	地理实体的空间位置	
核心框架元素	射体(查询目标)GEN	汶川大地震震中位置
	[界标]	地理坐标系 投影坐标系 空间实体
词元	地方、位置(SW-SE)	
语义表示	POSITION( )	

父框架:无
子框架:[绝对位置][相对位置]
总框架:[地理实体]

表 6-12   [绝对位置]框架

框架名	绝 对 位 置	
定义	地理实体的绝对位置(用坐标表示)	
核心框架元素	射体(GEN)	河南省图书馆位置
	界标	地理坐标系、投影坐标系
词元	地方、位置(SW-SE)	
语义表示	POSITION(GEN)	

父框架:[空间位置]

表 6-13   [相对位置]框架

框架名	相 对 位 置	
定义	地理实体的相对位置(用空间关系表示)	
核心框架元素	射体(GEN)	少林寺在河南什么位置
	查询助词(QA)	测绘学院在郑州什么地方
	界标(GEN)	河南省图书馆在嵩山路和伊河路交叉口
词元	地方、位置(SW-SE)	
语义表示	POSITION(GEN1,GEN2)	

父框架:[空间位置]

表 6-14   [**空间高程**]框架

框架名		空　间　高　程
定义		地理实体的高程
核心框架元素	射体（GEN）	嵩山海拔
	界标（GEN）	泰山比齐鲁大地高多少米
词元		高程、海拔、高(SW-EL)
语义表示		ELEVATION( )

父框架：无
子框架：[绝对高程][相对高程]
总框架：[地理实体]

表 6-15   [**绝对高程**]框架

框架名		绝　对　高　程
定义		地理实体的绝对高程
核心框架元素	射体(GEN)	珠穆朗玛峰海拔 8844.43 米
	[界标]	高程基准面
词元		高程、海拔、高(SW-EL)
语义表示		ELEVATION(GEN)

父框架：[空间高程]

表 6-16   [**相对高程**]框架

框架名		相　对　高　程
定义		地理实体的相对高程
核心框架元素	射体(GEN)	裕达国贸比索菲特国际大酒店高多少
	查询助词(QA)	嵩山比郑州市城区高多少
	[界标](GEN)	嵩山比郑州市城区高多少 裕达国贸高多少(界标可能省略-如地面)
词元		高(SW-EL)
语义表示		ELEVATION(GEN1，GEN2)

父框架：[空间高程]

表 6-17   [**属性信息**]框架

框架名		属　性　信　息
定义		地理实体的属性信息
核心框架元素	查询实体(GEN)	2008 年郑州市 GDP
词元		一个或多个空间数据库中属性数据字段(空间数据库属性字段元数据表中获得)(AR)
语义表示		AR(GEN)

总框架：[地理实体]

6.3 空间查询处理与优化

空间查询处理与优化是空间数据库用于提高空间查询效率的技术基础,是空间数据库技术的一个重要组成部分。空间数据查询的性能直接影响到空间信息系统的性能和效率。由于空间数据库依托或者采用关系数据库系统存储和管理空间数据,因此关系数据库相关查询处理和优化技术对空间查询处理与优化起到一定的作用。但空间数据的特性决定了空间数据查询处理与优化技术的特殊性,主要体现在空间数据库一般都需要建立空间索引来支持空间查询处理,还必须建立自己的代价模型进行查询优化。

根据查询约束条件的不同,空间数据库中的查询主要分为三类:基于属性特征的查询、基于空间特征的查询和基于空间关系与属性特征的联合查询。基于属性特征的查询主要实现对地理实体属性信息的查询,当筛选出满足属性要求的地理实体标识后,到空间数据库中检索对应的空间对象,再进一步进行空间对象的显示、分析等操作。基于属性特征的查询是在属性数据库中完成的。当前,在属性数据库中,地理实体属性信息大多采用关系数据库的关系表来存放,因此,关系数据库查询技术可用来实现基于属性特征的查询,关系数据库查询处理优化技术也用于实现基于属性特征查询的处理和优化。基于空间特征的查询是根据给定的空间特征(如度量关系、方位关系、拓扑关系等)实现对地理实体的查询,该查询一般分两步完成:首先借助于空间索引和空间关系分析,在空间数据库中检索出被选空间对象,再进一步进行空间对象的属性查询、显示、分析等操作。基于空间特征的查询是空间数据的特殊查询,因此,其查询处理和优化技术是一个需要针对空间数据特征(即满足特定空间约束条件)实施处理和优化的过程。

6.3.1 基于属性特征的查询处理与优化

1. 基于属性特征的查询处理与优化概述

关系数据库查询处理与优化技术是实现基于属性特征的查询处理与优化的支撑技术与方法,本章仅简单介绍查询处理与优化的一般过程、优化策略和常用方法。

关系数据库查询处理是指从关系数据库中提取数据的一系列操作,包括:将 SQL 语句翻译成为能在文件系统上实现的表达式,为优化查询进行各种转换,以及查询的实际执行。关系数据库查询处理的一般过程如图 6-5 所示。

一般而言,相同关系数据库查询要求和结果存在不同的实现策略,不同查询策略的开销通常有很大差别。因此,对于关系数据库系统来说,都必须面对如何从多个执行策略中进行"合理"选择的问题,这种"择优"的过程就是"查询处理过程中的优化",简称为查询优化。

关系数据库查询优化策略包括:选择运算应尽可能先做;把投影运算和选择运算同时进行;把投影同其前或其后的双目运算结合起来执行;把某些选择同在它前面要执行的笛卡儿积结合起来成为一个连接运算;找出公共子表达式;选取合适的连接算法。

关系数据库查询优化使用户不必选择存取路径,不必考虑如何能最好地表达查询以获得较好的效率,同时,数据库系统比用户程序的查询优化效果更好,其优势体现在:①优化器可以从数据字典中获取许多统计信息,而用户程序则难以获得这些信息;②如果数据

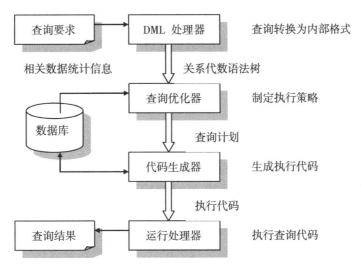

图 6-5 关系查询处理的一般过程

库的物理统计信息改变了，系统可以自动进行重新优化，以选择相适应的执行计划；③优化器可以考虑数百种不同的执行计划，而程序员一般只能考虑有限的几种可能性；④优化器中包括了很多复杂的优化技术，自动优化使所有人拥有这些技术。

2. 基于属性特征的查询处理与优化方法

（1）合理使用索引

数据库服务器对数据进行访问一般采用两种方式：一是索引扫描，通过索引访问数据；二是表扫描，读表中的所有页。对一个表进行查询时，若返回的行数占全表总行数的10%到15%时，使用索引可以极大优化查询的性能。但如果查询涉及全表40%以上的行时，表扫描的效率比使用索引扫描的效率高。在具体使用过程中，要结合实际数据库和用户需求来确定要不要索引以及在什么字段上建立什么样的索引。

（2）书写高效的 SQL 语句

虽然特定的数据库服务器都会对输入的查询语句进行一定的优化操作，但是查询效率主要取决于 DBA 所书写的 SQL 语句的好坏。为确保编写的 SQL 语句有较好的性能，应考虑以下优化方法：

①尽量减少使用 NOT、<> 、! =等负逻辑的操作符和函数，因为这类操作会导致全表扫描，而且容易出错。

②明确所需的查询字段，避免使用"select ＊"格式，因为在数据量较大的时候，全表查询导致大量物理 I/O 操作，影响查询性能。

③避免使用 LIKE、EXISTS、IN、OR 等标准表达式，这类表达式会使字段上的索引无效，引起全表扫描。尽量减少表的联接操作，不可避免的时候要适当增加一些冗余条件，使参与联接的字段集尽量少。

④尽量减少表的联接操作以及使用联接字段，而把所有的条件分列出用 and 来进行连接，可以充分利用在某些字段上已经存在的索引。

⑤尽量避免使用嵌套查询。

（3）使用存储过程

存储过程由 SQL 语句和 SPL 语言的语句组成，创建后转换为可执行代码，作为数据库的一个对象存储在数据库中。存储过程的代码驻留在服务器端，因而执行时不需要将应用程序代码向服务器端传送，可以大大减轻网络负载，缩短系统响应时间。同时，由于存储过程已编译为可执行代码，不需要每次执行时进行分析和优化工作，从而减少了预处理所花费的时间，提高了系统的效率。

（4）利用视图

视图是由 SQL 查询语句从一个或多个表中建立的虚拟表。利用视图不仅可以提高数据的保密性，便于设置用户的权限，而且也可以提高数据的精练性。在关系数据库中有着许多不同的角色，其对数据的要求是不同的，针对不同类别的用户分别建立合适的视图，可以有效提高数据的有用性，提高系统对不同用户的查询响应效率。此外用户访问数据库一般要求得到的是最近访问的数据，因此在许多情况下，可以按照时间对数据库中的数据进行水平分片，把最近一段时间的数据呈现给用户。当用户需要查找"过期"数据时再把相应的块调进来，由于这种情况极少发生，在一定的情况下，可以有效地减少数据量，缩小数据查找范围。

（5）利用外部 SQL 重写器

外部 SQL 重写器能够针对现有关系数据库特性，生成语义相同但语法不同的 SQL 语句。重写器生成的 SQL 语句可取代系统代码中的 SQL 语句，产生性能更好的 SQL 语句执行计划，进而提升整个关系数据库的性能。

6.3.2　基于空间特征的查询处理和优化

空间索引是指依据空间对象的位置和形状或空间对象之间的某种空间关系按一定的顺序排列的一种数据结构，其中包含空间对象的概要信息（如对象的标识、外接矩形等）。作为一种辅助性的空间数据结构，空间索引介于空间操作算法和空间对象之间，它通过筛选作用，大量的与特定空间操作无关的空间对象被排除，从而提高空间操作的速度和效率（胡运发，2012），因此，空间索引是基于空间特征的查询处理和优化的基础，各种查询处理和优化方法都是在空间索引的支持下实现的（若无特殊说明，本节基于空间特征的查询处理与优化技术实施前，地理实体均已构建空间索引）。常见空间索引类型有 BSP 树、K-D-B 树、R 树、R-树、R+树和 CELL 树等（详见第 5 章）。

1. 基于空间特征的查询处理

基于空间特征的查询处理一般分为过滤和求精两个步骤，其过程如图 6-6 所示。

第一步：过滤。在过滤阶段，复杂的空间对象先被近似为简单对象，然后对这些近似对象进行筛选得到一个基本满足空间特征查询条件并且数据量相对较小的候选对象集合。空间对象近似处理是过滤阶段空间查询处理的有效途径。如果对查询时间要求高、精度要求不高的查询，此时候选对象集合即可作为查询结果的近似集。

第二步：求精。求精阶段使用精确的几何算法对候选对象进行进一步处理，从而得到确切的查询结果。由于该过程在一个较小的数据集上进行操作，因而可以保证查询的效率。求精阶段需要对候选对象使用具体的几何计算判断对象之间是否满足空间约束条件（通过空间谓词形式表示），这是一个查询代价（计算时间和计算空间消耗）较大的过程。

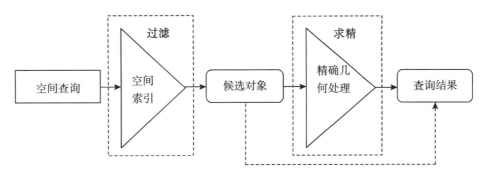

图 6-6　基于空间特征的查询处理过程

候选集中有相当一部分对象并不满足实际的查询条件，尽可能地通过处理减少这样的对象并进入求精步骤，从而避免不必要的几何计算，这是提高查询效率的途径之一。几何检测处理是求精阶段空间处理的有效方法。

（1）空间对象近似处理

空间对象近似处理是指用一个与空间对象空间位置相关的简化多边形替代原来空间对象的过程，近似对象一般存储在空间索引中。空间对象近似可以从简单性和相似性两个方面进行评价。在过滤步骤中，近似多边形越简单，查询过滤的速度就越快；近似程度越高，滤除未命中对象的效果越好。通常，用少量参数表示的凸近似多边形具有较好的近似处理效果。常用的近似多边形包括最小边界矩形（minimun bounding rectangle，MBR）、最小范围圆（minimun bounding circle，MBC）、最小范围椭圆（minimun bounding ellipse，BE）、凸壳（convex hull，CH）、最小范围 n 角形（minimun bounding n-corner，n-C）等。部分凸近似多边形如图 6-7 所示。

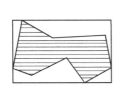　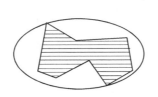　

（a）最小边界矩形示意图　　　（b）最小范围椭圆示意图　　　（c）最小范围圆示意图

图 6-7　空间对象的凸近似多边形示例

MBR 是指以矩形（用坐标对表示）表示的各种类型（如点、线、面）空间对象的最大范围，即以近似空间对象各顶点中的最大横坐标、最小横坐标、最大纵坐标、最小纵坐标定义的边界矩形。该矩形各边与坐标轴平行。MBR 是空间过滤过程中最基础、最常用的近似多边形。

和 MBR 相比，其他近似描述的空间存取方法需要访问更多的数据页，但由于它们的近似质量高，可以减少未命中对象，从而减少精化处理中的几何计算开销。显然，近似使用的参数越多，近似质量越高，但在空间索引中所占的存储空间也越大。多种空间对象近似可以组合使用，将存储空间小的近似多边形(如 MBR、MBC)作为主键，将近似质量高的多边形(如 CH、n-C 等)作为空间存取方法(SAM)访问的对象。组合原则就是存储空间和空间存储方法的合理搭配。

(2)几何检测处理

现实地理空间中空间对象的形状多为复杂多边形，在求精过程中几何计算(例如，判断两个空间数据集中的对象是否相交)需要对复杂多边形进行运算，考虑到几何计算的对象是构成多边形的点，对于复杂多边形的顶点(千余个顶点十分常见)的检测运算的成本较高(计算成本、I/O 成本)，因此，可以对这些复杂多边形进行几何分解，将原有复杂多边形分解为若干个简单多边形，再进行进一步的几何计算，这一过程称为几何检测处理。由于空间对象的复杂性及空间查询的多样化，将空间对象分解成简单的部分有利于提高求精步骤中几何检测的速度。用多次执行简单快速的算法来取代复杂的几何算法。

一般而言，对象分解技术是将对象分解为满足一些定量约束的简单子对象(如三角形、不规则多边形、凸多边形等)。当然，在对象分解后，为决定一次处理所涉及的子对象，需要空间存取方法合理地组织对象各组成子部分的位置和形状(刘宇，2001)。

对象分解的策略如下(Shekhar 等，1999)：

①在预处理过程中，使用平面扫描算法，将多边形对象分解成最小数量的互不相交的不规则多边形。

②由于不能在①中产生的不规则多边形集合上定义一个完整的空间顺序，因而无法对这些不规则多边形应用折半查找，可使用空间索引(如 R-树索引)进行空间搜索。为了提高几何检测的速度，也可采用 TR∗-树等其他索引。TR∗-树是 R-树的一种变形树，主要用于最小化主存操作，并用来存储对象的不规则子多边形。TR∗-树的主要特点是最小化了每个节点包含的索引项的数量。使用时，要把被访问对象的 TR∗-树完全装入主存中才能进行空间查询处理。

经过空间查询处理后的空间查询过程避免了查询空间数据集中所有要素逐一(或者多个空间数据集要素逐对)进行几何计算的情况，这种情况在处理大量复杂多边形地理实体查询时，其计算成本很高。经过处理后的空间查询转化为查询地理实体的近似多边形与条件地理实体的近似多边形(或分割子多边形集)进行几何运算，由于缩小了候选地理实体集，简化了复杂多边形几何边界，有效提高了空间查询的效率。值得注意的是，空间查询处理都是在构建空间索引的基础上实施的。此处以空间选择查询为例，简单讲解一下空间查询处理后的查询过程。所谓空间选择查询是指检索某个空间数据集，查找与某个地理实体满足重叠(overlap)空间约束条件的所有地理实体。经过处理后的空间查询转换为用条件对象的近似多边形(如 MBR)与空间索引(如 R-树)存储的某个空间数据集空间对象的近似多边形进行比较，比较操作从根节点开始，将节点中的每一索引项与查询窗口(条件对象的近似多边形)进行比较，满足条件的索引项继续向下递归，直到叶节点。

2. 基于空间特征的查询优化

与关系数据库系统一样，空间数据库系统中基于空间特征的查询优化程序也必须对空间操作的选择性(或称查询结果大小)进行估计，即计算满足空间约束条件(谓词形式表示)的结果对象的数目与源对象集合秩的比值。空间操作的选择性评估可以让查询优化程序决定优化结果中谓词的执行顺序、采用何种查询计划；可以给应用系统反馈空间查询的执行时间。

由于空间数据的特性，空间数据库系统的选择性估计与关系数据库系统中的选择性估计有较大差别，目前，关系数据库的优化策略不能完全适用于空间数据的查询处理。基于空间特征的查询需要构建特有的代价模型，重点应放在对空间操作代价的估计，空间操作代价主要包括执行代价、I/O 代价、查询结果输出代价。由于代价估计模型与空间索引密切相关，因此基于已有的空间索引形式即可给出若干代价模型，并应用到空间查询处理中去，这比研究更多的空间索引结构更有意义。

按照给定的代价指标，根据空间操作的处理特性、操作间的相互关系、操作数据的统计信息等估算空间查询操作的执行代价称为空间查询代价估计。空间代价模型是用于进行空间查询代价估计的公式，使用空间代价模型可以对多个空间查询执行计划进行代价估计，进而选择执行代价较小的执行计划。空间代价模型一般应同时支持对空间选择查询和空间连接查询的代价估计。

空间操作的查询代价主要由两部分构成：一是几何计算的执行代价(CPU 代价，记作 C_c)和几何计算时操作对象读取代价(I/O 代价，记作 C_{cio})；二是查询结果输出代价(I/O 代价，记作 C_{oio})。空间查询代价的一般表示形式如式(6-1)。

$$C = C_c + C_{cio} + C_{oio} = (1 + w + S) \cdot C_{cio} \tag{6-1}$$

其中，w 为一个权值，S 表示空间操作(空间谓词表示)选择性因子，其表示形式为

$$S = r/N \tag{6-2}$$

式中，r 为查询结果集大小(即查询出的空间对象个数)，N 为待操作数据集大小。

在一般关系数据库中，各种谓词的处理代价大致相同，而且由于相关操作的计算量都比较小，故 I/O 代价是主要的(王能斌，2000)，CPU 代价则被忽略。由于空间数据的复杂性和特殊性，空间操作的计算代价差别很大，CPU 代价不可忽略。但是，空间数据库的应用领域多种多样，至今还没有一套空间操作的标准。每种空间操作的 CPU 代价应由具体的处理算法来决定，而 I/O 代价也能部分反映 CPU 代价。

经典的空间代价模型是由 Theodoridis 等人(2000)提出的基于 P-树的空间查询代价模型。该模型基于 R-树空间索引，给出空间选择查询和空间连接查询的空间代价模型。

(1)空间选择查询代价模型及空间操作选择性因子

空间选择查询代价模型如下：

$$NA(R, q) = 1 + \sum_{j=1}^{\left[\log_f \frac{N}{f}\right]} \left\{ \frac{N}{f^j} \cdot \prod_{i=1}^{d} \left(\left(D_j \cdot \frac{f^j}{N} \right)^{\frac{1}{d}} + q_i \right) \right\} \tag{6-3}$$

式中，$NA(R, q)$ 表示以 $q = (q_1, \cdots q_d)$ 代表的选择查询的空间代价值，j 表示 R-树的第 j 层，N 表示带查询数据集中的对象个数，f^j 为第 j 层节点的平均扇出数，f 则为节点的平均扇出数，D_j 表示 R-树第 j 层的节点密度，d 表示空间矩形对象的维度。

选择查询空间操作(空间谓词表示)选择性因子如式(6-4)所示。

$$S = \prod \left[\left(\frac{D}{N} \right)^{\frac{1}{n}} + q_i \right] \tag{6-4}$$

(2)空间连接查询代价模型及空间操作选择性因子

空间连接查询(以 2-way 空间连接查询为例)代价模型为

$$NA(R_1, R_2) = \sum_{l_i=1}^{h_i-1} \{ NA(R_1, R_2, l_1) + NA(R_2, R_1, l_2) \} \tag{6-5}$$

$$NA(R_1, R_2, l_1) = NA(R_2, R_1, l_2) = N_{R_1 l_1} \cdot N_{R_2 l_2} \cdot \prod_{k=1}^{d} \min\{1, (S_{R_1, l_1, k} + S_{R_2, l_2, k})\}$$

式中, h_i 表示两棵 R-树的高度($i=1, 2$), $N_{R_i l_i}$ 表示第 i 棵 R-树在 l_i 层的节点树, $S_{R_i, l_i, k}$ 表示第 i 棵 R-树在 l_i 层的节点的平均范围。

连接查询空间操作(空间谓词表示)选择性因子则为:

$$S(R_1, R_2) = \left\{ \left(\frac{D_{R_1}}{N_{R_1}} \right)^{\frac{1}{n}} + \left(\frac{D_{R_2}}{N_{R_2}} \right)^{\frac{1}{n}} \right\}^n \tag{6-6}$$

第 7 章 数据库系统的体系结构

数据库系统的体系结构很大程度上取决于数据库系统所运行的计算机环境，随着面向对象、组件、分布式计算、并行计算以及网络等技术的发展，数据库系统的体系结构发生了很大的变化。从数据库管理的角度看，数据库系统通常采用三级模式结构，这是数据库管理系统内部的结构；而从数据库最终用户的角度看，数据库系统又可以分为集中式、客户/服务器式、分布式、并行结构和云计算结构，这是数据库系统外部的结构。单纯就空间数据库建立的角度而言，数据库的最终用户只可能涉及数据库系统的外部结构，但要想合理科学地建立空间数据库就必须了解和掌握数据库系统的内部结构。

7.1 数据库系统内部的体系结构

虽然实际的数据库管理系统产品种类繁多，可以支持不同的数据模型，使用不同的数据库定义和查询语言，建立在不同的操作系统之上，数据的存储结构也各不相同，但它们在体系结构上都具有相同的特征，即采用三级模式结构，并提供两级模式映射功能，如图7-1所示。本节从数据库系统的三级模式、两级映射、数据库的抽象层次以及数据模式和数据模型的关系四个方面对此进行阐述。

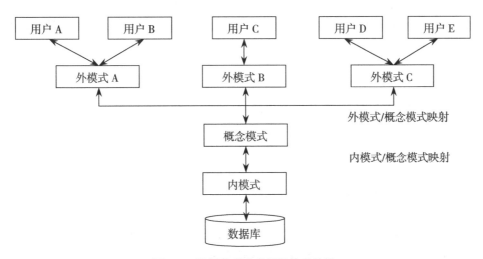

图 7-1 数据库系统内部的体系结构

7.1.1　三级模式结构

模式(schema)是数据库中全体数据的逻辑结构和特征的描述,反映了数据库中数据的结构以及数据之间的联系。数据库系统的三级模式结构是指数据库系统的外模式、概念模式和内模式,是数据库中数据抽象的三个级别,于 1975 年在美国 ANSI/X3/SPARC(美国国家标准协会的计算机与信息处理委员会中的标准计划与需求委员会)数据库小组的报告中提出的。

1. 外模式(external schema)

外模式也称子模式或用户模式,是用户观念下局部数据结构的逻辑描述,是数据库用户能够看见和使用的局部数据的逻辑结构和特征的描述,是面向应用的数据组织形式,是用户的数据视图,是与某一具体应用有关的数据的逻辑表示。通常一个数据库可以有多个外模式,如果不同的用户在应用需求、看待数据的方式、对数据保密的要求等方面存在差异,则其外模式就会不同。

外模式具有方便用户使用、简化用户接口、保证数据独立、便于数据共享以及有利数据安全和保密等优点,其最大的特点是以各类用户的需求为出发点,构造满足其需求的最佳逻辑结构。每个用户只能看见和访问他所对应的外模式中的数据,而对其他数据是不可见的,同一外模式可以被一类用户的多个应用系统所使用,但一个应用程序只能使用一个外模式。

2. 概念模式(conceptual schema)

概念模式又称模式或逻辑模式,是数据库中全体数据的逻辑结构和特征的描述,是面向全局应用的数据组织形式,是所有用户的公共数据视图,它是数据库模式结构中的中间层,既不涉及数据的物理存储细节和硬件环境,也与具体的应用程序、所使用的应用开发工具及高级程序设计语言无关。

概念模式实际上是数据库在逻辑上的视图,一个数据库只有一个概念模式。定义概念模式时,不仅要定义数据的逻辑结构,而且要定义数据之间的联系,定义数据的语义信息和约束,定义与数据有关的安全性和完整性要求。

3. 内模式(internal schema)

内模式也称存储模式或物理模式,是面向存储的数据组织形式,是系统维护人员所看到的数据结构,它按最优的策略描述了数据的物理结构和存储方式,是数据在数据库内部的表示方式。

内模式定义了所有内部记录类型、索引和文件的组织方式,以及所有数据控制方面的细节,涉及数据存储、索引建立以及数据压缩和加密等内容。

从某个角度看到的数据特性,称为数据的视图,数据库的三级模式结构对应的是数据的三级视图。其中,外模式对应的是数据的外部视图,概念模式对应的是数据的全局视图,内模式对应的是数据的存储视图。外部视图是全局视图的逻辑子集,全局视图是外部视图的逻辑汇总和综合,存储视图是全局视图的具体实现。三级视图用图、表等形式描述,具有简单、直观的优点,但不能被计算机直接识别。为了在计算机系统中实现数据的三级抽象,必须用计算机可以识别的语言对其进行描述,这就是 DBMS 所提供的数据描述语言(data description language,DDL),使用 DDL 精确定义数据视图的程序称为模式。

7.1.2 两级模式映射

数据库的三级模式结构完成了对数据的三个抽象级别，它把数据的具体组织留给数据库管理系统去做，用户只要逻辑地、抽象地处理数据，而不必关心数据在计算机中的表示和存储，这样就减轻了用户使用系统的负担。三级结构之间差别很大，为了实现这三个抽象级别的联系和转换并提高数据库系统中的数据独立性，数据库管理系统在三级结构之间提供两个层次的映射，即外模式/概念模式映射和内模式/概念模式映射。这种映射实际上是一种对应规则，它指出了映射双方是如何进行转换的。

1. 外模式/概念模式映射

对应于同一个概念模式，可以有任意多个外模式。它定义了某一个外模式和概念模式之间的对应关系，这些映射定义通常在各自的外模式中，当概念模式改变时，该映射要做相应的改变，以保证外模式保持不变。

2. 内模式/概念模式映射

它定义了数据的逻辑结构和存储结构之间的对应关系，说明逻辑记录和字段在内部是如何进行表示的，这种映射定义通常在内模式中加以描述。这样，当数据库的存储结构改变时，可相应地修改该映射，从而使概念模式保持不变。

数据按外模式的描述提供给用户，按内模式的描述存储在磁盘中，而概念模式提供了连接这两级的相对稳定的中间点，并使得两级中任何一级的改变都不受另一级的牵制，这样才能保证数据库中数据的独立性。所谓数据独立性是指应用程序和数据库的数据结构之间相互独立，不受影响，它包括数据的逻辑独立性和物理独立性，其中逻辑独立性指的是外模式不受概念模式变化的影响，如果数据库的概念模式要修改，例如，增加记录类型或增加数据项，只要对外模式/概念模式映射做相应的修改，可以使外模式和应用程序尽可能保持不变，而使数据库达到数据的逻辑独立性；物理独立性指的是概念模式不受内模式变化的影响，如果数据库的内模式要修改，即数据库的物理结构有所变化，那么只要对内模式/概念模式映象做相应的修改，可以使概念模式保持不变，也就是对内模式的修改尽量不影响概念模式，当然对于外模式和应用程序的影响更小，这样数据库就达到了数据的物理独立性。

7.1.3 三级数据模式数据库系统的特点

三级数据模式所描述的仅仅是数据的组织框架，而不是数据本身。数据库按抽象级别的不同，可以划分为逻辑数据库、概念数据库和物理数据库。其中，逻辑数据库是以外模式为框架所构成的数据库，它是数据库结构的最外一层，是用户所看到和使用的数据库，因而也称为用户数据库；概念数据库是以概念模式为框架的数据库，它是数据库结构中的一个中间层次，是数据库的整体逻辑表示，它描述了每一个数据的逻辑定义及数据间的逻辑联系；物理数据库是以内模式为框架的数据库，它是数据库中最里面的一个层次，是物理存储设备上实际存储着的数据集合。

数据库的三级模式结构是一个理想的结构，使数据库系统达到了高度的数据独立性。但是它给系统增加了额外的开销。首先，要在系统中保存三级结构、两级映射的内容，并进行管理；其次，用户与数据库之间数据传输要在三级结构中来回转换，增加了时间开销。然而，随着计算机性能的迅速提高和操作系统的不断完善，数据库系统的性能越来越好。

数据模式与数据模型有着密切联系，一方面概念模式和外模式是建立在一定的逻辑数据模型(如层次模型、网状模型、关系模型等)上的；另一方面，数据模式与数据模型在概念上是有区别的，数据模式是一个数据库的基于特定数据模型的结构定义，它是数据模型中有关数据结构及其相互关系的描述，所以仅是数据模型的一部分。

7.2 集中式数据库体系结构

如果单纯考虑数据库本身的内容，空间数据库的体系结构可以简单地分为集中式体系结构和分布式体系结构。集中式体系结构，就是将针对不同区域或不同专题采集的空间数据集中起来放在一个数据库中进行存储、管理和维护。随着计算机网络技术的发展和空间数据应用的日益广泛，这种管理模式渐渐显示出不足之处，由于空间数据是集中存放在一个数据库中的，网络上的各个节点只能通过访问这个数据库才能够共享数据，从而造成通信开销大、性能欠佳、可用性低、扩充性差以及难以管理等缺点，严重影响了空间数据应用的性能和效率；而分布式体系结构就是直接对数据进行分布式存储和管理，按数据的来源及需求，分散建立多个空间数据库，合理分布在系统中，以代替一个集中式空间数据库，这样大部分空间数据可以就地存取，同时又可共享一些偶尔需要的其他数据库的数据，这显然要比建立一个集中式数据库要合理得多。正像一个大工厂，设立几个分仓库，就近供应，同时又可以互通有无，要比设立一个集中的仓库合理和方便。

除了考虑空间数据的存储和管理，还需要兼顾对它们的处理和应用，也就是说从应用或最终用户的角度而言，空间数据库体系结构又可以分为集中式结构、客户/服务器结构、分布式结构和并行结构等，这与对应的计算机体系结构密不可分，也与空间数据的应用程度紧密相关。当计算机网络技术尚不成熟，计算机体系结构大多处于主机/终端模式，需要存储、管理和处理的空间数据比较单一，数据量也比较小时，空间数据库可以是集中式的体系结构；而随着网络技术的飞速发展，计算机体系结构大多为客户/服务器或浏览器/服务器模式，需要存储、管理和处理的空间数据急剧膨胀，空间数据应用也多种多样时，空间数据库就以两层或多层的客户/服务器体系结构为主；伴随着分布计算技术和并行处理技术的不断成熟，加上空间数据应用的需求越来越高、功能越来越复杂，数据规模越来越大，空间数据库朝着分布式体系结构和并行式体系结构的方向发展。通常情况下，我们所说的空间数据库体系结构就是从最终用户的角度出发，同时顾及数据处理和应用的数据库体系结构。

7.2.1 单机或主机/终端体系结构

单机或主机/终端体系结构就是指数据库系统运行在一台计算机上，由一个处理器以及与它相关联的数据存储设备和其他外围设备组成，不与其他计算机系统进行交互的数据库系统。这样的系统范围很广，它既包括运行在个人计算机上的单用户数据库系统，也包括运行在大型主机上高性能的多用户数据库系统，如图 7-2 所示。前者通常是为单用户应用而设计的数据库系统如 Access、Foxbase 等，没有大型多用户数据库管理系统如 Oracle、

SQL Server 等所提供的许多特性,尤其是不支持并发访问控制,同时系统的故障恢复能力有限,没有系统日志,无法审计跟踪,数据库的安全性也较差;而后者可以实现粗粒度的并行,支持多任务的数据处理。

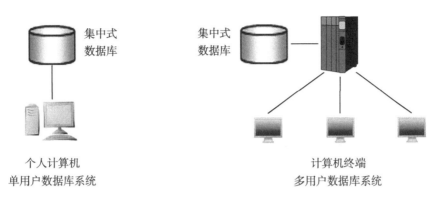

图 7-2 集中式数据库体系结构

单机或主机/终端体系结构由于其数据存储、管理、查询、分析和应用等功能都集中在一台计算机系统上,数据库系统所在的网络 IP 地址、计算机名、端口号以及数据库名都是固定的,数据的操作可以直接利用数据库系统提供的操作语言如 SQL,也可以使用通用的数据库访问方式,如 ODBC、DAO 等进行数据的存取,数据库系统的空间数据索引可以直接建立并存储在数据库系统下的索引表或内存数据结构中,所以数据的独立性强、一致性高,同时应用开发比较简单,系统功能容易实现。但由于数据查询和数据处理集中在一台计算机上,所以其应用的效率将大打折扣,并且数据库系统一旦受到破坏,在恢复之前系统不能运行。

7.2.2 客户/服务器体系结构

客户/服务器(client/server,C/S)体系结构的基本原则是将计算机应用任务分解成多个子任务,由多台计算机分工协同完成,它能够充分利用两端硬件环境的优势,将任务合理分配到客户端和服务器端来实现,以便降低系统的通信开销。其关键在于功能的分布,它将一部分功能(主要是数据处理、数据表示和用户接口等)放在客户机上执行,而将另一些功能(主要是数据的管理和查询)放在服务器上执行。这样,服务器可以集中管理核心的数据资源,同时客户机也能够充分发挥自主控制和灵活处理的优势。如图 7-3 所示,该体系结构与集中式体系结构下的多用户系统相类似,它们都只有一个集中的数据库系统;所不同的是多用户系统的终端设备没有自己的处理器,所有的计算和处理任务均由主处理器负责完成,而客户/服务器体系结构的客户端本身就是一个个独立的计算机,它们具有一定的存储、计算和处理能力,能够完成各种各样的复杂计算和数据处理。

在 C/S 体系结构的数据库系统中,客户端应用程序主要负责将用户的要求提交给数据库服务器,并将数据库服务器返回的结果以特定的形式展示给用户;而数据库服务器的任务是负责接收客户端应用程序提交的服务请求,这些服务包括数据查询、更新维护、事务管理、索引建立、高速缓存、查询优化、安全保障和并发控制,进行相应的处理后将结

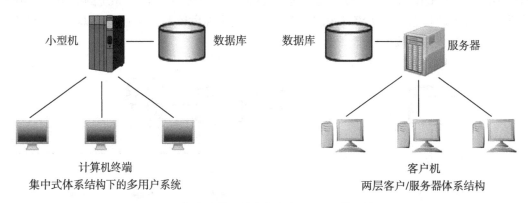

图 7-3　集中式体系结构与客户/服务器体系结构

果返回给客户端应用程序。该体系结构的优点是合理地利用了系统资源，充分发挥了客户机的数据处理能力，使网络上各计算机的资源能各尽其用；恰当地运用数据库系统所提供的数据库备份、数据恢复、性能监控和并发控制等功能，使得数据库的安全性和可靠性大为提高，数据的存储管理更加透明；由于客户端实现与服务器的直接相连，没有中间环节的影响，因此系统响应速度快、效率高，性能比较稳定；具有较强的事务处理能力，能实现复杂的业务流程；操作界面美观方便、形式多样，可以充分满足用户自身的个性化要求；可以有效利用数据库系统提供的数据操纵标准接口，减少了编程的工作量，提高了程序的开发效率。

C/S 体系结构是一种典型的两层胖客户端架构，其数据库系统仅仅安装在其中的一台计算机系统上，这台计算机被称为数据库服务器，所以空间数据库系统所涉及的计算机名称、计算机 IP 地址、端口号和数据库名也是固定不变的，对数据库的存取操作和索引建立可以直接在数据库系统的基础上进行，建立的空间数据索引可以直接存储在数据库系统的空间数据索引表中；而将几乎所有的应用处理都集中在客户端完成，所以开发的应用程序需要在每个客户端都要进行安装和配置，当用户数量多且分布广时就会给安装和维护带来相当大的困难，使得系统的扩展性不强。此外，每个客户端与数据库系统相连时都要保留一个对话，当众多的客户端同时使用相同资源时，容易产生网络堵塞。

7.2.3　浏览器/服务器体系结构

随着 Java 这种跨平台开发语言的出现，C/S 体系结构受到了猛烈的冲击。为了满足一体化瘦客户端的需要，达到节约客户端维护和升级成本以及实现广域范围内数据共享的目的，浏览器/服务器(browse/server，B/S)模式应运而生。这种模式将极少数事务逻辑在浏览器端实现，主要事务逻辑在服务器端完成，是一种典型的瘦客户端架构，本质上属于或包含在 C/S 模式中。这样浏览器实际上变成了一种通用和特殊的客户端，只不过 C/S 模式可以使用所有的通信协议，而 B/S 规定必须使用 Http 协议。

浏览器/服务器通常采用三层或多层的体系架构，如图 7-4 所示。这种架构将整个业务应用划分为表示层、业务逻辑层和数据访问层，目的是为了实现"高内聚、低耦合"的设计思想。其中表示层主要负责对用户的请求接受以及数据的返回，为客户端提供应用程序的访问；业务逻辑层主要是针对具体问题而对数据访问层的操作，对事务的业务逻辑进行处理；数据访问层主要负责对数据库的操作，包括对数据的增加、删除、修改、更新和查找。

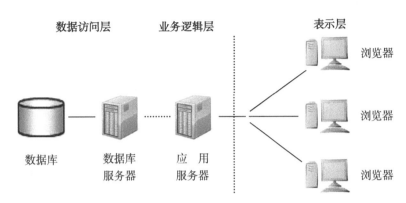

图 7-4　三层或多层浏览器/服务器体系结构

在三层或多层的 B/S 体系结构中，只有极少数的事务逻辑在客户端完成，浏览器仅仅负责对数据的表达和与用户进行交互，而不直接与数据库发生关系。主要的应用业务处理由应用服务器负担，数据操作由数据库服务器完成，从而避免了庞大的胖客户端，减少了客户端的压力，这样使得客户端的维护升级更加方便，系统的扩展性也更好。在这种模式下，浏览器无须特别安装，只要有 Web 浏览器即可。当应用类型和服务内容发生变化时，只需要在应用服务器进行相应的修改即可；而当用户的数量发生变化时，只需要增减应用服务器的数据就能够适应这种变化。

C/S 与 B/S 是目前软件开发模式的两大主流技术，C/S 是由美国 Borland 公司最早研发，而 B/S 是美国 Microsoft 公司研发。与 C/S 相比，B/S 体系结构具有如下特点：

①系统的维护和升级更加简单方便。目前，软件系统的改进和升级越来越频繁，B/S 架构的产品明显体现着更为方便的特性。对一些大的空间数据应用来说，系统管理人员需要在几百甚至上千台计算机之间来回奔走，工作量大，效率低，但 B/S 架构的空间数据应用或 WebGIS 就不用这么麻烦，它只需在服务器端进行升级和维护就行了。当应用的业务逻辑发生变化时，只需要修改对应的应用服务器中的业务逻辑和流程，一旦数据结构和存取策略发生了改变，对数据库服务器中的数据库进行维护即可，而所有的客户端只是浏览器，只需安装通用的浏览器或相应的服务插件，根本不需要做任何的维护。无论用户的规模有多大，有多少分支机构都不会增加任何维护升级的工作量。

②能够降低系统的总体成本。在 C/S 体系结构中，客户端根据用户的需要，向数据库服务器发出数据请求，数据库服务器通过查询、检索等一系列操作从数据库中提取出满足条件的数据集合并提交给客户端，由客户端将数据进行运算、汇总、统计等并将结果呈现给用户；而在 B/S 体系结构中，客户端根据用户的需要向应用服务器提出处理请求，应用服务器将这种处理请求分解为一系列数据请求并提交给数据库服务器，数据库服务器通过查询检索得到结果数据集并返回给应用服务器，由应用服务器根据需要进行处理，最后将处理结果返回给客户端并进行展示。这两种结构中，C/S 结构的客户端需要参与运算

和处理，而 B/S 结构的客户端并不参与运算，只是简单的接收用户的请求和展示最终的成果，所以对客户端的配置要求很低；其次，C/S 结构需要传输大量的处理数据，而 B/S 结构需要传输的仅仅是最终的处理结果，因此对传输线路的要求较低，传输的压力也较小；另外，在目前 IE 浏览器已经成为了计算机操作系统标准配置，B/S 结构的客户端基本无须专门的安装，这既降低了客户端的安装成本同时也减少了客户端的维护成本。所有这些都使 B/S 结构的系统投资和总体成本较 C/S 结构要小。

③在 C/S 结构的空间数据库系统中，应用程序驻留在客户机上，通过空间数据查询语言来调用服务器上的空间数据资源；而在 B/S 结构的空间数据库系统中，客户机只作为一个前端的数据交互和展示终端，它不包含任何直接的数据库调用，通常它通过一个表单界面与应用服务器进行连接，进而与数据库服务器中的空间数据进行通信以访问数据。应用程序的业务逻辑，也就是说在何种条件下做出何种反应，被嵌入到应用服务器中，而不是分布在多个客户机上，这使得 B/S 结构的应用更适合大型应用和互联网上的应用。

然而在 B/S 结构的空间数据库应用中，由于几乎所有的应用处理或业务逻辑都集中在应用服务器上，空间数据的查询、检索、统计和汇总都集中在数据库服务器上，数据库系统所需要涉及的网络描述、计算机描述和端口描述以及数据库描述都是固定不变的，所以关于空间数据的存取和空间数据的索引建立相对比较简单，但由于所有的数据库操作都集中在应用服务器和数据库服务器之间，从而使应用服务器和数据库服务器的运行负荷很重，一旦服务器"崩溃"，后果不堪设想。

7.2.4 C/S 结构与 B/S 结构的比较

简单地说，C/S 结构是建立在局域网基础上的，而 B/S 结构是建立在广域网基础上的；C/S 结构可以采用所有的通信协议，而 B/S 通常采用 Http 通信协议。

①硬件环境不同。C/S 一般建立在专用的网络上，小范围里的网络环境，局域网内有专用的线路进行数据的传输和交互，局域网之间再通过专门服务器提供连接和数据交换服务。而 B/S 是建立在广域网之上的，不需要专门的网络硬件环境，有比 C/S 更广的适应范围，一般只要有浏览器即可。

②安全要求不同。C/S 一般在较小的范围内面向相对固定的用户群。对信息安全的控制能力很强，所以对安全性要求的空间数据库应采用 C/S 结构比较适宜；而 B/S 是建立在广域网上的，它需要面对的是不可预知的客户群，因而对安全的控制能力相对较弱。

③程序架构不同。C/S 结构的程序更加注重流程，可以对用户的使用权限进行多层次的校验，对系统或应用的运行速度较少考虑；而 B/S 由于基于安全以及访问速度的多重考虑，建立在需要更加优化的基础之上，比 C/S 有更高的要求，B/S 结构的程序架构是今后发展的趋势。

④软件重用不同。C/S 结构的程序不可避免的整体性考虑导致构件的重用性不如在 B/S 模式下构件的重用性好；而 B/S 的多种结构，要求构件实现相对独立的功能，具有相对较好的软件重用性。

⑤系统维护不同。C/S 结构的应用系统由于整体紧密耦合，各模块只要有变化，就会影响到关联的其他模块，系统开发、升级和维护比较复杂，且成本较高；而 B/S 极大地

简化了客户端应用，系统的开发和维护等几乎所有工作都集中在服务器端，从而减轻了对异地用户的维护和升级成本，这对那些点多面广的应用是很有价值的。

⑥处理问题不同。C/S 结构的系统面向固定的用户群，并且在相同的区域，安全性要求高，与操作系统相关；而 B/S 建立在广域网基础之上，面向不同的用户群，地域分散，与操作系统的关系甚小。

⑦用户接口不同。C/S 结构的数据库应用大多建立在中间件产品的基础上，要求开发者自己去处理诸如事务管理、消息映射、数据复制等系统级的问题，对开发者提出了较高的要求，迫使开发者投入很大精力去解决应用程序以外的问题；而 B/S 结构的数据库应用是建立在浏览器基础上的，具有更加丰富和生动的表现方式与用户交流，开发难度小、成本低。

⑧系统性能不同。B/S 占有优势的是其异地浏览和信息采集的灵活性，任何时间、任何地点和任何系统，只要使用浏览器，就可以成为 B/S 结构应用的客户端，但是这些客户端只能完成浏览、查询、输入等简单的功能，系统的绝大部分工作由服务器承担，这使得服务器的负担很重；而 C/S 体系结构中客户端和服务器都能够处理任务，这虽然对客户机的要求较高，但也因此减轻了服务器的压力。

7.3　分布式数据库体系结构

就空间数据的集中式体系结构而言，数据从采集、存储、管理到应用，基本上是一个"分布—集中—分布"的过程。数据生产者将不同区域的空间数据分散进行采集，然后集中起来放在一个空间数据库中进行存储、管理和维护，最终提供给处于不同地理位置的用户使用，这种模式严重影响着空间数据管理与应用的性能和效率。而如果直接对数据进行分布式管理，按数据的来源及需求，分散建立多个空间数据库，合理分布在系统的不同节点，以代替一个集中式数据库，则大部分空间数据可以就地存取，同时又可共享一些偶尔需要的其他数据库的数据，这显然要比建立一个集中式数据库更加合理和高效。但这种模式只能称为分散的空间数据库，还不是真正意义上的分布式空间数据库体系结构。

所谓分布式数据库的体系结构是指通过计算机网络将物理上分散的多个数据库单元连接起来组成一个逻辑上统一的数据库系统。这种体系结构的特点可以概括为以下几点：一是物理分布性，即所有数据不是集中存储在单一场地的单一节点上，而是分散存储在不同场地的多个节点上，且这些节点拥有相同的等级；二是逻辑整体性，即数据虽然在物理上是分布的，但相互之间不是不相关的，而是具有很强的关联性，它们共同构成一个逻辑上的数据库系统；三是分布透明性，就是说从用户的视角而言，整个数据库看起来像一个集中的数据库一样，用户不必关心数据的分布，也不必关心数据物理位置分布的细节，更不必关心数据副本的一致性，分布的实现完全由系统来完成；四是站点自治性，即每个节点可以是一个能够独立运行的数据库系统，能执行局部的应用请求，同时每个节点又是整个系统的不可分割的一部分，可通过网络处理面向全局的应用需求；五是数据的冗余，这一点与集中式数据库不同，分布式数据库中应存在适当冗余以提高系统处理的效率和可靠性，因此数据复制和版本统一是分布式数据库中很重要的技术。

利用分布式空间数据库体系结构对海量地理空间数据进行的分布式管理，具有以下优点：①简化了复杂的管理模式，不需要"分布—集中—分布"，可以直接对数据实行分布管理；②有利于改善系统性能，大部分数据可以就地访问以减少通信开销，避免集中式数据库成为系统性能的瓶颈；③系统可扩充性好，可以根据发展的需要增减节点，或对系统重新配置，比集中式体系结构灵活；④数据库的自治性强，可以分散管理，统一协调。

7.3.1 模式结构

根据我国制定的《分布式数据库系统标准》，分布式空间数据库系统的模式结构总体上可以分为两部分，如图 7-5 所示。下面部分是具体的局部空间数据库的模式，代表了各场地上参与的空间数据库系统基本结构；上面部分是分布式空间数据库系统增加的模式，代表了整体的虚拟空间数据库系统的基本结构，用于描述各局部空间数据库的分布、数据内容和访问途径。

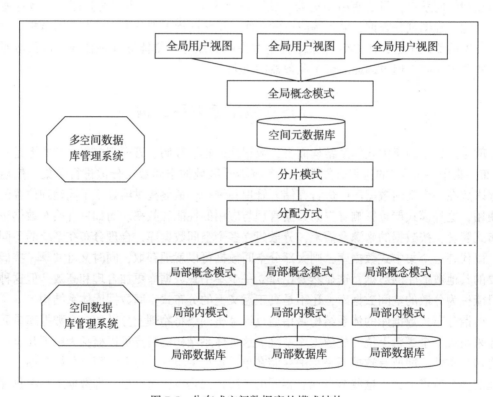

图 7-5　分布式空间数据库的模式结构

1. 全局用户视图

全局用户视图与集中式空间数据库的局部用户视图的概念是一样的。全局用户由于专业角度、研究领域、研究范围和职能的不同，所关心的问题、研究的对象、期望的结果等都存在着差异，因而对地理现象的描述也是不同的，形成了不同的全局用户视图。但和局部视图不同，全局用户视图的数据不是从某一个场地的局部空间数据库中抽取，而是从一个虚拟的由各参与空间数据库的逻辑集合中抽取。

2. 全局概念模式

全局概念模式定义了分布式空间数据库提供给全局用户共享的全部数据的逻辑结构，即所有全局图层的定义，使得全局图层如同没有分布一样，这样对于全局用户而言，数据好像就在本地，它不必关心数据分片和它的物理位置。全局概念模式是使用全局统一的空间数据模型定义的。

3. 空间元数据库

空间元数据库主要存储的是关于各参与空间数据库的信息，虽然它并不存储具体的空间数据，但访问具体的空间数据必须首先访问它。它包括各参与空间数据库的数据模型信息、数据结构信息、数据范围信息以及参与数据库节点的定位信息、网络描述信息等，即有关空间数据分片信息和分片后空间数据元数据信息的数据库。

4. 分片模式

分片模式对每一个全局图层可以分为若干个不相交的分片，分片模式就是所有分片定义的集合。由于分片在物理上是分布的，因此，分片模式就必须详细描述分片的物理分布信息；同时，由于空间数据分片存在着各种分片冲突，因此，在从分片模式映射到全局概念模式时，必须解决分片冲突引起的问题。

5. 分配方式

分配方式是指数据在计算机网络各场地上的分配策略。可以采用划分式，即所有数据只有一份，分别被安置在若干个场地；也可以是重复式，即将所有数据在每个场地重复存储；还可以是混合式，数据库分成若干可相交的子集，每一子集安置在一个或多个场地上，但是每一场地未必保存全部数据。数据的分配方式受数据来源、采集和应用的影响，帮助确定具体空间数据存储的物理位置。

6. 局部概念模式

局部概念模式定义了参与空间数据库全体数据的逻辑结构，即所有局部图层的定义。它是全局概念模式的子集（特殊情况下可能是全集）。局部概念模式是由局部空间数据模型定义的，如果局部空间数据模型和全局空间数据模型不相同，即分片是异构的，那么全局系统的分片模式和局部概念模式之间必须有数据模型的转换。也就是说，将异构空间数据集成到分布式空间数据库系统时，有个将局部数据模型映射到全局数据模型的过程，即异构同化的过程。

通过从集中式系统的局部概念模式到分布式全局系统的分片模式、全局概念模式，最后到全局的用户视图，分布式空间数据库系统实现了分布透明性，包括分片透明性、位置透明性和局部数据模型的透明性以及局部空间查询语言的透明性。

所谓分片透明性是指全局用户只对全局图层进行操作，而不需要考虑全局图层的分片；所谓位置透明性是指全局用户不必了解分片的存储场地，全局用户对全局图层的操作就好像对本地数据的操作；局部数据模型的透明性是指全局用户不必了解局部场地上的空间数据模型，模型的转换由全局系统的分片模式和局部模式的映像完成；同样，局部空间数据查询语言透明性是指全局用户只需要知道多空间数据库的语言，而不必了解局部场地上的空间查询语言，语言的转换也是由全局的分片模式和局部概念模式的映像完成。

正是因为实现了分布的透明性，全局用户可以使用单一的空间数据模型和单一的空间查询语言，操作逻辑上统一、物理上分布的异构分布式空间数据库。但在实现分布式空间数据库系统的访问时还需要解决以下问题：①选择全局统一的空间数据库模型来描述全局概念模式和分片模式；②选择全局统一的空间查询语言作为全局系统和用户的交互界面；③解决分片的异构性，实现局部概念模式到全局分片模式的转换，即异构同化；④解决分片冲突问题，构造全局的概念模式，即同构整体化。

7.3.2 数据分配

数据分配是指根据应用的需要，同时顾及数据的来源以及系统运行效率等因素，将空间数据按照一定的策略进行存储和管理，常用的分配方式有这样三种，包括划分式、重复式和混合式。在具体进行分配设计时，通常要综合考虑数据库自身的特点、实际应用需求、场地存储和处理代价以及网络通信代价等因素，并根据相应的影响因素建立多个分配模型，通过估计各种模型的代价，进行对比分析，得出最佳分配方案。

1. 划分式数据库

划分式数据库体系结构如图7-6所示。这种结构包括一个无重叠的局部空间数据库，使得每一个逻辑片段有且只有一个存储片段与之对应。在该体系结构下，每一个节点可以包含一个网络DBMS、部分数据库描述及部分数据库的模式、用户进程以及相应的模式。采用这种结构可以使系统负载均衡，并能够降低系统的运行和维护开销，但会降低事务处理的局部性能和系统的可靠性和可用性。

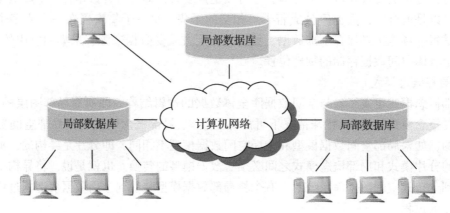

图7-6 划分式数据库

划分式数据库还需要一个网络描述，为了提高系统的性能和响应速度，通常它还需要一个网络数据目录，用以对数据库中的数据进行定位，否则，对每一个用户请求必须采用广播的方式传送到每一个节点。网络数据目录的复杂性依赖于数据库的划分方式。

采用划分式数据库的系统允许三种类型的请求：局部的、远程的和复合的。所谓局部请求，是指请求所需的数据存储在发出请求的节点上；远程请求必须送到另一个节点处理，而且在那个节点完成处理；复合请求必须进行分解，且要求在几个节点上处理，每个在这些节点上进行处理的请求都被当成一个远程请求。这种复合请求还可能需要聚合来自几个节点上的数据响应；另一种情况就是一个请求的不同部分必须在不同的节点上处理。

在划分结构中，所有的请求直接进入网络DBMS，利用网络数据目录确定数据所在的节点，如果数据是本地存储的，则把请求送到局部 DBMS；如果数据存储在其他节点上，且仅仅在一个节点上，那么，把这个请求送往那个节点处理；如果复合请求是允许的，网络 DBMS 中必须增加附加的功能来分解这个请求，选择这种策略，对部分数据响应执行聚合操作或任何附加的处理。

采用划分式分布数据库的事例很多，典型的有银联系统，各个银行采用各自的数据库系统存储储户的相关信息，由银联系统将它们组成一个逻辑上统一的数据库，这样无论你在哪个银行都能够进行相关的业务活动。空间数据库中采用划分式体系结构的事例有公安部建立的警用地理信息系统（PGIS），它是由公安部按照统一的标准规范，进行的统一组织开发，具有部、省、市多级分布式部署特征的大型空间信息平台软件，其总体框架如图7-7 所示。每个城市的空间数据由该市的公安局负责收集、采集、编辑、更新和维护，但空间数据存储的主机名、IP 地址、端口、数据库名、用户名和密码等由公安部进行统一分配或配置，这样就形成了逻辑上严格统一的分布式空间数据库，实现了用户对空间数据的完全共享和互操作。

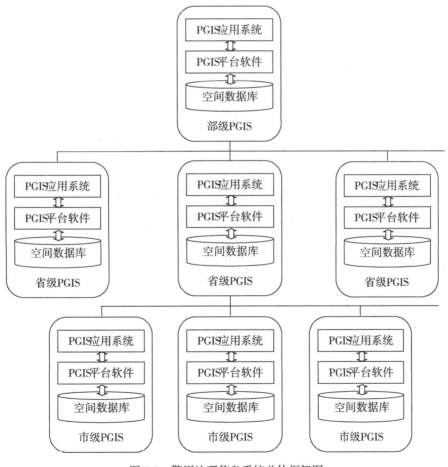

图 7-7　警用地理信息系统总体框架图

2. 重复式数据库

当大多数访问是局部性的，一般采用划分式数据库，即数据库的一个特定部分主要为单个节点上的用户所采用。如果不是这种情况，则采用重复式数据库的分布体系结构更为合理，其结构如图 7-8 所示。

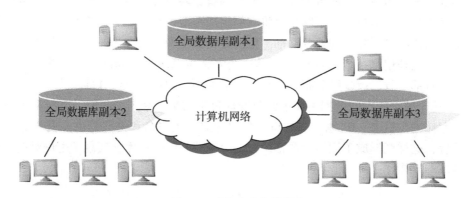

图 7-8　重复式分布数据库

虽然重复式数据库会增加存储代价，也给保证数据的一致性、完整性带来一定的难度，但有两个优点：一是由于只有很少的请求需要使用通信资源，因而可以改善系统的响应性能。二是能够提高只读事务处理的局部性，改善系统的可靠性和可用性。因为当一个节点发生了故障的时候，还可以利用其他节点上的副本来响应用户的请求。

这种系统存在的最大问题是要求对多重副本实现同步控制，以保持数据的一致性。通常采用的方法是设定主控副本(dominant copy)的方法，采用这种方法，不管是从哪个节点上发出的更新请求，都必须送到需要加以修改数据的主控副本所在的节点。事实上，因为所有节点上都有数据库的完整的副本，所以当需要对数据库进行一般检索请求时，通常作为局部请求加以处理，只有那些要求获得最新数据的请求才访问该数据的主控副本。然而，对于更新要求则变得更加复杂，因为有更多的副本需要维护，系统的开销和复杂度也相应地增加。

采用重复式分布空间数据库最典型的应用是 Google Earth，它是一款 Google 公司开发的虚拟地球仪软件，它把卫星影像、航空影像和 GIS 布置在一个地球的三维模型上。该产品最初是 Keyhole 公司的产品 Keyhole Earth Viewer，于 2001 年 6 月 1 日推出；2005 年 6 月 28 日经 Google 重新开发后正式命名为 Google Earth。它具有海量数据的集成与管理、高效高速的数据压缩传输、多用户的并发访问服务和丰富的用户感受等特点，Google Earth 在全球分布着众多的数据中心，如图 7-9(a)所示，其中美国就有 19 个、欧洲 12 个、俄罗斯 1 个、南美 1 个、北京 1 个、东京 1 个、香港 1 个。这些数据中心中有成千上万的服务器，如图 7-9(b)所示，通常以集装箱为单位，每个集装箱有 1160 台服务器，每个数据中心有若干集装箱。在每个数据中心，都存储有若干份完整的包含全球矢量、影像和栅格地图库副本，这样就能够保证全球所有用户在某个或某些数据中心出现问题时仍然能够正常访问。

3. 混合式数据库

混合式分布数据库是将所有数据分成若干可相交的子集，每一子集安置在一个或多个

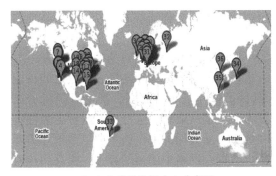 

(a) Google 在全球的数据中心分布图 (b) Google 数据中心的内部结构图

图 7-9 Google 数据分配结构

场地上，但是每一场地未必保存全部数据，其结构如图 7-10 所示。这种模式的数据分配是目前应用最广的一种，因为单纯的划分式除了容易造成数据在传输上的拥堵，而且数据的安全性也无法得到保障，一旦某一场地由于人为或自然的原因造成系统崩溃，就会使用户无法访问该场地存储的空间数据；而完全的重复式虽然克服了数据在传输和安全上存在的隐患，能够实现高效的数据访问，但部署费用昂贵，且不同站点的数据库之间保持数据同步比较麻烦费时。

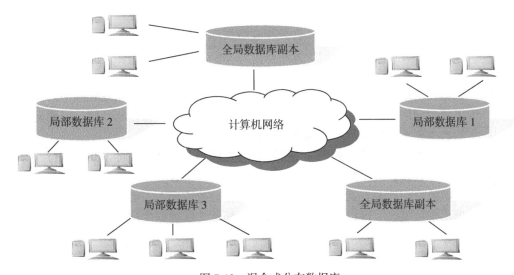

图 7-10 混合式分布数据库

划分式分布数据库主要基于数据获取的区域分布性和数据应用的区域分布性考虑的，从数据获取的区域分布性而言，不同区域的空间数据由不同区域的对应部门进行收集、采集、存储和管理，而其应用也主要针对该区域的用户，这样既便于分布式数据库的建立，也有利于分布式数据库的应用，从应用的效率和效益综合而言，这种模式的分配方案是比较合适的；重复式分布数据库大多是基于数据集中获取而应用随机分布的情况，就像 Google Earth 一样，它的数据主要由该公司相关部门进行获取，即数据获取不具有分布性，但它的用户遍布全球，且对数据的访问也是均等的，基于对数据访问效率和安全性的综合考虑，采用重复式分布数据库比较适宜，这样可以使全球用户都能够方便、高效地从空中窥视地球上的每一个角落。

混合式分布数据库是对上述两种分配模式的一种补充，它主要针对的是在数据获取方面，数据不是由独立的部门进行的收集或采集，也没有明显的区域性特征，数据之间可能存在着不同程度的重叠；同时在数据应用中，其区域性特征也比较弱，甚至是随机分布的。在这种情况下，分布式数据库的建立就需要考虑数据获取和数据分布的这种区域性特征，更重要的是需要顾及数据在应用中的安全和效率。从数据的安全性考虑，数据库需要完整的异地备份；而从数据的应用出发，为了减少数据在网络中的传输容量，提高用户对数据的访问效率，就需要根据应用特点灵活配置数据的分布。

7.3.3 数据分片

对空间数据的数据分片主要基于空间数据的分布特性展开，它主要体现在以下两个方面：一方面，地理信息的本质特征就是区域性的，具有明显的地理参考特征，这为分布式空间数据库系统中数据按照区域分片存储创造了条件；另一方面，地理信息又具有专题性，通常不同的部门收集和维护自己领域研究所需要的数据，因此对空间数据的组织和处理还可以按专题进行划分。

由于分布式空间数据库中的数据并不是存储在一个场地的计算机存储设备上，而是按照某种逻辑划分后分散存储在各个相关的场地。因此，当需要在不同场地的计算机存储设备上存储数据时，需要对数据进行必要的逻辑划分，这种将空间数据按照某种逻辑划分分布在各个相关的场地上的数据组织方式在分布式数据库中叫做数据分片。

对数据进行分片存储和管理，便于分布或并行地处理数据，对提高分布式空间数据库系统的性能至关重要。其主要作用有：

①减少数据在网络中的传输量。这是影响分布式数据库系统中数据处理效率的主要因素之一，为了减少网络中的传输代价，分布式数据库系统允许数据复制存储，以便能够就近访问所需的数据副本，减少数据的网络传输量。

②增大事务处理的局部性。数据按需分配在各自的局部场地上，可以并行执行局部事务，就近访问局部数据，减少数据访问的时间，提高局部事务处理的效率。

③提高数据的可用性和查询效率。就近访问数据分片或副本，可以提高访问效率；同时当某一场地出现故障时，可以有效地利用非故障场地上的数据库副本，从而保证数据的可用性、完整性和可靠性。

④均衡负载。利用局部数据处理资源，可以避免访问集中式数据库所造成的数据访问瓶颈，有效提高整个系统的效率。

下面就空间数据的数据分片以及分片所引起的冲突等问题进行详细阐述。

1. 分片类型

根据地理空间信息的区域性和专题性特征，我们将空间数据分片划分为区域分片(也称地理分片或空间分片)和专题分片(也称图层分片)；同时根据分布式空间数据库系统的异构性，也可以将空间数据分片划分为异构分片和同构分片。

区域分片是空间数据水平方向进行的划分，这是由地理信息的区域性所决定的，如按照不同的行政区域范围对空间数据进行数据分片划分就属于区域分片，当然，这个区域可大可小，大可以大到一个国家、一个省、市、自治区，小可以小到一个乡甚至一个村。在区域分片中，全局图层按照地理范围对空间数据进行分割，如图 7-11 所示。这种分片方式有其合理性，它与我国现行的行政管理模式比较适宜，如对基础空间地理信息的组织与管理，国家有国家测绘地理信息局负责实施，省市自治区有对应的省市自治区测绘地理信息局负责实施，一直到县区也有对应的国土局或规划局对此负责，这些部门主要负责自己所管辖区域内地理空间信息的收集、采集、存储、组织、管理和发布。而且，其应用也主要集中在该行政区域内，所以按行政区划进行数据分片，有助于对地理空间信息的更新和维护，也方便对地理空间信息的高效应用。

图 7-11　区域分片

专题分片主要针对空间数据垂直方向的分布，这是由地理空间信息的专题性所决定的（图 7-12）。通常是指不同职能部门所拥有的针对同一地理区域内的专题空间数据，例如，针对某一城市的地理空间信息，它包括行政区划、交通、水利、管网、环保、植被等，其

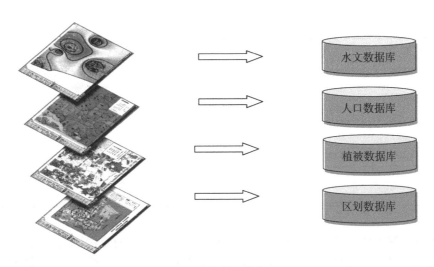

图 7-12　专题分片

权威信息可能由不同的职能部门如民政、交通、水利、市政、环保、林业等部门所拥有，他们负责对该类专题性数据的收集、采集、组织、管理和发布，在建立该城市的分布式空间数据库时，以这种分片方式进行专题型空间数据的组织和管理比较适宜。

异构分片是指分片的异构性，这是由于不同的部门采用了不同的 GIS 系统或数据库管理系统对空间数据进行组织和管理所引起的。由采用同一种 GIS 系统产生的数据分片就是同构分片；而采用不同 GIS 系统产生的数据分片就是异构分片。

习惯上，我们把区域分片称为水平分片，专题分片称为垂直分片。这样，空间数据的水平分片、垂直分片和分片同构异构性的组合就形成了四种分片形式(表 7-1)。

表 7-1 空间数据分片的形式

分 片	同 构	异 构
水平分片	同构水平分片	异构水平分片
垂直分片	同构垂直分片	异构垂直分片

2. 分片冲突

空间数据的分布是通过数据分片的分布体现的，而数据分片的分布又体现在各自场地上的数据库系统上。由于空间数据是按分片存储在各自的场地上，各场地可根据不同的应用需求而选择不同的 GIS 系统、不同的数据模型、不同的地理表达方式、不同的时空基准和不同的数据库管理系统；选取了不同的 GIS 软件，采用了不同的数据模型、不同的地理表达方式、不同的投影方式，以及各场地的数据又存在着不同的数据质量，这必然导致数据分片内存在着各种差异和冲突的现象。

首先，我们分析在同构的条件下，出现的水平分片和垂直分片的冲突问题。它表现在空间数据的不一致上，称为分片冲突。表 7-2 定义了一个冲突的分类框架，大致可以划分为两种层次(模式层和实例层)和两种分片形式(水平分片和垂直分片)的冲突。

表 7-2 空间数据分片冲突的分类框架

冲 突 类 型	水平分片	垂直分片	层 次
几何不一致		√	实例层
边界不一致	√		实例层
语义不一致	√		模式层
数据表达不一致	√		模式层
投影不一致	√	√	模式层
比例尺不一致	√	√	模式层

几何不一致的现象出现在垂直方向上的专题分片中，指的是由于测量或数字化误差，使得组成全局空间数据的垂直分片间发生几何位置上的偏差，如同时作为河流和境界的要素在不同专题图层中几何位置之间的不一致。

边界不一致的现象出现在水平方向上的区域分片中。若干个区域分片重构生成一个全局图层，在相邻分片的边界部分，由于空间基准、数字化误差等原因，同一地理要素的线段或弧段的几何数据不能够严格相互衔接。

空间数据可以有不同的表达方式，如矢量、栅格、不规格三角网、等值线，等等。根据应用的需求，对于同一种地理现象，不同部门采用了不同的表达方式。在全局应用时，就会出现水平分片的表达不一致现象。

不同的研究领域，人们研究的角度不同，解决问题的侧重点不同，这就导致了语义的不同。举例来说，同一片森林地区，地理学家关心的是土壤、水文状况，植物学家关心的是植被生长情况。因此，对于同一个地理要素，在现实世界中其几何特征是一致的，但是却对应着不同语义。同时，即使是解决相同的问题，由于分布的数据缺乏规范和标准，也会存在语义上的差别。这些都会导致在全局应用中，水平分片出现语义不一致的现象。

如果全局图层是由不止一个水平分片重构而生成的，那么就要求所有的水平分片具有相同的投影方式和比例尺。同样，地图是图层的集合，也要求所有相关垂直分片具有相同的投影方式和比例尺。但是，往往不同来源的数据分片存在着投影和比例尺上的不一致。

3. 分片异构性

上述数据分片的冲突问题，是建立在同构这个基本前提上的。然而在现实应用中，存在的是大量异构的数据，它主要表现在以下三个方面：

①数据模型异构。不同的 GIS 系统采用了不同的数据模型，而分布式空间数据库系统必须能够屏蔽掉这种异构性，采取的方法是将所有参与空间数据库的数据模型映射到一个全局统一的数据模型上。

②访问方式不同。空间数据查询语言是用户获取空间数据的最主要方式，但是在 GIS 领域中由于缺乏一个标准的空间数据查询语言，不同的空间数据库采用了不同的数据库查询语言。

③数据结构异构。严格地说，数据结构是 GIS 的物理存储方式，分布式系统不应该直接作用于物理文件，而是采用互操作的方式。但是在实际中，很多的 GIS 系统采用的还是文件存储方式，分布式空间数据库系统也必须能够集成这样的数据源。

7.3.4 数据库设计

分布式空间数据库系统中的数据是物理分布在用计算机网络连接起来的各个站点上；每一个站点可以是一个集中式空间数据库系统，而且都有自治处理的能力，完成本站点的局部应用；而每个站点上的数据并不是互不相关的，它们构成一个逻辑整体，统一在分布式数据库管理系统的管理下，共同参与并完成全局应用；而且，分布式数据库系统中的这种"分布"对用户来说是透明的，也就是说，本地与远程结合的"接缝"是被隐藏的，用户应该完全感觉不到远程与本地结合的接缝的存在，即"一个分布式系统应该看起来完全像一个非分布式系统"。从这个意义来讲，分布式空间数据库系统可以是从顶层重新设计的全新的局部空间数据库系统组成，也可以是已经存在的相关局部空间数据库的集成。如果参与的局部空间数据库之间不存在异构性，我们把这种分布式空间数据库系统称为同构型分布式空间数据库系统；否则就称为异构型分布式空间数据库系统。无论是同构型还是异构型，它们都可以为全局用户提供了一个统一存取空间数据的环境，使全局用户像使用一个单一的空间数据库系统一样使用分布式空间数据库系统。

1. 设计目标

一般而言，分布式空间数据库系统的最终用户并不太关心或关注空间数据的物理分布，而是由系统协调处理分布在不同站点上的数据。然而，数据的物理分布情况会影响系统的整体性能。如果需要访问多个数据对象，那这些对象是否存储在同一站点上，还是分布在多个站点上将会影响数据读取的效率和费用；另外，数据是否被复制、复制副本的数量也会影响系统的性能，多副本不但可以提高系统的可用性和可靠性，而且还能够提高系统的并发度，但是会为了保证数据的一致性而额外增加数据同步更新的负担。因此，分布式空间数据库系统的设计者必要仔细论证数据的分片策略、分配策略以及数据是否复制和复制策略等内容。

分布式空间数据库的设计目标包括以下几方面：

①分布式空间数据库能够将已经存在的空间数据库进行集成，形成一个虚拟的全局数据库，它可以被所有用户(全局用户)共享；

②全局用户不需要知道空间数据具体的物理存储位置，也能够进行正常的数据存取和访问，如同数据就存储在本场地上一样；

③所有真实或具体的空间数据都是属于本地空间数据库的，即本地数据本地拥有，即使它们可以被其他场地的用户访问，以便能够使数据和应用最大限度地实现本地化；

④控制数据的适当冗余，提高系统的可用性和可靠性，支持分布式查询处理，允许全局用户的一次查询可以涉及两个或两个以上场地的数据库；

⑤分布式空间数据库对用户屏蔽了各个参与空间数据库系统的异构性，包括操作系统、数据库系统和网络协议等。

2. 设计方法

分布式空间数据库系统的设计方法有两种，一种是自顶向下的设计方法，另一种是自底向上的设计方法。自顶向下的设计方法是假定设计者理解用户的应用需求，根据系统的实现环境，按照分布式系统的设计思想和方法，采用统一的观点，从总体设计开始，建立属于全局的概念模式，再在全局概念模式的基础上，将全局概念模式映射成几个可能交叉的子模式，即局部概念模式，使每一个局部概念模式对应一个站点的信息子集，完成各个站点上本地空间数据库的设计，从而创建一个全新的分布式空间数据库系统(图 7-13)。这种方法建立的系统一般属于同构型分布式空间数据库系统，特点是设计和实现都比较简单，也容易理解，便于用户操作。

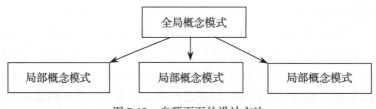

图 7-13　自顶而下的设计方法

通常情况下，自顶向下的设计方法包括需求分析、概念设计、逻辑设计、分布设计和物理设计五个阶段。其中需求分析用于收集数据库应用的非结构规格说明，并产生一种无歧义的定义以及数据库设计中要考虑的元素分类；概念设计是产生全局、综合数据库模式以及在其上执行应用的一种概念规格说明；逻辑设计是将概念模式转换成某一 DBMS 类型的数据库模式(如层次、网状、关系以及面向对象模型等)；分布设计是分布式数据库系统设计所特有的，主要用以确定数据的分片和分布策略；物理设计是遵照特定 DBMS 的能力和特征，产生具体的数据库物理访问结构的定义。

自底向上的设计方法是假设需要互联一些已经存在的数据库，将现有的各种不同的数据库模式集成为全局模式(这种集成是把公用数据定义进行整合，并解决同一数据不同表示方法之间的冲突)，这样就可以为需要访问全局数据的用户定义全局视图；而全局用户也就可以使用全局统一的空间数据库模型和空间查询语言访问全局数据库，而不用知道数据物理上存储在哪个场地上，它的原始格式是什么样的(图 7-14)。通常使用这种方法建立的分布式数据库系统属于异构型分布式数据库系统，特点是能够利用现有的数据库和资源，但难度较大，而且实现起来也比较繁琐。

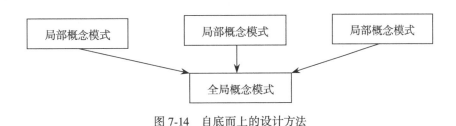

图 7-14 自底而上的设计方法

实际上采用自底向上的设计方法进行分布式空间数据库设计时，其重点和难点就是如何构造全局模式，它包括以下三个方面的问题，即如何选择公用数据库模型来描述数据库的全局模式，如何把每个站点上的局部数据模式翻译成公用的数据模型以及如何把各个站点上的局部数据模式集成为一个公用的全局模式。

无论是采用自顶向下的设计方法还是采用自底向上的设计方法，在分布式空间数据库系统设计时都涉及两个部分的内容，即局部(或本地)的物理空间数据库设计和全局或整体的逻辑空间数据库设计。前者主要负责具体的空间目标信息的数据库存储与管理，包括空间几何数据、专题属性数据和拓扑关系数据的存储与管理，这部分内容实际是集中式空间数据库设计中需要完成的任务，在本书的其他章节有详细介绍，这里不再赘述；而后者是体现分布式数据库系统的主要特征，它包括空间数据的分片信息、分片后空间数据的定位信息以及其他的详细特征信息，下面将就这部分内容进行详细阐述。

3. 空间元数据库

空间元数据是指在空间数据库中用于描述空间数据的内容、质量、表示方法、空间参照和管理方式等特征的数据，是实现地理空间数据集共享的核心内容之一。

空间元数据标准的内容可以归纳为两个层次。第一层是关于数据目录的信息，主要用于对数据集信息进行宏观描述，适合在国家或区域的空间信息交换中心管理和查询空间信息时使用；第二层是详细信息，用来详细或全面描述地理空间信息的空间元数据标准内容，是数据集生成者在提供空间数据集时必须要提供的信息。

分布式空间元数据库也包括这两个层次的内容，其中第一层是关于地理空间数据的网络数据目录信息，描述各个空间数据分片的范围、数据模型、数据结构以及所在的位置和该节点的网络数据描述，通过它用户可以获取具体的空间数据放在什么地方、如何与其建立连接（如通过该参与空间数据库节点的 IP 地址或计算机名）以及怎样对其进行访问（这里涉及的问题有该局部空间数据库的数据模型、数据结构等内容）；第二层则用于详细描述空间数据的特征信息，如标识信息、数据质量信息、数据继承信息、数据表示信息、空间参照系信息、实体和属性信息、发行信息、参考信息以及引用信息、时间范围信息、联系信息和地址信息。

在集中式空间数据库系统中，空间数据的元数据（或元数据库）具有如下作用：

①帮助数据使用者查询所需的空间信息。

②用来建立空间信息的数据目录和数据交换中心。

③提供数据转换方面的信息。

而在分布式空间数据库系统中，空间元数据库的作用还体现在准确识别、定位和访问具体的空间信息内容。当对分布式空间数据库系统进行访问时，用户首先对虚拟的整体空间数据库进行访问，但这个数据库一般不存储具体的空间数据，它仅仅是将用户的访问翻译成一个或多个相应的对具体的局部数据库的访问，根据翻译后的访问，用户对具体的局部数据库进行数据访问操作；其次，虚拟的整体空间数据库还需要对具体的局部数据库的访问结果进行综合，并将综合后的结果返回给最终用户。

7.4　并行数据库体系结构

并行数据库系统（parallel database system）是在并行计算机上运行的具有并行处理能力的数据库系统，是数据库技术与并行计算技术相结合的产物，起源于 20 世纪 70 年代的数据库机（database machine）研究，内容主要集中在关系代数操作的并行化和实现关系操作的专用硬件设计上，该研究以失败而告终。到了 80 年代后期，研究方向逐步转到了通用并行机方面，重点研究并行数据库的物理组织、操作算法、优化和调度策略。从 90 年代至今，随着处理器、存储和网络等技术的发展，并行数据库系统的研究跃升到一个新的水平，研究重点转移到数据操作的时间并行性和空间并行性上。

并行计算技术、数据库技术和空间信息技术的相互融合和发展，催生了并行空间数据库系统的产生和发展。首先并行计算技术利用多处理机并行处理所产生的规模效益来提高系统的整体性能，为建立并行数据库系统提供一个良好的硬件平台；其次，目前主流的数据库系统大多基于关系数据模型，它们是一种关系的集合，使得对数据库的操作转变为一种集合操作，操作之间一般不具有数据相关性，具有潜在的并行性，从而对建立并行数据库系统提供了可能；最后，空间数据的组织一般按照研究区域—图幅—图层—要素的层次进行数据的组织，空间数据的查询、检索、分析和应用也按研究区域或要素图层进行处理，它们都具有很强的区域性和专题性，适合采用并行的方式进行数据的查询和处理，这为并行空间数据库系统的建立创造了条件。

然而，与一般的并行数据库系统相比，并行空间数据库系统由于空间数据操作既是 CPU 密集型又是 I/O 密集型，实现起来会更加复杂和繁琐。在并行处理能够大幅度提高处理能力之前，必须先解决好一系列的问题，其中首要的就是并行空间数据库系统的体系结构，因为它既是并行空间数据库系统的关键，也是建立并行空间数据库系统的重要基础。并行空间数据库系统涉及的硬件资源主要有三类：处理器、主存储器（内存）和二级存储设备（磁盘），而并行空间数据库系统不同的体系结构就是按这些资源互相作用的方式来分类的。随着微处理机技术和磁盘阵列技术的发展，微处理器的处理能力显著提高，而且价格变得越来越低，使得使用几个、几十个甚至成千上万个微处理器的并行计算机不仅费用低廉而且性能高效；加上广泛采用的磁盘阵列技术，在提高了 I/O 速度的同时也增加了容量，有效缓解了系统应用中数据存取的瓶颈问题。下面从并行空间数据库体系结构的研究内容、并行硬件结构、数据的物理组织、并行查询处理等方面对该问题进行阐述。

7.4.1 研究内容

并行空间数据库系统的目标是高性能和高可用性，通过多个处理节点并行执行数据库任务，提高整个空间数据库系统的性能和可用性。

性能指标关注的是并行空间数据库系统的处理能力，具体表现为数据库系统在处理事务中的响应时间。可以从两个方面理解，一是速度提升，二是范围提升。前者主要指通过并行处理使完成相同数据库事务所需的时间大大缩短；后者则指通过并行处理在相同的处理时间内完成更多的数据库事务。并行空间数据库系统基于多处理节点的物理结构，将数据库管理技术和并行处理技术有机结合，从而提供比相应的大型机系统高得多的性能价格比。例如，它通过数据库在多个磁盘上分布存储，利用多个处理机对磁盘数据进行并行处理，从而解决数据在磁盘中的"I/O"瓶颈问题等。

可用性指标关注的是并行空间数据库系统的健壮性，也就是当并行处理节点中的一个节点或多个节点部分失效或完全失效时，整个系统对外持续响应的能力，可以从硬件和软件两个方面提供保障。在硬件方面，通过冗余的处理节点、存储设备、网络链路等硬件设施，保证系统中某个或某些节点部分失效或完全失效时，其他的硬件设备可以接手其处理，对外提供持续服务；而在软件方面，通过状态监控与跟踪、数据备份、日志等技术手段，可以保证当前系统中某个或某些节点部分失效或完全失效时，由它所进行的处理或由它所掌控的资源可以无损失或基本无损失地转移到其他节点，并由其他节点继续对外提供服务。

为了实现和保证并行空间数据库系统的高性能和高可用性，可扩充性也成为一个重要指标。可扩充性是指并行空间数据库系统通过增加处理节点或者硬件资源（CPU、内存、磁盘），使其可以平滑地或线性地扩展系统整体处理能力的特性。它应具有两个方面的扩充性优势：线性加速和线性扩展，这也是评价并行系统的两个重要指标。前者意味着硬件数量加倍（处理器、磁盘等加倍），则完成任务的时间减半；后者意味着如果硬件数量加倍，则完成加倍任务所需的时间与原系统完成任务的时间一样。

随着对并行计算技术研究的深入和微处理机技术的发展，并行空间数据库的研究也进入了一个新的领域。目前还有以下问题需要进一步研究和解决：

①并行体系结构及其应用。这是并行空间数据库系统的基础问题。为了达到并行处理的目的，参与并行处理的各个处理节点之间是否要共享资源、共享哪些资源、需要多大程度的共享，这些就需要研究并行处理的体系结构及有关实现技术。

②并行空间数据库的物理设计。主要是在并行处理的环境下，空间数据分布和分配的策略以及相应的算法实现、数据库设计工具与管理工具的研究。

③处理节点间通信机制的研究。为了实现并行数据库的高性能，并行处理节点要最大程度地协同处理数据库事务，因此，节点间必不可少地存在通信问题，如何支持大量节点之间消息和数据的高效通信，也是并行空间数据库系统中一个重要的研究课题。

④并行操作算法。为提高并行处理的效率，需要在研究数据分布的基础上，深入研究联接、聚集、统计、排序等具体的数据操作在多个节点上的并行操作算法。

⑤并行操作的优化和同步。为获得高性能，如何将一个空间数据库事务合理地分解成相对独立的并行操作步骤、如何将这些步骤以最优的方式在多个处理节点间进行分配、如何在多个处理节点的同一个步骤和不同步骤之间进行消息和数据的同步。

⑥并行数据库中数据的加载和再组织技术。为了保证高性能和高可用性，需要调整或扩充并行数据库系统下的处理节点，这就需要考虑如何对原有数据进行卸载、加载，以及如何合理地在各个节点上重新组织数据。

7.4.2　并行硬件结构

并行空间数据库系统的发展始终与硬件结构密切相关。由于存在许多构成并行硬件系统的方法，选择什么样的并行硬件结构最适合并行空间数据库系统的并行处理，是空间数据库研究领域一直在争论的问题。理想的并行硬件应该是有一台无限快的计算机，并有一个容量无限大的内存和磁盘，但这在技术上是不可能的。现实的问题是如何利用若干处理速度有限的处理机及存储容量有限的内存和磁盘构成一台速度和容量尽可能快和高的计算机。1986 年，美国人 M. Stonebraker 提出了三种用于构造并行数据库系统的硬件结构模型，分别是：共享内存结构、共享磁盘结构和无共享资源结构，1993 年美国学者 Graefe 提出了第四种并行结构，称为分层并行结构。

1. 共享内存(shared memory，SM)结构

SM 由多个处理器、一个全局共享的内存(主存储器)和多个磁盘(二级存储设备)构成，多个处理器通过高速通信网络与共享内存联接，并均可直接访问系统中的一个、多个或全部的磁盘，即所有内存和磁盘均由多个处理器共享，如图 7-15 所示。采用这一结构的数据库系统有 XPRS、DBS3 以及 Volcano 等。

SM 结构的优势表现在：①系统提供了多个数据库服务的处理器通过全局共享内存来交换消息和数据，通信效率很高，查询内部和查询间的并行性实现不需要额外开销；②数据库中的数据存储在多个磁盘设备上，并可以为所有处理器访问；③在数据库软件的开发方面与单处理器的情形区别不大；④由于使用了共享的内存，所以可以基于系统的实际负荷来动态地给系统中的每个处理器分配任务，从而能够很好地实现负载均衡。

缺陷表现在：硬件资源之间的互联比较复杂，硬件成本较高；由于多个处理器共享内存资源，系统中的处理器数量的增加会导致严重的内存争用，因此系统中处理器的数量受到限制，一般在几十个以内，系统的可扩充性较差；此外，由于共享内存的机制，会导致共享内存的任何错误将影响到系统中的全部处理器，使得系统的可用性表现也不是很好。

2. 共享磁盘(shared disk，SD)结构

SD 结构由多个具有独立内存的处理器和多个磁盘构成，各个处理器相互之间没有任

何直接的信息和数据交换，多个处理器和磁盘之间由高速通信网络进行连接，每个处理器均能够读写全部的磁盘，如图 7-16 所示。采用这一结构的数据库系统有 IBM 的 IMS/VS Data Sharing 和 Dec 的 VAX DBMS 以及 Oracle 等。

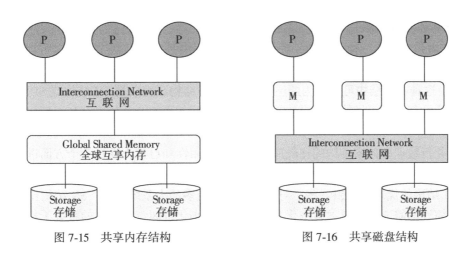

图 7-15 共享内存结构   图 7-16 共享磁盘结构

SD 结构的优势表现在：①具有这种结构的系统可以使用标准总线进行互联，因而硬件的成本比较低廉，通常用于实现数据库集群；②当每个处理器都有足够大的内存时，可以降低共享磁盘的访问冲突，因此可扩充性较好，节点数目可以达数百个；③由于单个处理器节点的失败不会影响到系统中的其他处理器工作，因而系统的可用性强；④是磁盘数据一般不需要重新组织，所以可以很容易地从单处理器系统进行迁移，还能够方便地在多个处理器之间实现负载均衡。

缺陷表现在：多个处理器使用系统中全部的磁盘空间，使得当处理器增加时很可能导致磁盘争用引起的性能问题；此外系统中的每一个处理器均可以访问全部的磁盘空间，磁盘中的数据复制到各个处理器的内存进行处理，这时会出现多个处理器同时访问和修改同一磁盘空间，从而导致数据的一致性无法保障，因此在该结构中需要增加一个分布式缓存管理器来对各个处理器的并发访问进行全局控制和管理，但这会带来额外的通信开销。

3. 无共享资源(shared nothing, SN)结构

SN 结构由多个完全独立的处理节点组成，每个处理节点都有自己独立的处理器、独立的内存和独立的磁盘空间，多个处理节点在处理器级由高速通信网络连接，系统中的各个处理器使用自己独立的内存和磁盘并独立地处理自己的数据，如图 7-17 所示。采用这种结构的数据库系统有 Teradata 的 DBC、Tandem 的 NonStop SQL、IBM 的 DB2 以及 MySQL 的集群等。

SN 结构的优势表现在：①由于每一个处理节点都有一个独立的小型数据库系统，都可以视为分布式数据库系统中的一个局部场地，因此分布式数据库设计的多数设计思路如数据分配、数据分布等都可以借鉴；②每个处理器都使用的是属于自己独立的内存和磁盘，不存在内存和磁盘的争用，因而系统的整体性能较好；③成本较低，并最大限度地减少了共享资源，使得其具有优良的可扩展性，用户只要增加额外的处理节点，就能接近线

性比例地增加系统的处理能力，其处理节点的数量可以多达数千个。

不足之处在于实现比较复杂，节点间的负载均衡难以实现，往往只是根据数据的分布而不是系统的实际负载来分配任务，系统中新节点的加入将导致重新组织数据库以均衡负载。

4. 分层并行(hierarchy system，HS)结构

HS 结构是对上述三种结构的一种组合，虚线框中是一个超级节点，它可以是 SM 结构，也可以是 SD 结构，几个这样的超级节点通过高速通信网络连接成 SN 结构，如图 7-18所示。这种并行结构可以分为两层，顶层是 SN 结构，底层是 SM 结构或 SD 结构。其优点是灵活性很大，可以按照用户的需要配制成不同的系统；此外也有利于简化控制系统的复杂度。

针对并行数据库体系结构的比较应从性能、可用性和可扩充性这三个方面进行。在可扩充性与可用性方面，SN 结构明显要优于其他两种结构；而在负载均衡、设计的简单性方面，SM 结构的优点要突出一些。对于节点数目较多的大系统配置，SN 结构比较好地适应了高伸缩性的需要，它通过最小化共享资源来最小化资源竞争带来的系统干扰；而对于中小型系统的配置，SM 结构由于其设计的简单性和负载易于均衡也许更为合适一些，而HS 结构综合了上述三种结构的优点。

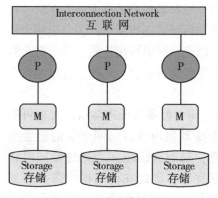

图 7-17　无共享资源结构

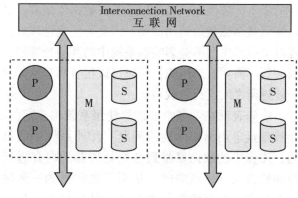

图 7-18　分层并行结构

7.4.3　数据的物理组织

在空间数据库系统中，空间数据的操作既是 I/O 密集型操作，又是 CPU 密集型操作，空间数据的 I/O 瓶颈问题一直是长期阻碍空间数据库系统性能提高的一个重要原因，利用并行数据库系统中的多磁盘技术，扩大空间数据 I/O 带宽，可以很好地提升并行空间数据库系统的性能。

在并行空间数据库系统中，通过数据分布可以将每个空间数据表合理地划分为若干个小的片段，并将这些小片段均匀地分布在系统的多个磁盘上。由于能够并行地读写磁盘，相当于增加了数据 I/O 的带宽，从而能够在很大程度上消除 I/O 的瓶颈。

空间数据分布的方法可以很好地降低空间数据的聚集度，并将空间数据的操作由多个处理器来分担，因此能够缩短空间数据查询的响应时间并提高整个系统的吞吐量。但在数

据划分时，一定要强调空间数据分布的均匀性，若分布不均，往往会造成处理器处理能力的浪费。空间数据划分是后续并行查询处理的重要基础，研究表明，它对于提高并行数据库系统的性能至关重要。

和分布式空间数据库系统一样，空间数据的划分可以是水平(或区域)划分，也可以是垂直(或专题)划分，这主要取决于空间数据库系统的应用需求。不过，顾及并行空间数据库系统数据存取和数据处理的并行性，一般情况下，按水平划分(区域、图幅等)更加合理。这样就可以依据空间数据的空间特性并基于一个函数(Hash函数或空间索引)将关系进行水平划分，然后将得到的各个独立的数据集合分配到不同的磁盘上。技术不仅有利于均衡负载，也有益于空间数据的查询间/查询内的并行性。

依据存放关系的节点数目的不同，空间数据划分可以分为完全划分(亦称完全分布或全分簇)和变量划分(亦称部分分布或可变分簇)两种类型。前者将划分后的数据片段均匀分布到系统中所有磁盘的站点上，这种方法比较适合于大范围多用户系统的工作负载；后者则依据空间数据的"分簇度"对关系进行划分，并将分片后的数据分布存储到部分节点上，其中节点数目是关系大小和访问频率的一个函数，从而使数据分布更加灵活。

7.4.4 并行查询处理

在数据库管理系统中，查询处理的主要任务是翻译用户所给出的查询语句并对若干可能有效的查询处理计划进行比较、评价，从中选出能优化其性能的一个方案。查询处理的效率对整个系统的性能有很大的影响，因此并行数据库系统中查询处理的并行实现也就成为了评价其性能的一个重要指标。

按照查询执行的并行程度，我们将并行空间数据库系统的并行性分为四种：事务间并行性、查询间并行性、操作间并行性和操作内并行性。其中，事务间(inter-transaction)并行性是不同用户事务间的并行性，是粒度最粗也最容易实现的并行性，由于这种并行性允许多个进程或线程同时处理多个用户的请求，因此可以显著增加系统的吞吐量，支持更多的并发用户；查询间(inter-query)并行性是同一个事务内不同查询之间的并行性，指在系统级并发查询时可以由不同的处理器并行处理以增加系统的吞吐量；操作间(inter-operation)并行性是指同一个查询中的不同操作可以由不同的处理器并行处理；操作内(intra-operation)并行性的粒度最细，它将同一操作(如连接操作、排序操作等)分解成多个独立的子操作，由不同的处理器同时执行，可以通过函数分块和数据分块来达到。

对于并行空间数据库系统来说，并行操作的算法也是很重要的研究内容。通过使用并行数据操作算法实现查询的并行处理可以更加充分地发挥多处理器的并行性，极大地提高系统的查询处理效率。并行数据操作算法有并行连接算法、并行扫描算法和并行排序算法。其中并行连接算法是关系数据库系统中最耗时最常用的操作，比较典型的有基于嵌套循环的并行连接算法、基于合并扫描的并行连接算法、基于HASH的并行连接算法和基于索引的并行连接算法等。

为了提高查询处理的执行效率，还需要对并发查询优化进行研究。由于并行数据库环境中存在着多个处理器，并发查询优化应尽可能地使每个操作并行处理，以便充分利用系统资源提高系统的并行度来达到提高系统性能的目的。目前对于并行查询优化的研究主要围绕具有多个连接操作的复杂关系数据库查询的优化问题进行，一些学者相继提出了基于左线性树的查询优化算法、基于右线性树的查询优化算法、基于片段式右线性树的查询优化算法、基于浓密树的查询优化算法和基于操作森林的查询优化算法等。这些算法在搜索代价和最终获得的查询计划的效率之间有着不同的权衡。

与分布式空间数据库系统相比，并行空间数据库系统也需要通过高速通信网络将不同的数据处理节点进行连接，并将它们在逻辑上组织成一个统一的整体，也需要进行空间数据的划分以提高系统的并行性和负载均衡，同时由于数据比应用程序要大得多，都需要尽可能地将处理程序放在数据存储的站点上运行。但它们有着本质的不同，首先是应用目标不同。并行数据库系统的目标是充分发挥并行计算机的优势，利用系统中的各个处理器节点并行地完成数据库任务，提高数据库系统的整体性能。而分布式数据库系统的主要目的在于实现场地自治和数据的全局透明共享，而不要求利用网络中的各个节点来提高系统的处理性能；其次是实现方式不同。在并行数据库系统中，为了充分利用各个节点的处理能力，各节点间采用高速互联网络，节点间的传输代价相对较低，因此当某些节点处于空闲状态时，可以将工作负载过大的节点上部分任务通过高速互联网络传送到空闲节点处理，从而实现系统的负载平衡。而在分布式数据库系统中，为了适应应用的需要，满足部门分布的要求，各节点间一般采用局域网或互联网相连，网络传输带宽较低，通信开销相对较大，因此查询处理时一般应尽量减少节点间的数据传输量；最后，系统中各节点的地位不同。在并行数据库系统中，不存在全局应用和局部应用的问题，各节点是完全非独立的，在数据查询处理中只能发挥协同作用，而不可能有局部应用。而在分布式数据库系统中，各节点除了能够通过网络协同完成全局事务外，各个场地具有高度自治性，还可以执行局部应用。

7.5　分布式文件系统和云存储

近年来，随着空间对地观测技术、地理信息系统技术、数据库技术、计算机技术和网络技术的迅速发展，空间数据的数据量急剧膨胀。加之各行各业对空间数据应用的不断深入，使得对海量空间数据的合理存储组织、高效查询检索和分析挖掘应用的要求日益提高，刺激了空间数据库体系结构的发展和变化，下面主要针对分布式文件系统和云存储进行介绍。

7.5.1　分布式文件系统

文件系统是负责组织、存储、提取、命名、共享和保护文件的系统，是计算机操作系统的重要组成部分，它通过对操作系统所管理的存储空间的抽象，向用户提供统一的、对象化的访问接口，屏蔽对物理设备的直接操作和资源管理，文件系统对文件的管理包括对文件本身的管理、文件属性的管理以及对文件目录的管理。

分布式文件系统(distributed file system，DFS)是指文件系统管理的物理存储资源不一定直接连接在本地节点上，而是通过计算机网络与节点相连。其设计基于客户机/服务器模式，一个典型的 DFS 包括多个供多个用户访问的服务器，同时允许节点具有客户机和服务器双重特性。DFS 为整个网络上的文件系统资源提供了一个逻辑树结构，用户可以抛开文件的实际物理位置，仅仅通过一定的逻辑关系就可以查找和访问网络的共享资源，如同访问本地文件一样访问分布在网络中多个服务器上的文件。因此，DFS 对文件的管理还应该包括对客户的身份认证和根据客户权限对文件执行访问控制等。

分布式文件系统一般具有如下特点：

①系统的用户、管理员和存储设备分散在用通信网络相连的各个计算机上，因此服务活动必须跨越网络完成。

②存储设备不是单一的、集中的数据存储器，而是由多个独立的存储设备构成。

③系统的具体配置和实现可以有很大不同，有的服务器运行在专用的计算机上，有的计算机既是服务器又是客户机。

④系统中的客户机和服务器具有自治性和多重性，可以作为分布式操作系统的一个部分来实现，也可以作为一个独立的软件层来实现，此软件层管理操作系统和文件系统之间的通信。

1. 发展历程

最早的分布式文件系统的应用是在 20 世纪 70 年代，之后逐渐扩展到各个领域。从早期的网络文件系统(network file system，NFS)到现在的 GoogleFS(google file system)，分布式文件系统在体系结构、系统规模、性能、可扩展性和可用性等方面都经历了较大的变化。

①1980—1990 年：这一阶段分布式文件系统一般以提供标准接口的远程文件访问为目的，受网络环境、本地磁盘和处理器速度等方面的限制，系统主要关注的是访问的性能以及数据的可靠性，但它们所采用的协议和相关技术，为后来的系统设计提供了借鉴。其中，最具代表性的系统有 Sun 公司的 NFS 和 Carnegie Mellon 大学的 AFS(andrew file system)。

②1990—1995 年：随着磁盘技术、微处理器技术和网络技术的发展，由于多媒体数据应用、大规模并行计算和数据挖掘应用对性能的需求，分布式文件系统采用了多种方法提高系统性能，如多级的缓存机制、资源管理的优化、采用更多的存储设备以及更好的调度算法等。具有代表性的有加利福尼亚大学的 xFS、IBM 公司的 Tiger Shark 和 SFS(slice file system)、基于虚拟共享磁盘 Petal 的 Frangipani 等系统，其中 Frangipani 的分层设计思想和 SFS 的系统结构对后来的文件系统结构产生了较大的影响。

③1995—2000 年：数据容量、性能和共享需求的不断高涨，使得分布式文件系统管理的规模更大、更复杂，对物理设备的直接访问、磁盘布局和数据检索效率的优化、元数据的集中管理等需求反映了对系统性能和容量的更高追求；同时，网络技术的发展和普及应用也极大地推动了网络存储技术的发展，基于光纤通道的 SAN(storage area network)和 NAS(network attached storage)得到了广泛应用，出现了多种体系结构。这一时期的典型代表有 Minnesota 大学的 GFS(global file system)、IBM 公司的 GPFS(general parallel file system)、HP 公司的 DiFFS、SGI 公司的 CXFS、EMC 公司的 HighRoad 以及 SUN 公司的 qFS 和 XNFS 等。

④2000 年以后：随着 SAN 和 NAS 两种体系结构的逐渐成熟，研究人员开始考虑如何将这两种体系结构结合起来以充分利用各自的优势；此外，网格技术的一些研究成果也推动了分布式文件系统体系结构的发展。这一时期，IBM 公司的 Storage Tank、Cluste 公司的 Lustre、Panasas 公司的 PanFS、Google 公司的 GoogleFS 和 Caffeine、Hadoop 公司的 HDFS (hadoop distributed file system)以及国内天津中科蓝鲸的蓝鲸集群文件系统(blue whale file system，BWFS)等都是具有代表性的系统。

2. 体系结构

分布式文件系统的体系结构可以从数据访问方式、系统服务器的方式、文件与系统服务器的映射以及有状态和无状态四个方面进行说明。

(1)数据访问方式

在传统的分布式文件系统中，所有的数据和元数据都存放在一起，通过元数据服务器提供，这种模式称为带内模式(in-band mode)；随着客户端数目的增加，元数据服务器就会成为整个系统的瓶颈，因为系统所有的数据传输和元数据处理都要经过元数据服务器。于是人们尝试利用 SAN 技术，将应用服务器和存储设备直接相连，这样所有的应用服务器都可以直接访问存储在 SAN 中的数据，而只有关于文件信息的元数据才经过元数据服务器处理提供，从而减少数据传输的中间环节，减轻元数据服务器的负载，提高传输效率，使得每个元数据服务器可以向更多的应用服务器提供服务，这种模式称为带外模式(out-of-band mode)。分布式文件系统 Storage Tank、CXFS、Lustre 和 BWFS 均采用该结构。区分带内模式和带外模式的主要依据是关于文件系统元数据操作的控制信息是否和文件数据放在一起，前者放在一起，应用时需要元数据服务器转送，后者则可以直接访问。

(2)系统服务器的方式

系统服务器的方式主要有两种，一种是无服务器结构，另一种是专用服务器结构。前者是指系统中没有专用的系统服务器，所有的用户服务器都被当作系统服务器来使用，使得用户服务器既要处理本系统的数据需求，还要提供对其他系统数据请求的支持。这样的系统包括 xFS 和 Fragipani 等，它们可以提供很高的性能扩展性，但系统非常复杂，管理非常麻烦；后者是指系统采用了专用的服务器或服务器群，其中一些使用单个的系统服务器，像 NFS over NASD/CMU 和 Transoft File System/HP 就是这种情况，它们具有很好的数据一致性，但可扩展性受到了很大限制。还有一些拥有多个系统服务器，如 SFS、GPFS、StorageTank、BWFS 和 Tiger Shark 等，它们具有很好的系统可扩展性，但数据的一致性又很难处理。

(3)文件和系统服务器的映射

文件映射对于数据一致性维护有很大的影响，文件到服务器的映射可分为两类：单一映射和多维映射。单一映射是指在任何时刻，一个文件最多映射到一个系统服务器，这样可以大大简化数据的一致性问题，但系统的可扩展性比较复杂，这样的系统有 Lustre、StorageTank 和 BWFS 等；而多维映射是指任意时刻，一个文件可以映射到多个系统服务器，这种映射会增加数据一致性维护的复杂度，提高系统实现的复杂度，但能够提供更高的系统可扩展性。

(4)有状态和无状态

分布式文件系统中，根据打开文件的状态由谁记录分为有状态和无状态两种。在有状态的分布式文件系统中，元数据服务器会跟踪每一个打开的文件，记录文件的操作信息，如读写指针和文件锁等信息；而在无状态的分布式文件系统中，元数据服务器不记录任何打开文件的操作信息。有状态模式不需要在每次进行通信时由客户机将状态信息传输到服务器，因而减少了数据通信的次数和数据量，服务器也能够很好地进行客户机之间的协调；而无状态模式则有更好的可用性和失效恢复，因为文件的状态都记录在客户机，当某个客户机失效时不会影响到其他客户机的操作。

3. 关键技术

分布式文件系统向用户提供和本地文件系统相同的访问接口，却可以让用户访问和管理远程的数据文件，其应用来自许多不同的节点，所管理的数据也可能存储在不同的节点上，同时还可能存在多个提供元数据操作的元数据服务器，在实现上相较于本地文件系统有更多的限制和要求，主要是由数据、管理的物理分布和逻辑分布造成的。分布式文件系统在设计和实现中需要涉及以下关键技术：

①全局名字空间，指每一个文件和目录在文件系统中都有一个统一的、唯一的名字，在所有的应用服务器上，用户都可以用相同的名字来访问该文件或者文件目录而无需关心文件的实际存储位置和给其提供服务的元数据服务器的位置。当用户访问的文件从一个存储位置迁移到另一个新的位置时，用户也无需知道，仍然可以继续使用原来的名字来访问此文件或者目录。

②缓存一致性，指在各个应用服务器访问分布式文件系统时，所访问的文件和目录内容在缓存和物理位置之间的一致性关系。在分布式文件系统中，保持缓存一致性的主要手段是给文件加锁，有两种处理方式：集中锁和分布式锁。前者只有一个锁管理器，所以实现比较简单，但相率相对低下；后者有多个锁管理器，按照其管理的力度依次分为整个文件、文件的一段和文件的任一部分，这三个层次的锁在设计和实现中难度依次增加，但应用程序对锁的访问冲突依次降低，从而使应用程序访问文件系统的并发度越来越高。

③安全性，由于分布式文件系统是基于网络环境进行的设计，具有不稳定和不安全的特点，在设计时要提供存储的安全保护机制，包括身份认证、用户授权、安全通道、密钥管理以及信任管理等手段。其中身份认证是系统确认操作者身份的过程所应用的技术手段；用户授权是系统管理员给不同用户的使用权限；安全通道是对传输的原始信息进行加密和协议封装，从而实现数据安全传输的技术；密钥管理是通过负责密钥的生成、发布、存放和撤销来维护系统安全性的手段；信任管理就是帮助用户判断资源的可信程度。

④可用性：分布式文件系统由多个节点共同组成，需要协同工作才能对外提供服务，但随着系统规模的不断扩大，使得软硬件失效的风险也越来越高，如磁盘损坏、节点失效、网络断开等，如何在发生类似事件时保证系统仍然能够提供正常服务，就是系统可用性需要解决的问题。通常情况下，利用不同节点之间的文件复制可以有效提高系统的可用性，但随之而来的就是数据一致性维护变得更加复杂了。

⑤可扩展性：可扩展性体现在两个方面，一方面是在系统规模不断扩充的条件下，如何取得更好的性能和更大的容量，即保证系统的性能随着系统规模的扩大而能够线性增长；另一方面还体现在系统规模的增长不会带来系统管理复杂度的过度增加，降低控制系统的管理成本，简化系统的管理流程，是分布式文件系统实现的关键技术。其中很重要的一个技术就是存储空间的虚拟化，它通过提供给文件系统一个共享的虚拟存储空间，屏蔽存储实现的细节，提高系统的容错性和动态负载平衡的能力。

⑥高效性：分布式文件系统应能够提供与传统文件系统相同甚至比传统文件系统更强的性能和可靠性，以确保其具有更高的效率。通常情况下，为了提高数据访问的速度，减少网络通信的流量，不同的系统会采用不同的策略来对性能做出优化。如 GoogleFS 中，

为了节省文件操作的时间，所有元数据信息都是常住在内存的；而 Cegor 不仅使用缓存技术减少通信流量，还提出了基于类型的通信延迟优化策略等。

⑦容错性：所谓容错就是指系统在故障存在的情况下仍然能够正常工作的特性。从两个方面来体现，其一是可恢复，是指当操作一个文件失败时，存在一种机制可以把已经不一致的文件数据恢复到一个更早的一致性状态；其二是健壮性，是指如果一个文件保证在部分存储设备或者媒体失效时仍然能够被正常访问的能力。分布式文件系统需要保证系统在发生各种故障时仍然能够继续正常工作，尽管其性能可能有所降低。

⑧透明性：包括位置透明性、访问透明性、性能透明性和扩展透明性。其中位置透明性是指分布式文件系统应表现为常规集中式的文件系统，即服务器和存储器的多重性和分散性是对用户透明的；访问透明性是指用户意识不到资源的移动，可以在系统中的任何计算机上登录访问；性能透明性指当服务负载在一定范围内变化时，应用程序可以保持满意的性能；扩展透明性则指文件服务可以扩展，以满足负载和网络规模的扩张。

4. 实现方式

分布式文件系统的实现方式主要有两种类型：一种是共享文件系统，另一种是共享磁盘模型。前者是实现分布式文件系统单一映射功能的传统方法，它把文件系统的功能分布到客户机和服务器上来完成这一任务。包括存储设备的节点可以作为服务器，其他节点可以作为客户机，客户机向服务器提出请求，服务器通过文件系统调用并读写本地磁盘，然后将结果发给客户机，这类系统有 NFS、AFS 和 Sprite 等；后者在系统中没有文件服务器，取而代之的是共享磁盘。共享磁盘往往是一种专用的高端存储设备，如 IBM SSA 磁盘，它和客户机都是联接在系统内部的高速网络上，通常是用光纤通道，每个客户机都共享磁盘作为其一个存储设备，直接以磁盘块的方式共享磁盘上的文件数据，为了保证数据的一致性和读写的原子性，一般采用加锁或令牌机制，这类系统有 IBM 的 GPFS 和 VAX 的 Cluster 等。

共享磁盘模型是构造 NAS 和 SAN 等存储设备的主要方法，与共享文件系统相比，它对设备的要求更高，实现难度也更大，往往被用来构造高端或专用的存储设备；共享文件系统实现起来比较简单，对设备的要求也不高，并且通用性也相对较好。

分布式文件系统将存储到计算机的信息以文件形式存储在各种服务器连接的存储介质上，提供给客户端的用户通过网络访问服务器中的文件，它主要包括三个部分：文件服务、目录服务和客户组件。其中文件服务实现对文件内容的操作，通过文件的唯一文件标识来标识文件，并在创建新文件时产生新的 UFID；目录服务主要提供文件名到文件的 UFID 的映射，文件名和文件 UFID 都存储在数据目录中，不同的目录服务使用单一的展开文件服务，支持不同的命名规则和目录结构；而客户组件针对不同的用户实现不同的程序接口，模仿不同的操作系统文件操作，并在客户端缓存常用的文件块。

5. 典型代表

（1）Lustre File System

Lustre 是 HP、Intel、Cluster File System 公司联合美国能源部开发的 Linux 集群并行文件系统，源于卡耐基梅隆大学的 NASD 项目研究工作，后来被 SUN 公司收购，作为首个开源的基于对象存储设备的分布式并行文件系统，可以说是性能优异，在美国政府和军方得到了广泛应用，被用来进行核武器相关的模拟以及分子动力学模拟等方面。

Lustre 是一个透明的全局文件系统，客户端可以透明地访问集群文件系统中的数据，而无需知道这些数据的物理存储位置。同时它还是一个高度模块化的系统，主要由三个部分组成：客户端、对象存储服务器和元数据服务器，三个组成部分除了各自的独特功能外，相互之间共享诸如锁、请求处理、消息传递等模块。实现了高可靠性、高可用性、高扩展性、高安全性、高性能、海量的分布式数据存储，可以支持超过 10000 个节点，PB 级的数据存储量，100GB/S 的传输速度，并且能够按照应有需求的不同提供不同的服务，实现了真正意义上的按需服务。

（2）Google File System(GoogleFS)

GoogleFS 是 Google 公司针对自己海量数据的存储需求以及面向廉价普通 PC 而设计开发的一种高容错性、高可扩展性的大型分布式文件系统，能够给大量的用户提供总体性能较高的服务。GoogleFS 是 Google 云计算技术的一部分，主要为该云计算平台提供海量数据存储和处理机制，除此之外，Google 云计算还包括分布式计算编程模型 MapReduce、分布式结构化存储系统 BigTable 和分布式锁服务 Chubby 等。

在开发实现 GoogleFS 之前，设计人员对 Google 应用程序的负载和应用环境进行了深入分析，从而采取了完全不同的设计理念。系统包括一个主服务器、多个数据块服务器和多个客户端。其中主服务器主要负责维护所有文件系统的元数据，包括命名空间、文件与数据块之间的映射信息、访问控制信息以及主存中数据块的当前位置；数据块服务器将文件分割成 64MB 固定大小的数据块，以下层物理文件系统存放在各个块服务器上，并且为了提高系统的可靠性，在多个服务器上均有副本；客户端直接使用文件系统调用 API 来访问主服务器和块服务器，为了减少发给主服务器的请求数量，客户端只对元数据进行缓存，客户端和块服务器对文件数据均不进行缓存。

GoogleFS 的设计具有如下特点：

①支持容错。每个主服务器都有自己的副本，保证该服务器失效时进行切换，并能够处理大数据块服务器失效的问题，保证系统可以运行在不可靠的硬件设备上，使节点和服务失效不再被认为是意外，而是被看做正常的现象。

②大文件和大数据块。数据文件普遍在 GB 级，并且其每个数据块固定在默认的 64MB，从而减少了元数据的大小，能使主服务器方便地将元数据进行缓存以提升访问效率。

③添加为主。系统中存放的数据绝大多数采用追加新数据而非覆盖现有数据的方式进行数据的写操作，以便能够协调硬盘线性吞吐量大与随机读写慢的矛盾。

④高吞吐量。虽然某一节点的性能无论是吞吐量还是延迟都很普通，但因为能够支持上千的节点从而使总的数据吞吐量非常惊人。

⑤保护数据。文件被分割成固定 64MB 大小的数据块，同时存在多于三个数据副本，使得数据调度既方便又高效。

⑥扩展性强。因为元数据比较小，使得每个主服务器节点能够管理和控制上千个大数据块服务器节点。

⑦支持压缩。系统的压缩率高，既节省存储空间也便于数据传输。

（3）Hadoop Distributed File System(HDFS)

HDFS 是一个基于 Java 的支持数据密集型分布应用且能运行在普通硬件设备上的高容

错性分布式文件系统，它不仅可以用于存储，而且还被用在由通用计算设备组成的大型集群上执行分布式应用的框架，能够对应用程序的数据提供高吞吐量，并且适用于处理大数据集。HDFS 是 Apache 的开源项目，其应用范围十分广泛，Yahoo 支持并将其应用于自己的 Web 搜索，并将改进后的 HDFS 作日志处理系统，AOL 将 HDFS 作为数据仓库，而 New York Times，Eyealike 则将 HDFS 作为视频和图像处理存储系统。其设计特点如下：视硬件失效为常态事件而非偶然事件，支持流式数据访问方式，支持文件的 Write-One-Read-Many 模型，移动计算的代价比移动数据的代价低，具有在异构的软硬件平台间的可移植性。

一个 HDFS 集群由一个 NameNode 节点的主控服务器、多个 DataNode 节点的数据服务器和客户端组成。其中 NameNode 主要负责管理文件系统的命名空间和协调客户端对文件的访问，并负责数据块到数据节点之间的映射，由于一个集群只有一个 NameNode，使得系统架构简单明了；DataNode 一般是一个物理节点上部署一个，负责管理该节点上的存储设备、响应客户端对文件的读写请求并依照 NameNode 的指令执行数据块的创建、删除和复制工作。一个文件可以被分割成一个或多个数据块，这些数据块存储在一组 DataNode 上。

（4）Fast Distributed File System（FastDFS）

FastDFS 是为互联网应用量身定做的一个开源的轻量级分布式文件系统，充分考虑了冗余备份、负载均衡和线性扩容等机制，并注重高可用性和高性能等指标。与 GoogleFS 相比，其架构和设计理念均有其独特之处，主要体现在轻量级、分组方式和对等结构三个方面。该系统不对文件进行分块存储，所以简洁高效，能够满足绝大多数互联网应用的实际需求。

该系统服务端有两个角色：跟踪器和存储节点。前者作为中心节点，主要负责负载均衡和调度，其在内存中记录分组信息和存储节点的状态等信息，不记录文件的索引信息，因而所占用的内存量极小，每当客户端和存储节点服务器访问该节点时，该节点扫描内存中的分组信息和存储节点信息，然后给出解答，由此可以看出跟踪器非常轻量化，不会成为系统瓶颈；后者类似于 GoogleFS 的 TrunkServer，能够直接利用操作系统的文件系统进行数据存储。

（5）Caffeine File System

由于当前 GoogleFS 主要为搜索而设计，高延迟问题突出，所以不适合一些新的 Google 产品，Caffeine 文件系统是 Google 建立的新一代分布式文件系统，所以也被称为 GoogleFS2。GoogleFS 主要面向批处理的用户，更加关注吞吐率而不是响应时间。 GoogleFS2 更加关注提高响应时间，因而可能会改变 GoogleFS 所采用的单个 Master 节点的设计思路，因为单节点很可能成为影响响应时间的瓶颈。Caffeine 将创建一个新的数据库的编程模型，因此，Google 必须在 BigTable 上重建整个索引系统。另外现在很多用户已经从 MapReduce + GoogleFS 的框架转移到使用基于 Bigtable 的框架，因而，GoogleFS2 会更多地考虑这方面的改变。GoogleFS2 也会解决数据块服务器上的文件数量受限于 Master 节点内存大小的问题。文件的块大小也会发生变化，如从 64MB 变为 1MB。Caffeine 的目标或优点是实时性好、索引更新快、理解力强、相关度高等，能够适应网络信息的快速增长。

7.5.2　云存储

云是一种计算风格，它利用互联网技术向多个外部客户提供大量可扩展的 IT 相关的功能，可以理解为一些能够自我维护、自我管理的虚拟计算资源，这些资源包括计算服务器、存储服务器和宽带资源等。云计算是一种模型，它支持方便、按需地通过网络访问可配置计算资源(如网络、服务器、存储设备、应用和服务等)的共享池，可以在尽可能不需要管理工作或服务供应商交互的情况下快速提供和发布这些可配置计算资源。

云计算的概念被提出的时间并不是很长，不同用户从其自身应用的特点出发各自不同的定义和诠释，但归纳起来都包含以下特征：硬件和软件都是资源，通过互联网以服务的方式提供给用户；这些资源都可以根据需要进行动态扩展和配置；这些资源在物理上以分布式的共享方式存在，但最终在逻辑上以单一整体的形式呈现；用户按需使用云中的资源，按实际使用量付费，而不需要管理它们。

云存储是随着云计算的发展而产生的一个概念，它是指通过集群应用、网格技术或分布式文件系统等功能，将网络中大量的各种不同类型的存储设备通过应用软件集合起来协同工作，共同对外提供数据存储和业务访问功能的一个系统。当云计算系统运算和处理的核心是大量数据的存储和管理时，云计算系统中就需要配置大量的存储设备，那么云计算系统就转变成为一个云存储系统，所以云存储是一个以数据存储和管理为核心的云计算系统。

1. 云计算框架模型

美国国家标准和技术研究院(national institute of standards and technology，NIST)的定义认为云计算是一种通过网络连接 IT 资源的应用模式，组成一个共享资源池，向用户提供按需服务，同时能够实现资源的快速部署。NIST 提出了云计算的框架模型，通过此模型，使云计算的定义得到更好的诠释，如图 7-19 所示，从上到下依次为部署模型、服务模型、必要特性和普遍特性四层。

(1)部署模型

NIST 提出的部署模型从逻辑上是根据谁拥有和运作云组件来进行划分，包括公有云、私有云、社区云和混合云。公有云一般指由第三方提供商来管理和控制资源，外部用户可以通过互联网进行服务访问，租用资源但不拥有资源，特点是规模效应高、成本低，但用户数据的可靠性、安全性和可控性相对要差一点；私有云是企业内部专有的云计算系统，外部用户禁止访问服务，因而提供对数据、安全性和服务质量的最有效控制，但因为整个基础设施的利用率要远远低于公有云，使得其成本比较高；社区云是指在一定的地域范围内，由云计算服务提供商统一提供计算资源、网络资源、软件和服务能力所形成的云计算形式，即基于社区的网络互联优势和技术易于整合等特点，通过对区域内各种计算能力进行统一服务形式的整合，实现面向区域用户需求的云计算模式；混合云则是同时提供公有服务和私有服务的云计算系统，它是介于公有云和私有云之间的一种折中方案。

(2)服务模型

云计算提供的服务是分层分类的，按照不同层次的服务模式共分为 IaaS、PaaS 和 SaaS 三层。其中基础设施即服务(infrastructure as a service，IaaS)是由云服务厂商向用户提供的基础设施硬件资源云端服务，主要包含计算机、网络、存储设备等基础设施，可以

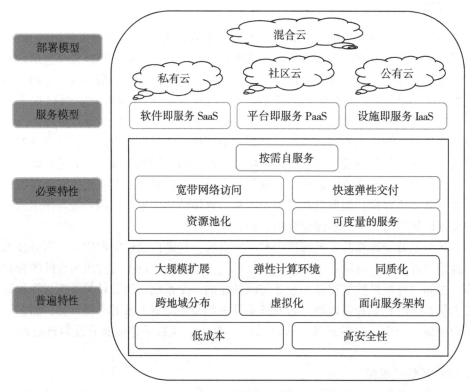

图 7-19   云计算框架模型

向用户提供处理、存储、网络及其他基础计算资源，用户可以在其上任意运行软件，包括操作系统和应用程序；平台即服务(platform as a service，PaaS)是把计算、开发环境等平台作为一种服务来提供，包括中间件、数据库和平台等，为用户提供开发语言和工具，以方便将用户开发的应用程序发布到云基础架构上；软件即服务(software as a service，SaaS)是服务提供商将应用软件托管在其他云基础设施上，通过互联网向用户提供软件的服务模式。

(3)必要特性

云计算具有的按需自服务、宽带网络访问、资源池化、快速弹性交付和可度量服务这五个特性。其中按需自服务是指根据用户需求自动为用户提供相应的性能，不需要服务提供商人工干预；宽带网络访问通过固定宽带或移动网络，为多种终端提供标准网络和互联网接入机制；资源池化则指云计算服务提供商将计算、存储和网络资源汇集到资源池中，通过多租户模式共享给多个消费者，再根据消费者的需求对不同的物理资源和虚拟资源进行动态分配；快速弹性交付是指资源的快速扩展和伸缩能力，从用户角度看，服务提供商有无限的资源，企业只是根据所使用的资源来付费；可度量服务说明资源的优化效果和控制能力都可以计量，从而使用户可获得相关数据，提升服务的透明度。

(4)普遍特性

普遍特性是指云计算所具有的大规模扩展、弹性计算环境、同质化、跨地域分布、虚拟化、面向服务的体系架构、低成本和高安全性八个特性。其中大规模扩展反映云计算具备大规模扩展的能力，能够赋予用户前所未有的计算规模和计算能力；弹性计算环境说明云计算中资源的物理规模和逻辑规模均可以动态伸缩，并获得近似线性的性能扩展；同质化是指云计算规模化使得云计算中使用的软件和硬件都趋于同质化，有利于实现更好的安全自动化；跨地域分布指云计算中资源可以跨数据中心、跨地域分布，从而突破地域的限制，使用户可以就近访问资源和使用服务；虚拟化是表示云计算资源的抽象方法，通过虚拟化可以用与访问抽象前资源一致的方法访问抽象后的资源；面向服务的体系架构 SOA 是一种软件架构设计的模型和方法论；低成本则指在现有的云计算架构中，服务提供商越来越趋向于采用低成本、高可靠性的软件来搭建云计算环境；高安全性是指云计算服务提供商应从技术和管理入手，构建服务的安全体系，以满足用户对信息安全、监管和审计的要求。

2. 概念和特点

和云计算一样，云存储目前仍然是一个从混沌中走来的新概念。有的人认为云存储就是网盘，如同 Dropbox、Google Drive 一样；也有人认为云存储就是某种文档的网络存储方式，如 Evernote；还有人认为云存储是通过集群应用、网格技术或分布式文件系统等功能，将网络上大量的各种存储设备通过应用软件集合起来协同工作，并共同对外提供数据存储和业务访问功能的一台系统设备。而事实上，目前还没有一个比较权威的定义，但是学术界基本达成了一个共识，认为云存储不仅仅是存储技术或设备，更是一种服务的创新，其定义应该由以下两部分构成：从面向用户的服务形态出发，云存储是提供按需服务的应用模式，用户可以通过网络连接云端的存储资源，实现用户数据在云端随时随地地存储；也可以从云存储服务的构建入手，云存储是指通过分布化、虚拟化、智能配置等技术，实现海量、可弹性扩展、低成本和低能耗的共享存储资源。

云存储与传统存储相比，在架构、服务模式、容量和数据管理方面有如下区别：从架构而言，传统存储只是针对某种特殊应用而采用的专用、特定的硬件组件构成的架构。而云存储不仅仅是一种架构，更是一种服务，其底层采用分布式架构和虚拟化技术，使其更加易于扩展，单个节点的失效不会影响系统的整体性能。从服务模式来说，传统存储主要指用户通过整机购买或租赁来获取存储容量。而云存储是按需使用、按需计费，可以获得服务提供商迅速的交付和响应；至于存储容量；传统存储的容量是针对某个特定的应用，由应用决定容量，难以扩展；而云存储具有很好的可扩展性，能够根据需求提供线性扩展至 PB 级的存储服务。而从数据管理的角度出发，传统存储的用户数据对系统管理员来说是透明的，信息安全无法保证，用户也无法灵活地配置个性化的存储策略和保护策略；而云存储不仅能够提供传统的数据访问方式，而且还提供海量数据的管理和对外的公众服务支撑，同时用户可以灵活地配置或采用数据安全保护的策略，如分片存储、EC、ACL、数字证书等多重保护策略和技术。总的来说，云存储具有可靠性高、可用性强、安全性高、规范化和低成本等技术特点。

3. 关键技术

云存储是在云计算概念上延伸和发展出来的一个新的概念，它本身所涉及的海量数据存储与管理就是云计算的核心技术之一。从云存储的角度而言，其关键技术有些是云计算技术在存储与管理中的特殊应用，如虚拟化技术，在云存储中就具体和细化为存储虚拟化技术；有些本身就是云计算的关键技术之一，如绿色节能技术。总的来说，云存储主要依靠分布式接入、全局访问空间、虚拟化感知能力、数据流动能力、空间智能分配和绿色节能等技术支撑，其关键技术可以概括为以下七个部分。

(1)存储虚拟化

存储虚拟化是将存储资源集中到一个大容量的资源池并实行单点统一管理，无需中断应用即可改变存储系统和数据迁移，提高整个系统的动态适应能力。存储虚拟化并不是一个新名词，在磁盘阵列中的 RAID 控制器就是一个简单示例。在云存储中得到了进一步深化，表现为将存储资源虚拟化为全局访问空间，通过多租户模型提供给存储资源的使用者，存储系统具备虚拟化感知能力，使数据可以顺畅地在整个存储资源池中跨节点、跨数据中心流动。其中全局访问空间是指将磁盘和内存资源聚集成一个单一的虚拟存储池进行管理，计算节点可以随意地访问到云存储设备空间的任意地方，仍然采用同样的访问路径或访问方式；多租户模型主要探讨与实现如何在多用户的环境下共用相同的系统或程序组件，仍可确保各用户间数据的隔离性，在云存储中通常采用租户、子租户和用户的三层资源分配体系实现多租户的资源分配；虚拟化感知能力是云存储一项非常重要的特性，在服务于前端的计算和应用时，计算和应用存在飘动的可能，只有具备了虚拟化感知能力，才能保证前端的计算和应用得以持续运行。

依据虚拟化实现的位置不同，存储虚拟化可以分为基于主机的、基于存储设备的和基于存储网络的虚拟化存储。

(2)分布式扩展模式

分布式扩展模式是指在云存储中为了解决存储设备的扩展性问题，所采用的多节点分布式并行处理存储访问业务的模式。这样，前端的计算节点和存储节点之间可以通过分布式接入方式，节点与节点之间通过高速网络进行连接，使得云存储设备需要进行扩展时，只要按照增加节点的方式就可以进行扩展，涉及的技术包括高速网络连接技术和分布式文件系统。

(3)信息生命周期管理

信息生命周期管理指的是数据根据其生命周期的需求，动态地选择最合适的存储介质进行保存。其目的是为了适应数据在其生命周期不同阶段价值的变化，利用网络存储技术将数据自动保存于适当的介质中，实现资源优化、投资保护、法规遵从等要求，直接或间接地为适应业务和应用的变化提供保障。

(4)自动精简配置

自动精简配置是利用虚拟化技术，根据计算和应用的实际需要，动态地占用和释放存储空间，以便能够提供超过物理存在的虚拟资源，是一种按需分配的资源分配策略，是解决存储过量供给的最有效方式。通常情况下系统一般不会一次性地划分过大的空间给某项应用，而是根据该项应用实际所需要的容量，多次地、少量地分配给应用程序，当该项应用所产生的数据增长，分配的容量空间已无法满足应用的需要时，系统会再次从后端的存储池中补充分配一部分存储空间。

(5)数据保护

数据保护是为了保证系统数据的安全性、完整性和一致性，提高数据的可用性而对数据采取的一系列技术处理的总和。传统存储通常采用副本保护方式进行数据保护，而在云存储中还可以通过数据的分片存储技术和可擦写代码方式实现。其中分片存储技术就是将数据按一定规则进行划分，并将划分后的数据片段按轮询式存储、最大化存储和均衡型写入等方式分布到不同节点上，以便提高并行数据的读写性能和实现数据的保护。

（6）智能管理

智能管理是建立在个人智能结构与组织智能结构基础上实施的管理方法，在云存储中，智能管理体现在资源的动态扩展、请求的负载平衡和资源的故障管理上。其中资源的动态扩展体现在通过节点资源的动态扩展来实现系统平滑线性地扩展，以便尽可能地满足规模变化的需求；请求的负载平衡可以简单理解为在组成云系统的各节点资源之间的负载平衡；而资源的故障管理是指分布式数据中心对于故障处理的技术与方法。

（7）绿色节能

在云计算或云存储系统中，为了达到省电的目的而采取的一系列手段和方法就是绿色节能，以便能够将系统中暂时未用的存储资源或处于失活状态的存储资源进入静止状态，而在需要时又可以随时恢复，通常包括磁盘减速（spin-down）、快照（snapshot）和数据消重（data dedup）等技术。其中磁盘减速就是通过将长时间没有活动的磁盘转速减缓来减少能耗，达到绿色节能的目的；快照是指定数据集合在某一时刻的一个完全可用副本或映像，进行在线数据的备份与恢复；而数据消重又称为重复数据删除，是一种数据缩减技术，旨在减少系统的存储容量。

第8章　空间数据库设计

空间数据库是 GIS 软件设计的核心内容，空间数据库设计的主要任务是确定空间数据库的数据模型以及数据结构，并提出空间数据库相关功能的实现方案；空间数据库实现的主要任务是将设计的空间数据库的结构体系进行编码实现，并将收集来的空间数据入库，建立空间数据库管理信息系统。可见，空间数据库设计的成败，直接影响到地理信息系统开发与应用的成败。

空间数据库设计是个复杂的过程，需要将现实世界中的事物最终转化为由机器世界所存储和管理，所以要求数据库设计师必须对实际应用对象和数据库技术都有充分的了解。长期以来，数据库设计人员由于找不到好的设计方法和工具而只能凭经验和直觉来设计数据库，所以数据库设计往往被认为是一门技艺而并不是一门科学。为有效地完成数据库设计任务特别需要一些合适的技术，并将这些设计技术正确组织起来，构成一个有序的设计过程。设计技术和设计过程是有区别的。设计技术是指数据库设计者所使用的设计工具，其中包括各种算法、文本化方法、用户组织的图形表示法、各种转化规则、数据库定义的方法及编程技术；而设计过程则确定了这些技术的使用顺序。例如，在一个规范的设计过程中，可能要求设计人员首先用图形表示用户数据，再使用转换规则生成数据库结构，下一步再用某些确定的算法优化这一结构，这些工作完成后，就可进行数据库的定义工作和程序开发工作。

空间数据库设计与开发就是构造数据模型的过程。具体来说，就是对 GIS 系统所需要的地理空间数据和其他数据进行特征分析，建立空间数据概念模型，进一步分析地理实体的类别、属性，建立地理实体之间的逻辑关系，最终将该模型映射到一个空间数据库中的系列过程。在 GIS 中，空间数据模型是地理实体描述和表达的手段，反映实体的某些结构特性和行为功能。按数据模型组织的空间数据使得数据库管理系统能够对空间数据进行统一的管理，帮助用户查询、检索、增删和修改数据，保障空间数据的独立性、完整性和安全性，以利于改善对空间数据资源的使用和管理。空间数据模型是衡量 GIS 功能强弱与优劣的主要因素之一。数据组织的好坏直接影响到空间数据库中数据查询、检索的方式、速度和效率。因此，空间数据库的设计最终可以归结为空间数据模型的设计。

8.1　空间数据库设计概述

数据库因不同的应用要求会有各种各样的组织形式。数据库的设计就是根据不同的应用目的和用户要求，在一个给定应用环境中，确定最优的数据模型、处理模式、存储结构、存取方法，建立能反映现实世界的地理实体间信息之间的联系，满足用户要求，又能被一定的 DBMS 接受，同时能实现系统目标并有效地存取、管理数据的数据库。简言之，数据库设计就是把现实世界中一定范围内存在着的应用数据抽象成一个数据库的具体结构的过程。

8.1.1 空间数据库设计过程和步骤

空间数据库设计的实质是将地理空间实体以一定的组织形式在数据库系统中加以表达的过程，也就是地理信息系统中地理实体的模型化问题。空间数据库的设计是指在数据库管理系统的基础上建立空间数据库的整个过程。主要包括系统规划、需求分析、结构设计、系统实施阶段。

1. 系统规划阶段

主要是确定系统的名称、范围；确定系统开发的目标功能和性能；确定系统所需的资源；估计系统开发的成本；确定系统实施计划及进度；分析估算可能达到的效益；确定系统设计的原则和技术路线等。对分布式数据库系统，还应分析用户环境及网络条件，以选择和建立系统的网络结构。

2. 需求分析

要在用户调查的基础上，通过分析，逐步明确用户对系统的需求，包括数据需求和围绕这些数据的业务处理需求。

3. 概念设计

对错综复杂的现实世界的认识与抽象，最终形成空间数据库系统及其应用系统所需的模型。概念模型完成从现实世界到信息世界的抽象，具有独立于具体的数据库实现的优点，因此是用户和数据库设计人员之间进行交流的语言。空间数据库需求分析和概念设计阶段需要建立空间数据库的概念模型，可采用的建模技术方法主要是描述数据及其之间语义关系的语义数据模型，如实体-联系模型和面向对象的数据模型。

4. 逻辑设计

空间数据库逻辑设计的任务是，把信息世界中的概念模型利用数据库管理系统所提供的工具映射为计算机世界中为数据库管理系统所支持的数据模型，并用数据描述语言表达出来。

5. 物理设计

主要任务是对数据库中数据在物理设备上的存取结构和存取方法进行设计。数据库物理结构依赖于给定的计算机系统，而且与具体选用的 DBMS 密切相关。物理设计通常包括某些操作约束，如响应时间与存储要求等。

6. 系统实施与维护阶段

主要任务是建立实际的数据库结构，装入实验数据对应用程序进行测试，装入实际数据建立数据库以及数据库的试运行、数据库的运行和维护等。

8.1.2 空间数据库的设计原则

随着 GIS 空间数据库技术的发展，空间数据库所能表达的空间对象日益复杂，功能也日益集成化，从而对空间数据库的设计过程提出了很高的要求，即对空间数据库的设计要遵循以下原则：

①尽量减少空间数据存储的冗余量。

②提供稳定的空间数据结构，在用户的需求改变时，该数据结构能迅速做出相应的变化。

③满足用户对空间数据及时访问的需求，并能高效地提供用户所需的空间数据查询结果。

④在数据元素之间维持复杂的联系，以反映空间数据库的复杂性。

⑤支持多种多样的决策需要，具有较强的应用适应性。

8.2　空间数据库设计的主要内容

8.2.1　空间数据需求分析

空间数据需求分析是整个空间数据库设计与建立的基础，一般包括四个步骤：一是用户需求调查；二是分析空间数据现状；三是系统分析；四是编制用户需求说明书。各步骤又包含一些具体的工作：

1. 调查用户需求

了解用户特点和要求，取得设计者与用户对需求的一致看法。例如，对现行业务处理流程，数据性质、获取途径与应用范围，数据间的关系，数据使用频率，用户的数据要求、处理方式与处理要求等的调查。

2. 分析数据现状

包括数据内容是否符合要求，数据的有效性、完整性、现势性，数据的表示方法，数据加工的难易程度，数据的标准化、数量与质量、来源等。

3. 系统分析

包括分析系统环境和条件、确定系统边界、确定系统功能、抽象出系统模型。

4. 编制用户需求说明书

包括需求分析的目标、任务、具体需求说明、系统功能与性能、运行环境等，是需求分析的最终成果。

在需求分析中，用户需求调查在空间数据数据需求分析中具有重要地位。建立空间数据库是为了用户更好地利用和共享空间数据资源，而用户对空间数据及其处理方法的需求多种多样，繁琐复杂的空间数据处理工作希望能通过空间数据库给予有效、灵活和经济的解决，需要全面调查和分析用户对空间数据及数据处理的需求。用户需求调查方法通常采取与 GIS 用户面对面讨论的形式为主，调研的最终结果是提交一份全面和完整的书面报告。报告完成后，应送交用户评议以证实报告的准确性和完整性，用户对报告的讨论及修改建议必须在最终报告中反映出来。

需求分析是一项技术性很强的工作，应该由有经验的专业技术人员完成，同时用户的积极参与也是十分重要的。

在需求分析阶段完成数据源的选择和对各种数据集的评价，遵循"用户—数据—功能"的顺序完成需求分析报告。

8.2.2　概念结构设计

概念结构设计是通过对错综复杂的现实世界的认识与抽象，最终形成空间数据库系统及其应用系统所需的模型。具体是对需求分析阶段所收集的信息和数据进行分析、整理，确定地理实体、属性及它们之间的联系，将各用户的局部视图合并成一个总的全局视图，形成独立于计算机的反映用户观点的概念模式。

概念设计阶段要产生反映 GIS 需求的数据库概念模型。概念模型必须具备丰富的语义表达能力、易于设计人员交流和理解、易于修改和变动、易于向各种数据模型的转换、易于从概念模型导出与 DBMS 有关的逻辑模型等特点。对于概念数据建模来说，有许多可用的设计工具，当前最为普遍采用的是实体-联系模型（entity-relationship model，E-R 模型）。E-R 模型是表示概念模型最有力的工具，它包括实体、联系和属性三个基本成分。用它来描述现实地理世界，不必考虑信息的存储结构、存取路径及存取效率等与计算机有关的问题，比一般的数据模型更接近于现实地理世界，具有直观、自然、语义较丰富等特点，在空间数据库设计中得到了广泛应用。

基本 E-R 方法用实体、属性、关系/联系来描述现实世界，并在此基础上转换为数据模型。

1. 实体

实体是对客观存在的起独立作用的事物的一种抽象。在 E-R 模型中，现实世界被划分成一个个实体（entity），由属性（attribute）描述实体的性质，并通过联系（relation）相互关联。实体是物理上或者概念上独立存在的事物或对象，在 E-R 图中，用矩形符号代表实体，实体的命名标注于矩形符号之内。

2. 属性

属性是用来刻画实体的性质，如名称是街道的属性。唯一标示实体实例的属性（或属性集）称为码（key）。假设任意两条道路均不能同名的话，实体道路的名称属性就是一个码。属性用一个椭圆表示，椭圆中放置属性的名称，属性同实体间的联系之间也用线段连接。

3. 联系

实体之间的连接称为联系。因为现实世界中的客体是彼此联系的，因此信息世界中的实体间也是有联系的。联系是实体间有意义的相互作用或对应关系，一般可以分为一对一的联系（1:1），一对多的联系（1:M）和多对多的联系（$M:N$）三种类型。联系在 E-R 图中用菱形符号表示，联系的名称同样标注在菱形符号之内。实体和联系之间用线段连接，并在线上注明连接的类型。

在一对一的联系中，一个实体中每个实例只能与其他实体的一个实例相联系。多对一联系可以将一个实体的多个实例与另一个相联系的实体的实例相连接。有时候一个实体的多个实例会与另一个实体的多个实例相联系。有时候，联系也可以有属性。

4. E-R 图

与 E-R 模型相关的是 E-R 图，E-R 图为概念模型提供了图形化的表示方法。在 E-R 图中，实体用矩形表示；属性用椭圆表示，并用直线与表示实体的矩形相连；联系则表示为菱形，联系的类型（包括 1:1、1:M 或 $M:N$）标注在菱形的旁边。码的属性加下画线。

现以一个公园的空间数据库为例来建立 E-R 模型。公园有一个管理员，有道路，道路有其附属设施，公园中有河流穿过。例子如图 8-1 所示，其中有 5 个实体，即公园、管

189

理者、河流、道路及道路设施。实体公园的属性有名称、高程等，名称是唯一的标识，即每个公园有唯一的名称，图中还给出了 4 个关系。

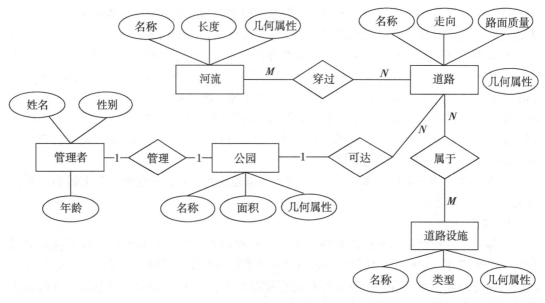

图 8-1　公园例子的 E-R 图

8.2.3　逻辑结构设计

数据库逻辑结构设计的任务是把数据库概念设计阶段产生的概念数据库模式变换为逻辑数据库模式，即适应于某种特定的数据库管理系统所支持的逻辑模型，即空间数据逻辑结构。在概念设计的基础上，按照不同的转换规则将概念模型转换为具体 DBMS 支持的数据模型的过程，即导出具体 DBMS 可处理的空间数据库的逻辑结构（或外模式），包括确定数据项、记录及记录间的联系、安全性、完整性和一致性约束等。导出的逻辑结构是否与概念模式一致，能否满足用户要求，还要对其功能和性能进行评价，并予以优化。

1. 关系模型

Codd 在 1970 年提出用关系模型描述数据。从那时起，关系模型就逐渐成为最流行的逻辑数据模型之一。关系模型结构简洁，我们利用"公园"这个例子来解释关系模型的术语。假设需要组织公园所有的可用数据，这时可以用一个名为公园表的形式来组织这些信息，把一系列可用的信息列入表的列（column）中。对于公园表，相关联的数据由三部分组成：公园的 Name（名称）、高程以及空间几何形状。

该表称为一个关系（relation），其列称为属性（attribute）。Garden 的每个不同的实例用表中一个公园。每一行被称为一个元组（tuple），表中行或列出现的顺序并不重要。因此，关系是一个无序的元组集合。表名与列名合在一起构成了关系模式（relation schema），行（或元组）的集合称为关系实例（relational instance）。列的数目称为关系的度（degree）。Garden 是一个三度的关系。类似地，关于不同的道路和河流的数据也可以组织在不同的表中。

属性可以取哪些值？在传统的数据库应用中，称为域（domain）的属性的数据类型是有限制的，其中包括整型、浮点型、字符串、日期型以及其他的域。此外，传统数据库不支持用户自定义的数据类型。在 Garden 表中，属性 Name 能很好地满足这种有限集合的要求，但属性 Elevation 和 Geometry 却不能满足。这就是传统的关系数据库技术难以满足 SDB 的原因之一。

为了确保数据的逻辑一致性，必须维持关系模式上的某些约束。这些约束包括：码约束，实体完整性（entity integrity）约束和参照完整性（referential integrity）约束。码约束规定每个关系必须有一个主码（primary key），码是关系属性的一个子集，码值在整个关系的元组中是唯一的，一个关系中可能有很多码，用来标识关系中元组的码称为主码。实体完整性约束规定了主码不能取空值，设置该约束的理由是显而易见的：如果主码可以为空值的话，将无法用来唯一地识别元组。不同关系之间逻辑上的一致性联系可通过实施参照完整性来维持。参照完整性是相关联的两个表之间的约束，具体的说，就是从表中每条记录外键的值必须是主表中存在的。因此，如果在两个表之间建立了关联关系，则对一个关系进行的操作要影响到另一个表中的记录。例如，如果在学生表和选修课之间用学号建立关联，学生表是主表，选修课是从表，那么，在向从表中输入一条新记录时，系统要检查新记录的学号是否在主表中已存在，如果存在，则允许执行输入操作，否则拒绝输入，这就是参照完整性。

2. 将 E-R 模型映射到关系模型

从 E-R 图转换为关系模型实际上就是要将实体、实体的属性和实体之间的联系转化为关系模式，这种转换一般遵循如下规则：

①一个实体型转换为一个单独的关系模式。实体的属性就是关系的属性，实体的码就是关系的码。

②一个 $M:N$ 联系转换为一个关系模式。与该联系相连的各实体的码以及联系本身的属性均转换为关系的属性，而关系的码为各实体码的组合。

③一个 $1:M$ 联系可以转换为一个独立的关系模式，也可以与 M 端对应的关系模式合并。如果转换为一个独立的关系模式，则与该联系相连的各实体的码以及联系本身的属性均转换为关系的属性，而关系的码为 M 端实体的码。

④一个 $1:1$ 联系可以转换为一个独立的关系模式，也可以与任意一端对应的关系模式合并。

⑤三个或三个以上实体间的一个多元联系转换为一个关系模式，与该多元联系相连的各实体的码以及联系本身的属性均转换为关系的属性，而关系的码为各实体码的组合。

⑥同一实体集的实体间的联系，即自联系，也可按上述 $1:1$、$1:M$ 和 $M:N$ 三种情况分别处理。

⑦具有相同码的关系模式可以合并。

从 E-R 模型向关系模型转换的主要过程为：

①确定各实体的主关键字。

②确定并写出实体内部属性之间的数据关系表达式，即某一数据项决定另外的数据项。

③把经过消冗处理的数据关系表达式中的实体作为相应的主关键字。

④根据②、③形成新的关系。

⑤完成转换后，进行分析、评价和优化。

将图 8-1 转换为对应的关系模式如图 8-2 所示。

公园

名称	面积	

河流几何属性

名称	线 ID	

河流

名称	长度	

道路几何属性

名称	线 ID	

道路

名称	走向	路面质量

公园几何属性

名称	面 ID	

道路设施

名称	类型	

道路设施几何属性

名称	点 ID	

管理者

姓名	年龄	性别

图 8-2　公园例子的关系模型

在关系模型中，ER 图的空间属性和空间变化属性必须用特殊方式进行处理。空间对象被表示为新的关系。如图 8-3 中的点 ID、线 ID 和多边形 ID 是一些新的域，可以作为独立的关系进行建模。对应这些属性，分别有新关系点、线以及面，如图 8-3 所示。

点

点 ID	纬度	经度

线

线 ID	点序号	点 ID

多边形

多边形 ID	点序号	点 ID

图 8-3　点、线和多边形的关系模式

①点表有三个属性：点 ID、经度和纬度。

②线由点组成，线表的点 ID 属性是对应点表的外码，所有点组成一条由线 ID 标识的线。

③多边形表与线表相似，但它多了一个约束，即要求首尾点的序号指的是同一个点 ID。

8.2.4 物理结构设计

物理结构设计是指有效地将空间数据库的逻辑结构在物理存储器上实现，确定数据在介质上的物理存储结构，其结果是导出空间数据库的存储模式（内模式）。主要内容包括确定记录存储格式，选择文件存储结构，决定存取路径，分配存储空间。

物理结构设计的好坏对空间数据库的性能影响很大，一个好的物理存储结构必须满足两个条件：一是空间数据占有较小的存储空间；二是对数据库的操作具有尽可能高的处理速度。在完成物理设计后，要进行性能分析和测试。

数据的物理表示分两类：数值数据和字符数据。数值数据可用十进制或二进制形式表示。通常二进制形式所占用的存储空间较少。字符数据可以用字符串的方式表示，有时也可利用代码值的存储代替字符串的存储。为了节约存储空间，常常采用数据压缩技术。

物理设计在很大程度上与选用的数据库管理系统有关。设计中应根据需要，选用系统所提供的功能。

8.2.5 空间数据库的运行和维护

建立一个空间数据库是一项耗费大量人力、物力和财力的工作，都希望能应用得好，生命周期长。必须不断地进行维护，即进行调整、修改和扩充。空间数据库的重组织、重构造，空间数据库的备份与恢复、复制与同步和安全性控制等，就是重要的维护方法。

1. 空间数据库的重组织

空间数据库的重组织是指在不改变空间数据库原来的逻辑结构和物理结构的前提下，改变数据的存储位置，将数据予以重新组织和存放。因为一个空间数据库在长期的运行过程中，经常需要对数据记录进行插入、修改和删除操作，会降低存储效率，浪费存储空间，从而影响空间数据库系统的性能。所以，在空间数据库运行过程中，要定期地对数据库中的数据重新进行组织。DBMS 一般都提供了数据库重组的应用程序。由于空间数据库重组要占用系统资源，故重组工作不能频繁进行。

2. 空间数据库的重构造

空间数据库的重构造是指局部改变空间数据库的逻辑结构和物理结构。因为系统的应用环境和用户需求的改变，需要对原来的系统进行修正和扩充，有必要部分地改变原来空间数据库的逻辑结构和物理结构，从而满足新的需要。数据库重构通过改写其概念模式（逻辑模式）的内模式（存储模式）进行。具体地说，对于关系型空间数据库系统，通过重新定义或修改表结构，或定义视图来完成重构；对非关系型空间数据库系统，改写后的逻辑模式和存储模式需重新编译，形成新的目标模式，原有数据要重新装入。空间数据库的重构，对延长应用系统的使用寿命非常重要，但只能对其逻辑结构和物理结构进行局部修改和扩充，如果修改和扩充的内容太多，那就要考虑开发新的应用系统。

3. 空间数据库的备份与恢复

当遇到如磁盘介质损坏等灾难性故障时，需要较为复杂的方法将数据库恢复到故障出现前的一致状态。针对此类情况，数据库管理的标准处理方法是使用空间数据库系统的备份与恢复管理器(backup and recovery manager)，周期性地将整个数据库和事务日志复制到磁带、CD、ROM 或 DVD 等外部存储介质上。对于关键数据通常还需要对备份进行二次复制，并将其存放在远离数据库系统所在的安全位置，如放到其他的建筑内。

备份的频率取决于空间数据库应用的特性和数据的重要程度，可能是每天备份或每周备份。数据库管理中，通常备份事务日志比备份整个数据库更为频繁，这是因为日志文件的数据量比数据库小很多。这种方法实际上使得数据库不仅仅可以恢复到系统出现故障的时刻，而且可以恢复到事务日志备份的时刻。系统崩溃后先将数据库的磁带备份装入计算机，将数据库重建到最近一次数据库备份时的状态，然后利用事务日志的磁带备份重新执行所有最近的事务日志备份所记录的事务。

4. 空间数据库的复制与同步

空间数据库的复制是在一台或多台异地计算机上制作数据库拷贝或副本(replica)的过程。那些接收数据库副本的计算机称为复制服务器(replication servers)。许多组织需要在分布式数据库系统中利用数据库副本来支持其业务需求，以便于进行如下工作：

①通过允许分支机构用户使用本地数据库副本以提高性能，而不是直接与中央数据库服务器进行通信。

②提高数据库的可用性，当数据库服务器关闭时(如系统维护)，仍可确保数据是可访问的。

数据库复制环境要求主数据库与所有复制服务器同时运行，并保证在所有系统上同步"提交"事务。在特定的事务提交实例中任何一个系统不可用都将导致事务执行失败。

5. 空间数据库的完整性控制

空间数据库的完整性是指防止非法用户篡改(添加、删除、修改)空间数据，通常通过数字水印和数字签名等技术来实现。访问控制包括用户认证和访问授权两方面，其中用户认证是实现访问授权的前提条件。它的主要任务是保证信息资源不被非法使用和非法访问。访问控制可以限制对关键资源的访问，防止非法用户进入系统及合法用户对系统资源的非法使用。用户认证采用的技术与空间数据组织管理的方式有关，例如，在文件组织方式下，主要由操作系统通过用户和密码完成用户认证；在数据库管理方式下，主要通过数据库用户和密码完成用户认证；在 web 信息服务、网站服务等分布式管理方式下，通过 Kerberos、X.509 证书等方式完成用户认证。访问授权要解决的是限定某些用户对某些空间数据拥有操作权限。实现访问授权的策略主要有强制访问控制(MAC)、自主访问控制(DAC)和基于角色的访问控制(RBAC)。

8.3　空间数据库建设

空间数据库从应用性质上分，可分为基础地理空间数据库和专题数据库。基础地理空间数据库包括数字线划图(digital line graphic，DLG)、数字高程模型(digital elevation model，DEM)、数字正射影像(digital orthophoto map，DOM)、数字栅格地图(digital raster graphic，DRG)以及相应的元数据库(metadata，MD)。专题数据可能是土地利用数据、地籍数据、规划管理数据、道路交通数据等。本节仅介绍基础地理空间数据库建立过程和方法。

8.3.1 建设流程

1. 建设方法选择

空间数据来源不同，生产方法根据数据源的条件和建库区域不同而灵活选用。空间数据库建设的流程也不相同。基本原则如下：

①对于无图区域，采用基于全数字摄影测量或全数字测图测制数字地形；

②对于地貌变化不大而地物变化很大的老地形图，应采用基于全数字摄影测量的数字测图、全数字测图或基于正射影像的地物要素采集重新测制数字地形图地物要素层；

③对于地貌变化小而地物变化也不大的地形图，应采用地形图扫描矢量化或地形图更新的方法；

④已有新的大比例地形图时应采用缩编方法。

根据资料现状和可能获得的数据源，生产实施过程中作业方法的选择见表8-1。

表 8-1 　　　　　　　　　　**作 业 方 法**

作业方法	基本资料	补充资料
地形图扫描采集	地形图、薄膜黑图	1. 最新行政区划及境界变更资料 2. 现势地名资料； 3. 最新交通图册； 4. 动态 GNSS 测量成果； 5. 外业测量与调绘成果； 6. 其他相关的现势性资料 (资料现势性一般要求 3~5 年内)
解析测图仪测图	航摄像片、控制成果、调绘成果	
全数字摄影测图	航摄像片或数字影像、控制成果、调绘成果	
解析测图仪更新	航摄像片、控制成果、外业调绘成果、矢量数字地形图	
标准地形图更新	航摄像片(含卫片)或数字影像、控制成果、调绘数据、判绘数据，矢量数字地形图	
非常规地形图更新	航摄像片、卫片或数字影像，控制成果，调绘、判绘数据	
地物要素层采集	航摄像片(含卫片)或数字影像、控制成果、调绘数据、判绘数据、数字高程模型或矢量数字地形图等高线要素层	

2. 地形图数字化方法

原始资料采用分版地形图，若无分版地形图，可用纸质地形图来代替。通过扫描仪的CCD 线阵传感器对图形进行扫描分割，生成二维阵列像元，经图像处理、图幅定向、几何校正、分块形成一幅由计算机处理的数字栅格图。通过人工或自动跟踪矢量化、空间关系建立、属性输入等获取矢量空间数据。制作流程图如图 8-4 所示。

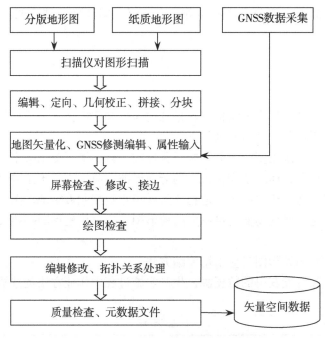

图 8-4　地形图数字化流程

3. 遥感影像数字化方法

原始资料采用航空像片、遥感卫星图像，通过影像扫描数字化、图像处理、图幅定向、几何校正、数字微分纠正和无缝镶嵌，计算机处理生成数字正射影像图。通过人工或自动跟踪矢量化、空间关系建立、属性输入等获取矢量空间数据。制作流程如图 8-5 所示。

4. 数字高程模型库建立过程

数字高程模型就是在一个地区或一幅地形图的范围内，规则格网点的平面坐标(x, y)及其高程 Z 的数据集。它既是基础空间数据库的一部分，也是单张数字航空像片进行影像解析投影变换的基础高程数据。其数据源主要来源包括外业实地测量、地形图，解析测图仪测图和数字摄影测图。

①野外实地测量。利用自动记录的测距经纬仪(常称为电子速测经纬仪或全站经纬仪)在野外实测，直接观测地面点的平面位置和高程。这种速测仪一般都有微处理器，可以自动记录与显示有关数据，或能进行多种测站上的计算工作。其记录的数据可以通过串行通信，输入其他计算机进行处理。但是由于野外测量作业和所需人力资源较多等因素的局限，一般适用于小区域高精度测量。

②现有地形图数字化。利用数字化对现存的各种比例尺地形图上的高程信息(如等高线、特征点、地形线等)进行自动或半自动地数据获取。

③解析航空摄影测量。在解析测图仪上，一般采用一次性采样，沿 z 方向或 y 方向断面扫描方式进行。

④数字摄影测量。数字摄影测量是数字高程数据采集最有效的手段，具有效率高、劳

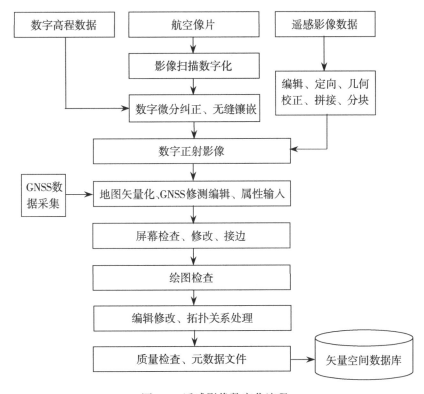

图 8-5 遥感影像数字化流程

动强度低的优点。利用附有自动记录装置(接口)的立体测图仪或立体坐标仪、解析测图仪及数字摄影测量系统,进行人工、半自动或全自动的量测来获取数据。

⑤激光扫描测距仪。与传统的航天摄影测量相反,激光扫描测距是一个直接方法,地形点三维坐标是通过设在飞机上激光测距仪直接量测地面到飞机的距离、GNSS 实时量测飞机在空中的空间位置以及飞机的飞行参数同步计算出所有的数据值。激光扫描测距最突出的优点是在森林区域也能够投入使用,因为激光可以通过地形表面的植被。例如,德国斯图加特大学研制的 Laser-Scan 系统,在十分困难的地形区域利用激光扫描测距的方法获取的数据所建立的格网数字地面模型也能达到中误差小于 0.5m 的精度。激光测距仪在飞行的横方向扫描可以获取断面的数字高程模型。制作流程如图 8-6 所示。

8.3.2 空间数据的获取

数据采集必须首先制定基础地理信息要素分类与编码规范和空间数据库建立作业细则。

1. 空间数据获取的一般原则

内图廓线、方里网应由理论值生成。当内图廓线为多边形边线时,应采集内图廓线使多边形闭合。数字化图廓点的顺序为左下角点、右下角点、右上角点、左上角点。

线状要素采集其中心线或定位线。有方向的线状要素将辅助要素放在数字化前进方向的右侧。线状要素被其他要素隔断时(如河流、公路遇桥梁等),应保持线状要素的连续,

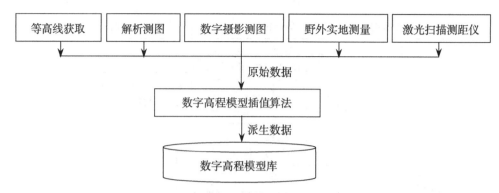

图 8-6　数字高程模型库建库流程

采集时不间断。

　　线状、面状要素数字化的采点密度以线状、面状要素的几何形状不失真为原则，采点密度随着曲率的增大而增加，曲线不得有明显变形和折线。线状要素中的曲线段和折线段应分开采集。曲线中的平直线段应作为直线采集，不作曲线采集，但曲线与直线连接处变化应自然，如铁路、公路的直线段。

　　点状要素采集符号的定位点。有方向的点状要素还应采集符号的方向点，其中第一点采集符号定位点，第二点采集符号方向点。

　　面状要素采集轮廓线或范围线。所有面域多边形都必须有且仅有一个面标识点。对于面状要素，如果其边线不具备其他线状要素的特征，在没有特殊说明的情况下，其边线属性码采用由面属性决定的边线编码，作为背景的面状要素赋要素层背景面编码。面状要素被线状要素分割时，原则上作为一个多边形采集（如居民地被铁路分割、河流被桥梁分割等），被双线河或其他面状地物分割时，应根据实际情况处理为一个或多个多边形。

　　具有多种属性的公共边，只数字化一次（如河流与境界共线、堤与水域边线共线），其他层坐标数据用拷贝生成，并各自赋相应的属性代码或图内面域强制闭合线编码。同一层中面要素的公共边不需拷贝。

　　凡地形图上没有边线的面状要素，其边界属性编码用图内面域强制闭合线编码（如沼泽、沙漠等）。

　　所有图幅都要接边，包括跨带接边。当接边差小于 0.3mm（实地 15m）时，可只移动一方接边。原图不接边的要进行合理处理，如果两边都有要素且接边误差小于 1.5mm 时，则两边各移一半强行接边，接边时要保持关系合理。如果只有一边有要素，则不接边。

　　在同一要素层中建立拓扑关系。要素层与要素层之间不建立拓扑关系。同一要素层中不同平面的地理实体不建立拓扑关系。需建立拓扑关系的要素包括：所有面状要素、交通层中的公路、水系层中的单线河流等。

　　当要素分类不详时，输入要素的大类码；分类明确时，输入要素的小类码。如陡岸分类不详时，输入陡岸编码；分类明确时，输入石质和土质陡岸编码。

　　2. 空间数据获取方法

　　(1) 测量控制点

各级测量控制点均应采集，并作为实体点地理实体数字化。测量控制点的名称、等级、高程、比高、理论横坐标、理论纵坐标作为属性输入。测量控制点名称在图上不注出时，注记编码为"0"。测量控制点与山峰同名时，注记编码赋山峰注记编码，山峰名称不单独采集。独立地物作为控制点时，分别在相应要素层中采集控制点和独立地物。作为控制点采集时，在类型中加"独立地物"说明。

(2) 工农业社会文化设施

采集的要素有石油井、盐井、天然气井、矿井、储油罐、水厂、发电厂、变电所、生物制剂厂、粮仓、政府驻地、电信机构、雷达、电视台、电视发射塔、著名的医院、依比例表示的露天矿和体育场。作为测量控制点的独立地物应采集。由一点定位垂直于南北图廓线表示的点要素按实体点地理实体数字化。真方向表示的点要素按有向点数字化。半依比例尺表示的线状要素按线地理实体数字化，辅助符号在数字化前进方向右侧，如露天矿等。依比例表示的体育场，按面地理实体数字化。要素的名称、类型、高程、比高等均作为属性输入，没有的项可缺省。

(3) 居民地

采集要素有街区、依比例表示的突出房屋、高层房屋、独立房屋和破坏的房屋。街区中的突出房屋、高层房屋不区分性质，统一用街区符号表示。

选取的要素有小居住区、独立房屋和窑洞。多个独立房屋构成的居民地，选择其主要位置(逻辑中心)的房屋赋地名，其他独立房屋不赋地名，有名称的居民地应采集，分散且无名称的独立房屋和窑洞可适当舍去。人烟稀少地区的独立房屋应选取。海岛上的高脚屋按独立房屋采集。由独立房屋组成的散列式居民地独立房屋可适当取舍，但应反映居民地的分布特征。采用识别方法采集全部独立房屋，则应将已更新为街区和不存在的独立房屋删除。

不依比例尺表示的独立房屋、突出房屋、小居住区及窑洞按有向点数字化。半依比例尺表示的独立房屋按线地理实体数字化。成排的窑洞按线地理实体数字化，窑洞符号在数字化前进方向的右侧。

依比例表示的独立房屋、突出房屋、高层房屋、街区按面地理实体数字化。街区式居民地采集外围轮廓线，赋街区边线属性，街区面域赋普通街区属性编码，街区中的广场空地面积大于 $8mm^2$ 应采集，街区边线可作为其范围线，以道路或街道为边线时，以图内面域强制闭合线使面域闭合。运动场、水域等面状要素在街区中应空出。街道或道路两侧均为街区时，街区边线不采集；街道或道路一侧有街区另一侧没有街区时，街区边线应在有街区一侧自行封闭。街道在交通层中采集。

有两个以上名称的集团式街区(或者街区扩大，多个居民地变为一个集团式街区)，有总名时作为一个面域采集，无总名时应根据居民地的轮廓形状、街道或地形特征，分成与地名对应的多个面域采集，中间用图内面域强制闭合线分开，分割处的街道在交通层中应采集。

(4) 陆地交通

采集要素有标准轨复线铁路和单线铁路(含电气化铁路和高速铁路)、窄轨铁路、铁路车站、建筑中的铁路、国道、省道、县乡公路及其他公路、建筑中的各级公路、主要街道、地铁出入口、隧道、加油站、机场、能起降飞机的公路路段。选取的要素有次要街道、大车路、乡村路、小路、山隘、桥梁、渡口。交通属性应输入编码、名称、铺面类型、技术等级、国道编号、省道编号、路面宽度和铺面宽度等。

公路编号用大写字符半角输入，县及县以下公路可不输入名称和编号，公路名称和编码依据《国家干线公路线路名称和编码》和交通图现势资料确定。

两条以上公路汇合的重复路段，只表示高级道路的名称和编码，同级道路拷贝几何数据，分别表示各自的名称和编码。

公路交叉点和属性变换点(如水泥路面和沥青路面交界点)均为公路线地理实体的分割节点，属性变换点位置应根据图上居民地和道路附属物等合理确定，一般以居民地或道路附属物作为属性变换点。

(5)管线

管线均按线地理实体数字化。并按实际情况输入名称、类型、净空高度和埋藏深度等属性，类型包括电力线伏特数(以千伏为单位)，各种管道的用途(油、煤气、水、蒸汽)等。管线与线状地物间隔小于 3mm，图上断开表示时，数字化时用强制连接线使其连接。

(6)水域/陆地

采集的要素有河流、地下河段出入口、坎儿井、主要堤、防波堤、土质无滩陡岸、石质无滩陡岸、顺岸式码头、突堤式码头、栈桥式码头、浮码头、海岸线、水涯线、海域、海岛、河湖水库中的岛屿沙洲、海上平台、等深线、水深注记。土质和石质有滩陡岸在地貌层中按陡崖数字化。

选取的要素有湖泊、水库、池塘、时令湖、时令河、消失河段、运河与沟渠、干沟、沼泽地、盐田、储水池、水井、泉、瀑布、水闸、拦水坝、一般堤、堤岸、沙滩、泥滩、沙泥滩、沙砾滩、岩石滩、树木滩。

水域/陆地要素要输入编码、名称、类型、宽度、河底性质、水深、时令月份、长度、高程、比高、吨位、河流代码等属性。.

河流应判定水流方向，单线河流按从上游到下游的方向数字化。河流遇桥梁、水闸、拦水坝、瀑布等直接通过，数字化时不间断。

双线河、双线运河和双线沟渠作为面地理实体数字化。为保持面状水系要素闭合，在双线河流与湖泊、水库、海洋汇水处，不同名称段双线河流分界处，需加图内面域强制闭合线，形成各自封闭的多边形。河流入海口，应将河流水涯线与海岸线分开，分别赋相应属性。

单线沟渠按线地理实体数字化，并在属性中输入主、次类型说明和沟宽。不能确定沟渠宽度时，可不输入宽度。

依比例尺表示的干沟按面地理实体采集，边线赋由面属性确定的边线属性，干沟开口处用图内元素面的强制闭合线闭合。

海洋、湖泊、池塘按面地理实体数字化。海洋边线赋海岸线属性，湖泊池塘边线赋常水位岸线属性。

海岸线一般以地形图为准，当地形图与海图的岸线位置不一致时应以较新的资料为准。

(7)海底地貌及底质

采集的要素有实际位置水深、不精确水深、未测到底水深、干出水深、等深线、不精确等深线。水深按点地理实体数字化,等深线按线地理实体数字化。

(8)礁石、沉船、障碍物

采集的要素有礁石、沉船、危险区、图上面积大于4mm的水产养殖场。依比例尺表示的礁石按面地理实体数字化,不依比例尺表示的礁石按点地理实体数字化,区分干出礁、适淹礁、暗礁和水下珊瑚礁,并赋相应属性。水下珊瑚礁赋暗礁属性,并在表面物质属性项中输入"珊瑚"。依比例尺表示的礁石范围线赋面属性决定的边线编码。各类礁石应按海图输入名称、深度值、测深技术等属性。

(9)水文

采集的要素有河流、沟渠宽度标识点、河流、沟渠流向,近海海域的涨潮流、落潮流、海流、水位点、浪花。河流、沟渠流向,近海海域的涨潮流、落潮流,按有向点采集,并输入流速。有两个数字表示的流速(如3.5~4.5节)取其平均数输入,单位"节(kn)、秒(s)等"不输入。双线河流(沟渠)上的河(沟)宽、水深、底质符号按线地理实体数字化。单线河流、沟渠上的按有向点数字化,方向点在河流流向的垂直方向上。单线沟渠上的沟宽、沟深按实体点数字化。

(10)陆地地貌及土质

采集的要素有首曲线、计曲线、间曲线、助曲线、草绘曲线、高程点。选取的要素有冲沟、土质和石质陡崖、陡石山、冲沟和陡崖比高点。

等高线的属性类型缺省为普通等高线,雪山等高线的类型码中输"雪山"。等高线的类别分正向和负向,缺省为正向,负向地貌应在类别码中输入"负向"。各类等高线均应输入高程值。等高线遇单线冲沟、单线河、公路、陡崖等要素及注记压盖而间断表示时,应根据曲线走向连接。等高线走向无法判断时可间断。等高线被面状地物、地貌符号等隔断时应尽量连接。等高线遇双线河、双线冲沟间断表示时可不连接。间曲线、助曲线、草绘曲线、任意曲线、滑坡等高线等均作连续的线地理实体数字化。滑坡等高线按草绘等高线采集。

各类等高线和高程点可利用已有数字高程图的数据进行格式转换。高程点只输入高程值不采集名称,高程点有山峰名称时,山峰名称在注记层中单独采集。

(11)境界与政区

采集的要素有已定国界、未定国界、省(含自治区、直辖市)界、地区(含地级市、自治州、盟)界、县(含自治县、旗、自治旗、县级市)界、特别行政区界;县(含自治县、旗、自治旗、县级市)政区、特别行政区;界碑、界桩、界标。各级境界按连续的线地理实体数字化,一般应组成封闭的多边形。对延伸到海部的境界线,拷贝海岸线数据使面域闭合,赋图内面域强制闭合线属性,延伸到图廓线的境界,以图廓强制闭合线闭合。若境界在海湾或河流入海口中部,汇合点应选择海岸线与境界线最接近之处,海岸线与境界线之间加图内面域强制闭合线,使其闭合。穿过海岸线延伸到海部的境界,作为线地理实体数字化,不必形成封闭面域。海洋中的分段国界,按图上的线段位置中心线数字化,不必形成封闭面域。

境界以单线河、道路等线状地物为界时,拷贝相应线状地物坐标数据,赋相应境界代码。

境界以河流中心线、主航道线或共有河为界时,按图形(或影像)中心线或主航道数字化，地图上沿河流两侧跳绘的境界不再数字化，并在境界类型说明中输入"中心线"、"主航道"或"共有河"。

（12）植被

选取的要素：选取图上面积大于 1cm 的套色植被。植被只输入类型属性。植被用航测方法更新边界，根据航片和地形图判定属性，新增加植被属性判读不清时，输入森林属性。地类界作为植被面域的分界线数字化时，必须赋地类界属性。植被范围线与地类界相交处均应作为节点，被其他线状地物（如河流、公路、铁路等）所取代的地类界，应从相应层拷贝其坐标到植被层，赋图内面域强制闭合线属性。植被面域不闭合的地方，应根据地类界（或其他线状地物）的延伸方向将其闭合。

（13）助航设备

灯塔、灯桩、灯船、立标、灯浮标与其建筑物上的灯标分别采集，灯标的坐标拷贝生成。图上有关灯标及其建筑物所标注的全部内容都放在相应建筑物的"性质"属性项中。航空灯塔应在类型中输入"航空"。

在同一建筑物上设置有两个以上的灯（具有多种光色和射程）时，每个灯标都各自表示为一个地理实体，并分别输入灯标的属性信息。

作为导灯、区界灯、定向灯的灯塔、灯桩，灯标中还应输入方位角，单位为°。扇形光灯（灯塔、灯桩），应单独采集射程范围弧线（半径），并在灯标属性中输入灯标光色的光弧角度范围："光弧角度 1"，"光弧角度 2"。灯标光弧有多种光色时，应拷贝生成多个灯标，输入相应光色的光弧角度范围。

（14）海上区域界线

锚地包括推荐锚地、锚位、无限制锚地、深水锚地、油轮锚地、爆炸物锚地、检疫锚地、水上飞机锚地和其他锚地，应按其不同属性分别采集。单个符号表示的锚地按点地理实体采集，有范围线的锚地按面地理实体采集，范围线赋由面属性确定的边线属性。有编号、名称的锚地应采集相应的编号和名称。备用锚地、避风锚地、危险品锚地、临时锚地等赋其他锚地编码，并在类型中输入"备用"、"避风"、"危险品"、"临时"等相应说明。国家代码采用两字符代码。

（15）航空要素

机场不区分等级，符号按点地理实体数字化。依比例尺的机场轮廓线按面地理实体数字化，赋机场属性。

（16）注记

各种名称注记均须采集，并形成地名注记文件，只采集地名的定位点和注记定位点；字体、字型、字大（单位 mm）、字向（角度）、颜色不采集。地名的定位点不区分点线面地理实体，均采集一个定位点。一行和分行规则排列的注记定位点取第一个字的左下角点，直线排列并分散注记的定位点取第一个字的左下角点和最后一个字的右下角点，不规则排列的定位点取各字的左下角点。更新的居民地街区扩大后，注记定位点应移动到适当位置。

有实体对应的名称注记，名称随要素采集到属性表中。无实体对应的名称注记只在注记层采集。

县乡镇居民地采集其行政名称，行政名称与驻地名不同时，驻地名作为无实体对应的名称采集，赋相应的驻地名称编码。

城镇居民地中驻有两级以上政府机关时，其行政名称按高一级采集，低级行政名称按无实体对应的名称采集，赋相应等级的名称编码。

3. 元数据获取

每幅图有一个元数据文件。在用摄影测量方法修测地图要素的作业过程中，还生成有"图幅基本信息文件"和"质量评价文件"两个数据文件，分别描述地图产品的基本情况和质量评价指标。

图幅基本信息文件，在摄影测量数字化作业之前，由接受生产任务的生产组织者或从事第一工序的作业人员，利用"元数据文件生成系统"软件，通过人机交互方式直接生成。

质量评价文件，在摄影测量数字化作业过程中，根据分工由检查验收人员或各工序的作业人员，利用"元数据文件生成系统"软件，通过人机交互方式从"摄影测量生产管理信息系统"有关信息中读取或直接生成。

在修测完成后，摄影测量数字化作业人员应将图幅基本信息文件和质量评价文件的有关信息转入元数据文件，并通过网络传输给地图数字化作业人员，地图数字化作业人员利用"地图数据采集系统"中的元数据文件生成软件，通过人机交互方式输入元数据文件的其他数据项。

8.3.3 空间数据的处理

建立空间数据库的数据源多种多样，数据入库的方式各有不同，但不论哪种数据源，采用何种方式入库，都会或多或少地存在数据数学基础不一致、数据采集误差甚至错误等情况。因此，建立一个完整的地理信息系统，空间数据的处理是必不可少的、非常重要的一项工作。空间数据处理的内容涉及广泛，主要取决于原始数据的特点和用户的具体要求，一般包括空间数据的编辑、空间数据的坐标变换、拓扑关系的建立、空间数据的压缩、空间数据的插值等。

1. 空间数据的编辑

空间数据的编辑主要指对输入的图形数据和属性数据进行检查、改错、更新及加工，在空间数据的编辑中，除逐一修改图形与属性输入的误差和错误外，还包括图形的分割与合并、数据更新等。全部编辑工作是把数据显示在屏幕上，由键盘和编辑菜单来控制数据编辑的各种操作活动。

(1)图形数据的编辑

图形数据编辑是纠正数据采集错误的重要手段，可分为图形参数编辑和图形几何数据编辑，通常用可视化编辑修正。图形参数主要包括线型、线宽、线色、符号尺寸和颜色、面域图案及颜色等，几何数据的编辑包括点、线、面、体的编辑等。空间数据的编辑内容参见表8-2。

表 8-2 空间数据的编辑内容

	编 辑 内 容
点	添加、删除、移动、复制、对齐、旋转、修改参数
线	添加、删除、移动、复制、造平行线、剪断、光滑、旋转、整形、修改参数、线转弧段
面	添加、删除、移动、光滑、剪断弧段，弧段加点、删点、移点、改向、抽稀、旋转、转线、修改弧段参数、多边形生成、复制、删除、移动、多边形参数修改
体	光照、材质、背景、模型参数、场景参数

（2）属性数据的编辑

属性数据的编辑通常同数据库管理结合在一起，典型功能包括删除、插入、添加、修改、移动、合并及复制数据等。属性数据的编辑一方面是检查属性数据是否正确地与空间数据（几何数据）相连接，也就是检查属性数据文件中包含的实体标识码（ID）是否唯一，是否在正确的数值范围内。另一方面是检查属性数据本身的正确性和有效性，纠正属性数据的输入错误。属性数据错误的检查与识别可以采用手工对照、异常值检查或程序自动检查及统计检查等方式。

2. 空间数据的坐标变换

由于地图图纸有可能发生变形，数字化设备的度量单位和地图的实际坐标单位不一致，不同来源的地图之间存在地图投影与地图比例尺的差异等原因，需要对地图数字化后得到的数据进行坐标转换。空间数据坐标变换的实质是建立两个平面点之间的一一对应关系，包括几何纠正和投影转换。

（1）几何纠正

常用的几何纠正方法有仿射变换、二次变换和高次变换。

①仿射变换。仿射变换是较简单的一次变换，也是使用最多的一种几何纠正方式。它只考虑地理实体在 x 和 y 方向上的变形。仿射变换的公式为：

$$\begin{cases} x' = a_1 x + a_2 y + a_3 \\ y' = b_1 x + b_2 y + b_3 \end{cases}$$

式中，x'、y' 为理论值；x、y 为当前坐标值；a、b 为待定系数。因此，只需要知道不在同一直线上的 3 对控制点在当前坐标系统中的坐标及其理论值，即可求得待定系数。如此，其他地理实体纠正后的坐标值即可求得。

②高次变换。高次变换的公式为：

$$\begin{cases} x' = a_0 + a_1 x + a_2 y + a_{11} x^2 + a_{12} xy + a_{22} y^2 + A \\ y' = b_0 + b_1 x + b_2 y + b_{11} x^2 + b_{12} xy + b_{22} y^2 + B \end{cases}$$

式中，x'、y' 为理论值；x、y 为当前坐标值；a、b 为待定系数；A、B 代表 3 次以上的高次项之和。采用这种方式进行几何纠正时，需要 6 对以上控制点的坐标及其理论值才能求解待定系数。

③二次变换。当不考虑高次变换方程中的 A 和 B 时，则变成二次方程，成为二次变换。二次变换只需要知道不在同一直线上的 5 对控制点在当前坐标系统中的坐标及其理论值，即可求得待定系数。

（2）投影转换

当数据取自不同地图投影的来源时，需要将一种投影的数字化数据转换为所需要投影的坐标数据。投影转换的方法可以采用：

①正解变换。通过建立一种投影变换为另一种投影的严密或近似的解析关系式，直接由一种投影的坐标 x、y 变换到另一种投影的直角坐标 X、Y。

②反解变换。即由一种投影的坐标反解出地理坐标（x、$y \rightarrow B$、L），然后将地理坐标代入另一种投影的坐标公式中（B、$L \rightarrow X$、Y），从而实现由一种投影到另一种投影坐标的变换（x、$y \rightarrow X$、Y）。

③数值变换。根据两种投影在变换区内的若干同名点坐标，采用插值法、有限差分法、有限元法、待定系数法等，实现从由一种投影到另一种投影的坐标变换。

3. 拓扑关系的建立

在图形矢量化完成后，对于大多数数字地图而言需要建立拓扑，这样就可以避免两次检索同一目标。一般建立拓扑关系有手工建立和自动建立两种方法。手工建立是人机交互操作的方式，用户通过操作输入设备（鼠标或键盘），在屏幕上依次指出构成一个区域的各个弧段、一个区域包含另外哪几个区域、组成一条线路的各个弧段等。自动建立则是利用系统提供的拓扑关系自动建立功能，对获取的矢量数据进行分析判断，从而可以建立多边形、弧段、节点之间的拓扑关系。这里主要介绍基于二维空间的点-线、线-面拓扑关系自动生成方法。

（1）点-线拓扑关系生成

点-线拓扑关系是最常用的要素拓扑关系，如道路网络拓扑关系，也是建立线-多边形关系的基础。建立点-线关系常见的方法是节点匹配算法。首先根据空间数据的精度选择合适的匹配限差（如 0.1m），计算机自动把满足匹配限差的线段首末点归结为一点，然后建立点与线段的拓扑关系。

（2）线-多边形拓扑关系生成

多边形是空间数据中的基本图形类型，常用来描述面状分布的地理要素。平面上一条不自相交的有向封闭线所形成的图形为多边形，该线即为多边形的边界。按左手法则，若边界的前进方向左侧为多边形区域，则该方向为多边形边界的正向。如果线的数据采集方向与多边形边界的正向一致，线段方向记为正，反之为负。一般情况下，一条线分别为两个不同多边形的边界，在这个多边形中为正，在另一个多边形中肯定为负。

多边形自动生成是空间数据组织管理重要功能。多边形生成的基本思想是：从点与线段的拓扑关系中的第一节点对应的第一线段开始，沿逆时针方向搜索它所对应的多边形，通过对该线段下一节点所对应的其他线段的计算方位角的判断，确定该多边形的下一后继线段；再以该后继线段的下一节点判断其后继线段，直到回到起始节点。然后跳转点与线段的拓扑关系中的第一节点所对应的下一线段，重新开始搜索另一多边形，直到第一节点所对应的线段全部搜索完毕。再转入点与线段的拓扑关系中的下一个节点，按上述规则重新开始。依次，直到生成了完整而不重复的线-多边形拓扑关系。

4. 空间数据的压缩

空间数据压缩包括矢量数据和栅格数据的压缩，其中栅格数据压缩可见本书第2章栅格数据偏码，本节仅介绍矢量数据的压缩。

矢量数据压缩的主要任务是根据线状要素中心轴线和面状要素边界线的特征，减少弧段矢量坐标串中节点的个数(顶点不能去除)，目的是删除冗余数据，减少数据的存储量，节省存储空间，加快后继处理的速度。其中最具代表性的矢量数据压缩方法为道格拉斯-普克法(Douglas-Peucker)。

道格拉斯-普克法的基本思路是对每一条曲线的首末端点虚连一条直线，求出曲线上所有点与该直线的距离，并找出最大距离值 d_{max}，用 d_{max} 与阈值 D 相比，若 $d_{max} < D$，则这条曲线上的中间点全部舍去；若 $d_{max} \geq D$，则保留 d_{max} 对应的坐标点，并以该点为界，把曲线分为两部分，对这两部分重复使用该方法，如图 8-7 所示。

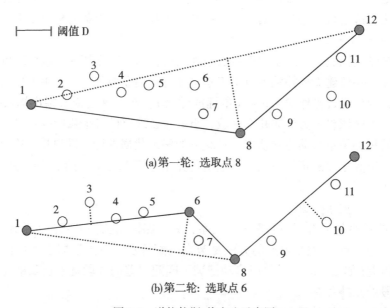

图 8-7　道格拉斯-普克法示意图

5. 空间数据的插值

通过各种途径采集的空间数据，往往是用户根据自己的要求获取的采样观测值，亦即数据集合是由感兴趣的区域内的随机点或规则网点上的观测值组成的。但有时用户却需要获取未观测点上的数据，而已观测点上数据的空间分布使我们有可能从已知点的数据推算出未知点的数据值。

在已观测点的区域内估算未观测点数据的过程称为内插；在已观测点的区域外估算未观测点数据的过程称为外推。空间数据的内插和外推在 GIS 中使用十分普遍。一般情况下，空间位置越靠近的点越有可能获得与实际值相似的数据，而空间位置相距越远的点则获得与实际值相似数据的可能性越小。

空间数据的内插方法主要有点内插和区域内插两类：

(1)空间数据的点内插

点内插所研究的空间通常是连续空间，所以可采用连续平滑的数学面加以描述，通常分为整体拟合和局部拟合两大类。整体拟合技术是研究区域内所有采样点上的全部特征值。它一般用于模拟大范围内的变化，即整体趋势面拟合。局部拟合可提供局部区域的内插值，且不受局部范围之外的其他点的影响。在地理信息系统中大量使用局部拟合技术，如为了建立数字高程模型需要求各网点的数据值，或加密各网点时必须求出未采样点的数值，这些待求数据的确定主要取决于邻近点的数据值。点内插的方法很多，有精确的内插方法，如样条函数内插法、克里金(Kriging)内插法、有限差分法、多项式内插法、趋势面分析法内插法、傅里叶级数内插法、最小二乘样条函数内插法、指数级数趋势面内插法等。

（2）空间数据的区域内插

区域内插主要用于解决对离散空间数据的插值。实际上，空间数据中存在着大量离散空间数据，解决这类问题不能用点插值方法，而要用区域插值法。区域内插是研究从某个地区的一组已知的分区数据中推断另一组未知分区数据的插值方法。

8.3.4 空间数据入库

在完成空间数据库的设计之后，就可以建立空间数据库，并装入空间数据。地理信息系统的建设中，数据库的建设大概要占到整个系统的70%。由此可以看到数据库的建设在 GIS 系统的建设过程中占有极其重要的地位。

但是，在建库过程中总会碰到各种各样的问题，导致建库的困难，甚至无法完成建库工作。要解决建库遇到的各种问题，顺利地完成建库，就要对建库的整个过程进行分析，从中找出影响建库的最主要的因素，并认真地分析这些因素产生的根本原因，制定出解决这些问题的方案，才能有意识有计划地消除工程实践中各种不确定和确定因素对建库的影响，从而顺利地建库。

从整个建库过程来看，建库主要由以下4个过程组成：

1. 数据库建模

数据库建模，即建立空间数据库的结构，利用 DBMS 提供的数据描述语言描述逻辑设计和物理设计的结果，得到概念模式和外模式，编写功能软件，经编译、运行后形成目标模式，建立起实际的空间数据库结构。这一过程主要是根据行业应用特点及对其的理解，制定出数据规范，在逻辑上建立数据库。

在数据建模过程中，所做的工作主要是根据对行业的理解，在逻辑和概念上对数据库进行设计，其影响的是数据库建设完毕后的通用性和可扩展性。

2. 数据监理

数据监理主要是检测即将入库数据是否符合规范，保证数据的正确性和建库的准确性。也就是解决不同平台之间数据交流的问题，即多格式数据源集成的问题。目前，实现多源数据集成的方式大致有三种，即数据格式转换模式、数据互操作模式、直接数据访问模式，其中与数据库入库相关的多源数据集成方法为格式转换。

格式转换模式是传统的 GIS 数据集成方法，也是入库的基本思想。在这种模式下，其他数据格式经专门的数据转换程序进行格式转换后，就可以入库了。这是目前 GIS 系统集成的主要办法。基本上每个 GIS 平台都提供了一些数据转换工具，以 ESRI 公司的 GIS 平台为例，其提供了 ArcToolBox 工具箱，功能比较完善和强大，基本上支持市面上主流的各种 GIS 数据，如 Autodesk 公司的 DWG 格式文件，DXF 格式文件，mapInfo 公司的 MIF 格式，Intergraph 的 dgn 格式，以及各种栅格图形数据等，基本上满足了一般数据入库的要求。此外，市面上还有很多专门用于转换数据格式的专门工具，如 FME 系列工具等，功能十分强大且十分方便灵活。可见，只要提供的源数据是正确的、符合规范的，那么利用以上工具再加上自行开发相关工具就可以十分方便地将数据导入到数据库中，顺利地完成建库的工作。因此，源数据的准确性和规范性就成为建库成功十分关键的因素。只要数据是准确的，符合规范的，那么建库就会比较顺利地完成。由此看来，数据监理过程就显得十分重要，它是建库能否顺利进行的关键所在。

数据监理大概要经过如下几个过程：

①准备阶段。对新监理的数据进行研究和分析，从中发现数据中存在的明显的和潜在的错误。

②根据数据建库标准以及发现的各种错误，分析这些错误可能对建库造成的影响，按照严重程度、优先级别、逻辑关系等将错误分类，并制定解决问题的方案。

③按照解决方案有计划、有步骤地纠正数据错误，使之符合建库规范。

④这样循环往复，直到消除所有的错误(理想情况，工程实际中不存在)。

⑤在真正入库前，首先进行抽样检测，并小规模进行试验性入库。

3. 数据装入

在数据入库过程中，其核心内容是如何依据所制定的数据规范将各种格式的数据，准确、快速地导入数据库中。

一般由编写的数据装入程序或 DBMS 提供的应用程序来完成。在装入数据之前要做许多准备工作，如对数据进行整理、分类、编码及格式转换(如专题数据库装入数据时，采用多关系异构数据库的模式转换、查询转换和数据转换)等。装入的数据要确保其准确性和一致性。最好是把数据装入和调试运行结合起来，先装入少量数据，待调试运行基本稳定了，再大批量装入数据。

4. 调试运行

装入数据后，要对空间数据库的实际应用程序进行运行，执行各功能模块的操作，对空间数据库系统的功能和性能进行全面测试，包括需要完成的各功能模块的功能、系统运行的稳定性、系统的响应时间、系统的安全性与完整性等。经调试运行，若基本满足要求，则可投入实际运行。

由以上不难看出，建立一个实际的空间数据库是一项十分复杂的系统工程。

第9章 空间数据共享与集成

随着数字城市、智慧城市为代表的信息化趋势，地理空间数据共享需求日益迫切，但传统的数据存在以下问题：①传统空间数据库从体系结构到数据格式都具有封闭性，不同的应用关心的数据属性各不相同，空间数据不具互操作性；②纯粹的空间信息，离开其开发环境，就不被理解和识别，甚至难以获取数据集的内容；③用户无从获取数据的生产、质量等信息，无法判断数据集能否满足用户特定的应用要求；④空间数据共享困难，一方面一些数据被闲置，不为人所知、难以应用；另一方面人们急需一些数据而又无法获得。因此，空间数据的共享与集成就显得尤为重要。

9.1 空间元数据

空间信息共享依赖于空间数据和属性数据以外的一类特殊数据，这种数据描述空间数据集的内容、质量、状态和其他特性，这就是地理空间数据的元数据。元数据也应该系统地组织，最好的方法是使用公共的术语来描述数据集，这就需要用标准来规范元数据的内容、表达、存储、管理与应用。人们逐步认识到标准化的元数据在空间信息共享中的重要作用，为地理空间数据提供标准化的元数据，已经成为一些国家的国策（王泽根、武芳，2004）。

9.1.1 元数据的概念

1. 元数据的作用和内容

Metadata 的原意是关于数据变化的描述。到目前为止，科学界仍没有关于元数据公认的定义，但一般都认为元数据是"关于数据的数据"。

元数据并不是一个新的概念。实际上，传统的图书馆卡片、出版图书的介绍、磁盘的标签等都是元数据。纸质地图的元数据主要表现为地图的类型、图例，包括图名、空间参照系统、图廓坐标、地图内容说明、比例尺和精度、编制出版单位、生产日期或更新日期等。在这种形式下，元数据是可读的，生产者和用户之间容易交流，用户可以很容易地确定地图能否满足应用需要。

数字和网络环境下，数据的管理和应用均产生了新的问题，如数据生产者需要管理和维护海量数据，提高效率，且不受工作人员变动的影响；而用户缺乏方便快捷地查询可用数据的途径，缺少可用数据的技术文件信息（如数据的来源、生产日期、质量等）；当数据格式对于应用而言不可直接使用时，不知道如何理解和转换数据。

元数据可以用来辅助地理空间数据，帮助数据生产者和用户解决上述问题。元数据的主要作用可以归纳为五个方面：①帮助数据生产单位有效地管理和维护空间数据，建立数据文档，并保证生产人员退休或调离后，也不会失去对数据情况的了解；②提供数据的存储、分类、内容、质量、交换网络及销售等方面的信息，便于用户查询检索地理空间数据；③通过网络提供对数据进行查询检索的方法或途径，以及与数据交换和传输等的辅助信息；④帮助用户了解数据，以便对数据是否满足其需求做出正确的判断；⑤提供便于用户处理和转换数据的信息。

因此，元数据的根本目的是促进数据的高效利用，是为计算机软件工程服务。

元数据的主要内容包括对数据库的描述，包括对数据库中各数据项、数据来源、数据所有者及数据生产历史等的说明；对数据质量的描述，如数据的精度、逻辑一致性、完整性、分辨率、源数据的比例尺等；对数据处理信息的说明，如量纲的转换，数据转换方法等；对数据库的更新、集成方法的说明等。

就元数据的性质而言，元数据是关于数据的描述性信息，应尽可能地反映数据库自身的特征规律，以便用户对数据库进行准确、高效与充分的开发和利用。不同领域的数据库，元数据的内容会有很大差异。

2. 元数据的形式和分类

元数据也是一种数据，在形式上与其他数据没有区别，可以以任何一种数据形式存在，可以分为文件卷宗、数字两大类，其中数字形式的元数据又可以分为文本文件、超文本文件和通用标示文件。

元数据的传统形式是填写数据源和数据生产工艺过程的文件卷宗，或者用户手册。用户手册提供的元数据简洁、易读，并可以联机查询。更主要的形式是与元数据内容标准相一致的数字形式，元数据可以用多种方法建立、存储和使用。

最基本的形式是文本文件，易于传输，且不受用户软、硬件的限制。

元数据的另一种形式是利用超文本链接标示语言（hyper text markup language，HTML）编写的超文本文件。用户可以利用 Netscape Navigator，Internet Explorer 或 Mosaic 查阅元数据。

用通用标示语言（standard for general markup language，SGML）建立元数据。SGML 提供一种有效的方法链接元数据元素，便于建立元数据索引和在空间数据交换网络上查询元数据，并且提供一种在用户间交换元数据、元数据库和元数据工具的方法。

对元数据分类可以更好地了解和使用元数据。分类的原则不同，元数据的分类体系和内容将会有很大的差异。下面是几种常用的分类方法。

（1）按内容分类

其一，不同性质、不同领域的数据所需要的元数据内容有差异；其二，为不同应用目的而建设的数据库，元数据内容会有很大的差异。根据这两个原因，可将元数据划分为三种类型：

科研型元数据。主要目标是帮助用户获取各种来源的数据及其相关信息，包括数据源名称、作者、主体内容以及数据拓扑关系等。

评估型元数据。主要服务于数据利用，包括数据收集情况，收集数据所用的仪器、数据获取方法和依据、数据处理算法和过程、数据质量控制、采样方法、数据精度、数据的可信度、数据的潜在应用领域等。

模型元数据。用于描述数据模型的元数据，与描述数据的元数据在结构上大致相同，其内容包括模型的名称、类型、建模过程、参数、边界条件、作者，引用模型的描述、建模软件、模型输出等。

（2）按描述对象分类

按描述对象可将元数据分为以下三类：

数据层元数据：描述数据库中每个数据的元数据，包括日期邮戳（最近更新日期）、位置戳（指示数据的物理地址）、量纲、注释、误差标识、缩略标识、存在问题标识、数据处理过程等。

属性元数据：属性数据的元数据，包括数据字典、数据处理规则（协议）等。

实体元数据：描述整个数据库的元数据，包括数据采样原则、数据库有效期、数据时间跨度等。

（3）按作用分类

按作用可将元数据分为以下两类：

系统层（system-level）元数据：指用于实现文件系统特征或管理文件系统中数据的信息，以保证服务控制质量等，例如，访问数据的时间、数据的大小、存储位置、存储方式等。

引用层（application-level）元数据：服务于用户查找、评估、访问和管理数据等的信息，如文本文件内容的摘要信息、图形快照、描述与其他数据文件相关关系的信息。往往用于高层次的数据管理，用户通过它可以快速获取合适的数据。

（4）按用途分类

按用途可将元数据分为说明性元数据和控制性元数据。

说明性元数据：专为用户使用数据提供服务的元数据，一般用自然语言表达，如源数据的空间范围、地图投影、比例尺以及数据库说明文件等，多为描述性信息，侧重于数据库的说明。

控制性元数据：主要是数据库操作方法的描述，用于计算机操作流程控制的元数据，由一定的关键词和特定的句法来实现。内容包括数据存储、检索、与目标匹配的方法、目标的检索和显示、分析查询及查询结果排列显示、根据用户要求修改数据库中原有数据的内部顺序、数据转换方法、空间数据和属性数据的集成、根据索引项将数据绘制成图、数据模型的建设和利用等。

3. 空间数据元数据的概念

空间数据元数据是关于空间数据的描述或说明，主要包括以下内容：

类型（type）：指该数据能接受的值的类型；

对象（object）：对地理实体的部分或整体的数字表达；

实体类型（entity type）：对于具有相似地理特征的地理实体集合的定义和描述；

点（point）：用于位置确定的 0 维地理对象；

节点（node）：拓扑连接两个或多个链或环的一维对象；

标识点（label point）：显示地图或图表时用于特征标识的参考点；

线（line）：一维对象的一般术语；

线段（line segment）：两个点之间的直线段；

线串（string）：由相互连接的一系列线段组成的没有分支线段的序列，可以自身或与其他线相切；

弧(arc)：由数学表达式确定的点集组成的弧状曲线；

链(link)：两个节点之间的拓扑关联；

链环(chain)：非相切线段或由节点区分的弧段构成的有方向无分支序列；

环(ring)：封闭状不相切链环或弧段序列；

多边形(polygon)：在二维平面中由封闭弧段包围的区域；

外多边形(universe polygon)：数据覆盖区域内最外侧的边围成的多边形，其面积是其他所有多边形的面积之和；

内部区域(interior area)：实体中不包括边界的区域；

格网(grid)：组成一规则或近似规则的棋盘状镶嵌表面的集合，或者组成一规则或近似规则的棋盘状镶嵌表面的点的集合；

格网单元(grid cell)：表示格网最小的、不可分的要素的二维对象；

矢量(vector)：有方向的线的集合；

栅格(raster)：同一格网的数字影像的一个或多个叠加层；

像元(pixel)：二维图形要素，是数字影像的最小要素；

栅格对象(raster object)：一个或多个影像或格网，每一个影像或格网表示一个数据层，各层之间对应的格网单元一致且相互套准；

图形(graph)：与预定义的限制规则一致的 0 维、一维和二维有拓扑相关的对象集；

数据层(layer)：集成到一起的、用于表示一个主题的实体的空间数据集合，或者具有公共属性或属性值的空间对象的联合；

层(stratum)：有序系统中的数据层、数据级别或梯度序列；

中央经线(meridian)：投影区域内的一条投影为直线，且作为平面直角坐标系纵轴的经线；

纬度(latitude)：在中央经线上，以角度为单位度量离开赤道的距离；

经度(longitude)：经线面到格林尼治中央经线面的角度距离；

坐标(ordinate)：在笛卡儿坐标系中沿平行于 x 轴和 y 轴测量的坐标值；

投影(projection)：将地球球面坐标中的空间特征(集)转换到平面坐标体系时使用的数学转换方法；

投影参数(projection parameters)：对数据库进行投影操作时用于控制投影误差、变形分布的参考特征；

地图(map)：空间现象的空间表征，通常以平面图形表示；

现象(phenomenon)：事实、发生的事件、状态等；

分辨率(resolution)：能由涉及或使用的量测工具或分析方法分开的两个独立测量或计算值的最小差异；

质量(quality)：数据符合一定使用要求的基本或独特的性质；

详述(explicit)：由一对或三个数分别直接描述水平位置和三维位置的方法；

介质(media)：用于记录、存储或传递数据的物理设备；

其他。

4. 空间数据元数据的获取与管理

空间数据的地理特征(包括空间特征和属性特征)要求对数据的获取、处理、存储、分析、更新等操作都要有一套面向对象的方法。因此,空间元数据的内容及操作也就不同于其他元数据。

(1)空间元数据的获取

空间元数据的获取是一个复杂的过程,相对于空间数据的形成时间,它的获取可分为三个阶段:数据的收集前、收集中和收集后。对于模型元数据,这三个阶段分别是模型形成前、模型形成中和模型形成后。第一阶段的元数据是根据需求进行的数据库设计形成的元数据,包括:①普通元数据,如数据类型、数据覆盖范围、使用仪器描述、数据变量表达、数据收集方法等;②专指性元数据,即针对要收集的特定数据的元数据,包括数据的采样方法、覆盖区域范围、表达的内容、时间、时间间隔、使用的仪器、潜在用途等。第二阶段的元数据与数据的生产同步形成,如在水利大坝变形观测时,水位高度、水压、温度、时间等元数据与测点的水平和垂直位置等同时得到。第三阶段的元数据是在上述数据收集到以后,根据需要产生的,包括数据处理过程描述、数据质量评估、浏览文件的形成、拓扑关系、影像数据的指标体系及指标、数据库大小、数据存储路径等。

空间元数据的获取方法主要有键盘输入、关联表、测量法、计算法和推理法等。键盘输入一般工作量大、易出错,如有可能应尽量避免,但某些元数据(如数据变量表达的内容)只能由键盘输入。关联表法是通过公共项(字段)从已存在的元数据或空间数据中获取的元数据,如通过区域的名称从数据库中得到区域的空间位置坐标等。测量方法使用方便且不易出错,如用卫星定位导航系统(GNSS)测量空间点的位置等。计算法指通过其他元数据或空间数据计算得到元数据的方法,如水平位置可由仪器设备计算得到,区域面积可由多边形拓扑关系计算出来,一般用于获取数量较大的元数据。推理法指根据数据的特征获取元数据的方法。

在元数据获取的不同阶段,使用的方法也有差异。第一阶段主要是键盘输入和关联表方法;第二阶段主要采用测量法;第三阶段主要是计算和推理法。

(2)空间元数据的管理

空间元数据管理的理论和方法涉及数据库和元数据两个方面。由于元数据的内容、形式的差异,元数据的管理与数据所涉及的领域有关,一般通过相应领域的元数据信息系统实现。

5. 空间数据元数据的应用

①帮助用户获取数据。通过元数据,用户可对空间数据库进行浏览、检索和研究等。一个完整的空间数据库除提供空间数据和属性数据外,还应通过元数据提供丰富的引导信息,以及由纯数据得到的分析、综述和索引等,使用户可以明白诸如"这些数据是什么?""这个数据库对我有用吗?""这是我需要的数据吗?""怎样得到这些数据?"等一系列问题。

②空间数据质量控制。不论是统计数据还是空间数据都存在数据精度问题,影响空间数据精度的主要原因,一是源数据的精度;二是数据加工处理过程中精度质量的控制情况。空间数据质量控制的内容包括:有准确定义的数据字典以说明数据的组成、各部分的名称、表征的内容等;保证数据逻辑、科学地集成;有足够的说明数据来源、数据加工处理流程、数据解释的信息。

③数据集成中的应用。数据库层次的元数据记录空间数据的格式、坐标体系、表达形式、类型等信息；系统层次和应用层次的元数据则记录空间数据使用的软硬件环境、依据的规范和标准等信息。这些信息在数据集成中的数据空间匹配、属性一致化处理、数据在各平台之间的转换等处理中都是必需的，能够使系统有效地控制数据流。

④数据存储和功能实现。元数据系统用于数据库的管理，可避免数据重复存储，通过元数据建立的逻辑数据索引可高效查询检索分布式数据库中任何物理存储的数据，减少用户查询、获取数据的时间，降低数据库费用。数据库建设和管理费用是数据库整体性能的反映，通过元数据可以实现数据库设计和系统资源利用方面开支的合理分配，数据库的许多功能(如数据库检索、数据转换、数据分析等)依靠系统资源的开发来实现。因而这类元数据的开发和利用将大大增强数据库的功能并降低数据库的建设费用。

9.1.2　空间数据元数据的内容框架

空间元数据用于描述空间数据集的内容、质量、表示方式、空间参照系、管理方式以及数据集的其他特征，是实现空间数据共享的核心之一。尽管各个组织在内容划分上存在一定的差异，但其内容体系总体上反映了元数据的基本用途。

因此，为了对空间元数据进行研究，将其分为标识信息、数据质量信息、数据集继承信息、空间数据表示信息、空间参照系信息、实体和属性信息、发行信息和元数据参考信息等几部分。

1. 元数据的组织框架

图 9-1 把元数据分为两个层次，第一层是目录层，提供元数据复合元素和数据元素，是查询空间数据的目录信息，相对地概括了第二层中的一些必选项信息，属于元数据体系中比较宏观的内容；第二层是元数据标准的主体，由标准部分和引用部分组成，包括全面描述地理空间信息的必选项、条件选项以及可选项的内容。其中标准部分包括标识、数据质量、数据集继承、空间数据组织、空间参照系、实体和属性、发行以及元数据参考信息等 8 个方面，引用部分包括引用、时间范围、联系以及地址等 4 个方面信息，各个部分按照具体的复合元素和数据元素组织。

2. 组织方式

按照元素的方式进行组织，具体分为标准部分、复合元素以及数据元素三个层次。

①标准部分。定义具有相关联的元数据元素以及复合元素的一个元数据子集，如图 9-1 的第二层。

②复合元素。复合元素由一组数据元素和其他复合数据组成，代表高层次的不能用单个数据元素描述的概念。

③数据元素。数据的最小组成单位，即基本元数据，由数据元素的名称、定义、约束条件、最大次数、数据类型、域值等组成。

3. 元素属性

元数据元素是用于确定和存储描述地理空间数据的独立单元，由编号、名称、英文名称、定义、约束条件、最大次数、数据类型、值域以及标识码等属性来定义。

①编号。按照元素在各个部分的组织方式，对元数据的各个标准部分、复合元素、数据元素等所编制的唯一数字编号，有时包含小数点。

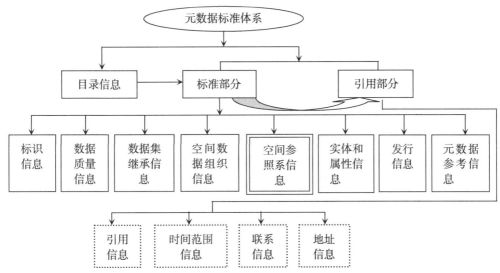

（单线框中的内容为必选项；双线框中的内容为条件可选项；虚线框中的内容为引用部分。）

图 9-1 元数据内容标准的组织框架

②名称。元数据元素的中文名称。

③英文名称。为使元数据标准适应全球空间信息基础设施的发展要求，每一元数据元素都要有其英文名称。

④定义。对元数据元素的详细描述。

⑤约束条件。一个元数据元素在标准描述中出现的条件，分为必选项 M，条件可选项 C 和可选项 O。

⑥最大次数。元数据元素在数据集描述中可能出现的最大次数，单独出现用 1，重复出现用"N"。

⑦数据类型。在计算机中可以赋于元数据元素的数值类型。

⑧域值。定义每个元数据元素的允许取值范围。

⑨标识码。元数据元素英文名称的缩写词，不多于 8 个字母，具有唯一性。

4. 元数据元素概述

按照元数据内容的组成方式，把元数据元素分为两个层次。

（1）第一层次

第一层次是属性信息，用于标识和查询一个完整数据集及数据集系列的唯一信息。

（2）第二层次

包括的信息：

①标识信息。关于空间数据集的基本信息。

②数据质量信息。空间数据质量的总体评价信息。

③数据集继承信息。建立空间数据集时所涉及的有关事件、参数、数据源等信息，以及负责生产数据集的组织机构信息。

④数据组织信息。空间数据集中表示空间信息的方式。

⑤参照系信息。有关空间数据集中坐标的参考框架以及编码方式的描述，反映现实世界与数据世界之间关系的通道，如地理标识码参考系统、水平坐标系统、垂直坐标系统以及大地模型等。

⑥实体和属性信息。关于空间数据集内容的信息，包括实体类型、属性及其域值等方面的信息。

⑦发行信息：有关空间数据集发行及其获取方法的信息，包括发行部门、数据资源描述、发行部门责任、定购程序、用户订购过程以及使用数据集的技术要求等内容。

⑧元数据参考信息。有关元数据的当前现状及其负责部门的信息，包括元数据日期信息、联系地址、标准信息、限制条件、安全信息，以及元数据扩展信息等内容。

⑨引用信息。引用或参考该数据集时所需的简要信息，从不单独使用，而是被标准内容部分的有关元素间接引用，如标题、生产者、参考时间、版本等信息。

⑩时间范围信息。关于年、月、日等时间的信息，该部分是标准内容部分的有关元素间接引用时要用到的信息，不单独使用。

⑪联系信息。同空间数据集有关的个人和组织联系时所需的信息，包括联系人的姓名、性别、所属单位等信息，不单独使用。

⑫地址信息。同组织或个人通讯的地址信息，包括邮政地址、电子邮箱、电话、网页网站等信息，不单独使用。

9.1.3 空间数据元数据的标准化

随着人们对元数据作用的日益重视，需要一种数据标准来帮助进行元数据的获取、管理和交换应用。但是，元数据的标准化进展缓慢，难点主要有两方面：

①元数据管理。元数据管理的主要目标是使元数据的定义标准化。元数据标准化包括以下操作：设置易于理解和沟通的元数据；元数据元素命名；数据类型和长度标准化；维护易于表达和描述的词汇表。

②元数据描述与分类。描述与分类的主要目标是采用一定的方法和技术将元数据分成不同的类。分类方案也包括描述和管理元数据类之间的关系。

同其他领域使用的数据结构相比，空间数据是一种结构比较复杂的数据类型，既涉及空间特征的描述，也涉及属性特征以及空间关系的描述。因此，空间元数据的建立是一项复杂的工作，且由于种种原因，某些数据组织或数据用户开发出来的空间元数据标准很难被广泛接受。但空间元数据标准的建立是空间数据标准化的前提和保证，只有建立起规范的空间元数据才能有效地利用空间数据。目前，已形成了一些区域性或部门性的空间元数据标准，见表9-1。

表 9-1 空间元数据的几个主要标准

元数据标准名称	建立标准的组织
CSDGM 地球空间数据元数据内容标准	FGDC，美国联邦空间数据委员会
GDDD 数据库描述方法	MEGRIN，欧洲地图事务组织
CGSB 空间数据库描述	CSC，加拿大标准委员会

元数据标准名称	建立标准的组织
CEN 地学信息—数据描述—元数据	CEN/TC287 欧洲标准化委员会
DIF 目录交换格式	NASA 美国航空航天局
ISO 地理信息	ISO/TC211 国际标准化组织
OpenGIS	OpenGIS 协会
NREDIS 信息共享元数据标准草案	国家信息中心
中国可储蓄发展信息共享元数据标准	21 世纪议程中心
国家基础地理信息系统元数据标准	国家基础地理中心

美国联邦空间数据委员会(Federal Geographical Data Committee，FGDC)的空间元数据标准影响较大。该标准于 1992 年 7 月开始起草，1994 年 7 月 8 日正式确认，用于确定空间数据库的元数据内容。FGDC 将地学领域中应用的空间元数据分为数据标识、数据质量、空间数据组织、空间参照系统、地理实体及属性、数据传播和共享以及元数据参考这 7 部分。

我国颁布实施的空间元数据国家、行业标准和规范如《地理信息元数据》(GB/T 19710—2005)、《地理信息元数据 XML 模式实现》(GB/Z 24357—2009)、《城市地理空间信息共享与服务元数据标准》(CJJ/T 144—2010)、《地理信息网络分发服务元数据内容规范》(CH/Z 9018—2012)、《地理信息元数据服务接口规范》(CH/Z 9019—2012)等。

9.2 空间数据标准化

地理信息标准化研究包括两个方面的内容：一是与空间数据库建设有关的标准，包括各种操作规程的制定、文本编写、数据库安全等方面的标准；二是与空间数据共享有关的标准，包括对数据重复使用、数据交换、网络安全等方面的技术标准，如数据模型标准、数据质量评定标准、元数据标准等。

9.2.1 空间数据标准化的意义和作用

空间数据标准化的直接作用是指导地理信息产业的实践活动，保障空间数据生产和应用的规范化，拓展地理信息的应用和服务领域，充分发挥地理信息的社会及经济价值。地理信息标准体系是实现地理信息共享、社会信息化的前提条件，也是地理信息相关技术走向实用化和社会化的保证。地理信息的标准化的作用和意义体现在以下两个方面：

1. 有利于空间数据的生产及交换

空间数据库和地理信息系统存储、管理和处理的对象是反映地理信息的空间数据，由于空间数据的生成及其操作的复杂性，在 GIS 研究和应用实践中遇到许多具有共性的问题。地理信息标准化的目的就是要解决这些问题。

①控制数据质量。影响空间数据质量的因素包括两个方面：一是数据生产人员水平参差不齐，各种航摄及解析仪器、数字化设备的精度不同，最终导致对空间数据精度控制的

困难;二是未经严格校正的属性数据存在误差,导致人们使用数据的错误。空间数据质量控制的途径是制定并实施一系列的规程,作为日常工作的规章制度,指导和规范工作人员的工作,最大限度地保证空间数据产品的质量,如制定并实施地图数字化操作规范、遥感图像解译规范等标准。

②规范数据库设计。在空间数据的管理和应用实践中,数据库设计是至关重要的一个问题,它直接关系到数据库应用的方便性和数据共享的可能性。在数据库设计中,可能出现的问题包括:数据模型设计中的术语不一致、数据语义不稳定、数据类型不一致、数据结构不统一等;数据库结构和功能设计中的结构不合理、术语不一致、功能不符合用户要求等;建库工艺流程设计中的整个工艺流程不统一、术语不一致、用户调查方式不统一、设计文本不统一等。解决上述问题,针对数据库的设计环节,制定并实施数据语义标准、数据库功能结构标准、数据库设计工艺流程标准等。

③规范数据档案。数据档案的整理及其规范化中代表性的工作是对空间元数据研究及其标准的制定。明确的元数据定义和对元数据方便地访问,是用户方便地获取、正确理解、安全使用和交换数据的最基本要求。一个系统如果没有元数据,很难想象它能被系统开发者之外的人正确地应用。因此,除了空间信息和属性信息以外,元数据信息也应作为地理信息的一个重要组成部分。

④数据格式标准化。在 GIS 发展初期,空间数据格式被当作一种商业秘密,空间数据的交换使用几乎是不可能的。为解决空间数据交换问题,通用数据交换格式、空间数据交换标准得到很大发展,GIS 的输入、输出功能必须满足多种标准的数据格式。国内外相继建立了地理空间数据格式的国家和行业标准、规范,如我国的《地理空间数据交换格式》(GB/T 17798—2007)、《导航地理数据模型与交换格式》(GB/T 19711—2005)、《卫星导航动态交通信息交换格式》(GB/T 27605—2011)、《地名信息交换格式》(GB/T 28226—2011)等。

⑤数据可视化的标准化。空间数据的可视化表达,是空间信息系统区别于一般商业化管理信息系统的重要标志。地图学的几百年发展,为数据的可视化表达提供了大量的技术储备。在 GIS 发展的早期,空间数据的显示基本上直接采用了传统地图学的方法及其标准。但是,由于 GIS 面向空间分析功能的要求,空间数据的可视化表达与地图的表达方法具有很大的区别。传统的制图标准并不适合空间数据的可视化要求,如利用已有的地图符号无法表达三维空间数据。解决空间数据可视化表达的一个可能的策略是:与标准的地图符号体系相类似,制定一套标准的用于显示空间数据的 GIS 符号系统。GIS 标准符号库不但包括图形符号、文字符号,而且应当包括图片符号、声音符号等。

⑥数据产品的测评。对一个产业来讲,产品测评是一件非常重要的工作。同样,对空间数据产品的质量、等级等方面进行测试与评估,对于地理信息工程项目的有效管理、促进地理信息市场的发展具有重大意义。国内外相继建立了数据质量检验检测评价的国家和行业标准与规范,如《数字测绘成果质量检查与验收》(GB/T 18316—2008)、《1∶500,1∶1000,1∶2000 地形图质量检验技术规程》(CH/T 1020—2010)、《数字线划图(DLG)质量检验技术规程》(CH/T 1025—2011)等。

2. 促进地理信息共享

地理信息共享是指地理信息的社会化应用,就是空间数据开发者、用户和经销者之间以一种规范、稳定、合理的关系共同使用地理信息及相关服务机制。

地理信息共享受到相关技术(包括遥感技术、定位技术、地理信息技术、网络技术)、标准、法规等的制约。现代地理信息共享,已步入数字形式为主,模拟产品、数据产品、网络传输和网络共享等多种方式并存的数字化、信息化时代。因此,数据共享几乎成为信息共享的代名词,在共享方式上,以分布式的网络传输、网络共享为主。

地理信息共享的内容除了空间数据外,还包括其他社会、经济非空间数据,以及空间数据与非空间数据的集成。后一种数据共享方式具有更大的社会意义,因为它为某些社会、经济信息的利用提供了一种新的方法。

地理信息共享的要求是,用户能正确地获得、理解和使用数据,其他人员不能获得、理解这些数据,保障数据供需双方的权利不受侵害。数据共享技术涉及如下4个方面:面向地理系统过程语义的数据共享概念模型的建立,空间数据的技术标准,数据安全技术,数据的互操作性。

(1)地理语义概念模型

在地理信息技术发展过程中,由于制图模型的深刻影响,关于现实地理系统的概念模型大多集中于对地理空间属性的描述,如对地理实体的分类,以其几何特征为标志分为点、线、面等。由于这一局限,GIS只能显式地描述一种地理关系——空间关系。这种以几何目标为主要模拟对象的模拟方法不但存在于传统的关系型GIS中,而且存在于各种面向对象的GIS中。以几何目标特性为主,模拟地理系统的思想几乎成为一种标准;而基于地理系统过程的思想概念模型很少出现。

实际的数据共享是一种在语义层上的数据共享,最基本的要求是数据的供求双方对同一数据集具有相同的认识,只有基于对现实世界地理过程的同一种语义抽象才能保证这一点。因此在数据共享过程中,应该有一种对地理环境的模型作为不同部门之间数据共享的基础。面向地理系统过程语义的数据共享的概念模型包括一系列的约定法则:地理实体几何数据的标准定义和表达;地理属性数据的标准定义和表达;元数据定义和表达等。这种模型的内容和描述方法,有别于面向GIS软件设计或GIS数据库建立的面向计算机操作的概念建模方法。为了数据共享的无歧义性及用户正确地使用数据,面向数据共享的概念模型必须遵循ISO为概念模型设计所规定的"100%原则",即对问题域的结构和动态描述达到100%的准确。

(2)空间数据的技术标准

空间数据的技术标准为空间数据集的处理提供空间坐标系、空间关系表达等标准,它从技术上消除数据产品之间在数据存储与处理方法上的不一致,使数据生产者和用户之间的数据流畅通。

空间数据技术标准的一项重要工作是利用标准的界面技术完整地表达数据集语义。随着对数据共享认识的深入,科学家们越来越重视GIS系统人机界面的标准化。用户界面标准化有两个主流观点:一是计算机专家的观点,主张采用IT标准界面;二是以能表达数据集的语义作为用户界面的标准。并逐渐形成两种策略:建立标准的数据字典和建立标准的特征登记。这两种策略的理论基础都是基于对现实世界的概念性模拟以及概念模式规范化的建立。

在数据库领域,数据字典是一个很老的概念,初始含义是关于数据某一抽象层次上的逻辑单元的定义。数据字典用于 GIS 领域后，其含义有了变化，不再是对数据单元简单的定义，还包括对值域及地理实体属性的表达，已经走出元数据的范畴，而成为数据库实体的组成部分之一。建立一个标准的数据字典，实际上也就是建立相应 GIS 数据库的外模式，可以方便地对数据库实行查询、检索及更新等服务。特征登记是一种表达标准数据语义界面的方法，它产生于面向地理特征的信息系统设计思想。

（3）数据安全技术

为了保证数据使用的安全，必须采用一定的技术手段，在网络环境下更是如此。从技术上解决数据安全问题，主要考虑在数据使用和更新时要保持数据的完整性，使数据库免受非授权的泄露、更改或破坏；在网络环境下，注意网络安全、防止计算机病毒和传输数据被窃取与改变等。

数据的完整性体现了数据世界对现实世界模拟的需求，在关系型数据库中，存在实体完整性和关系完整性两种约束条件；数据的安全性，一般通过设置密码、利用用户登记表等方法来保证。

（4）数据互操作性

数据共享数据的互操作，一方面是在不同 GIS、空间数据库系统之间数据的自由传输；另一方面是不同的用户可以自由操作使用同一数据集，并且不会导致错误的结论。数据的互操作性在数据共享的所有环节中最重要，技术要求也最高。

9.2.2　空间数据标准化

空间数据标准可以划分为国际标准、地区标准、国家标准、地方标准和其他标准，内容包括数据定义、数据描述、数据模型、数据交换、数据产品、数据处理等方面。空间数据标准建设有两个途径：一是以已经发布实施的信息技术标准为基础，直接引用或经过修改采用；二是研制新的地理空间数据标准。

1. 地理信息技术标准的主要内容

制定标准的主要对象，应当是地理信息技术领域中最基础、最通用、最具规律性、最值得推广和最需要共同遵守的重复性的工艺、技术和概念。地理信息领域应优先考虑作为标准制定对象的客体主要包括：

（1）软件标准

软件标准如系统设计、软件工程、文档编写、软件设计、软件评测标准等。

（2）硬件标准

硬件标准包括接口标准等。

（3）数据标准

数据标准可以分为：

①系统标准，是指地理参考系统或大地坐标系统等元数据标准。

②模型标准，包括概念数据模型、逻辑数据模型、物理数据模型和数据处理模型等标准。

③字典标准，提供基础数据集的空间与层次要素的标准定义。

④质量标准，分为描述性数据质量、指示性数据质量标准。描述性数据质量标准要求提供位置转换、要素层转换、逻辑一致性和完整性等信息特征。指示性数据质量标准规定各个特征在其应用中的质量参考，如地理空间位置精度标准等。

⑤数据交换标准。提供不同应用环境下数据转换的一种中间格式。

⑥元数据标准。

⑦数据产品标准。

⑧数据产品评测标准。

⑨数据显示标准。

⑩空间坐标投影等。

⑪其他标准。包括管理办法、数据工艺工程、标准建库工艺、安全标准等。

2. 空间数据质量标准

鉴于空间数据质量的重要性,国际标准化组织地理信息/地球信息专业技术委员会(ISO/TC 211)从 1995 年立项研制第一批国际地理信息标准时,在开展的 20 个项目中安排了两个与数据质量问题有关的项目,即(ISO 15046—13)《地理信息质量标准》和(ISO 15046-14)《地理信息质量评价过程标准》。

(1)地理信息质量标准

数据质量组成要素包括数据质量的定量元素、定量子元素、度量方法、非定量元素等。其中空间数据质量的元素分为两部分:一是数据质量定量元素,它是数据生产者对照空间数据生产规范的一组判断标准,度量其质量的好坏。包括若干子元素,每个子元素包括一种或几种度量方法。二是数据质量的非定量元素,便于使用者根据所提供的数据生产目的、历史记录和使用信息,评价空间数据对于某种特定应用的适用程度。

空间数据质量元素和子元素(即衡量空间数据质量的标准)包括:①完整性,如要素完整性、属性完整性等;②逻辑一致性,如属性一致性、格式一致性、拓扑一致性等;③位置精度,如绝对精度、像元位置精度、相对精度、形状相似性、语义相似性等;④时间精度,如与时间有关的属性或属性类型误差等;⑤专题精度,如要素属性的连续值精度、有序值精度、额定值精度等。

(2)地理信息质量评价过程标准

主要提供数字形式的空间数据质量的评价过程框架,并根据《地理信息质量标准》定义的数据质量模型确定数据质量评价内容、建立评价过程框图,将数据质量评价结果报告作为数据质量描述数据即元数据的一部分。按照数据生产者的生产规范和用户对数据质量的要求,确定空间数据满足应用需求的质量等级。

①数据质量评价内容。《地理信息质量标准》中定义的数据质量评价内容包括地理信息数据集、要素类型、要素、要素关系、属性类型、属性等。

②数据质量评价过程。图 9-2 所示为数据生产者和用户在对空间数据集进行质量评价时应遵循的框架流程。

③数据质量评价方法。空间数据质量的评价方法包括直接评价法、间接评价法和综合法。

直接评价法是指用计算机程序自动检测空间数据质量。空间数据的某些错误可以用计算机程序自动发现,数据中不符合要求的数据项的百分率或平均质量等级也可由计算机程序算出。例如,可以检测文件格式是否符合规范、编码是否正确、数据是否超出范围等。自动检测时,用于检测程序的名称、算法和其他参考信息应当在数据质量报告中说明,以使评价结果可信。当然,直接评价法也可用基于随机抽样的检测方法。抽样检验可以对产

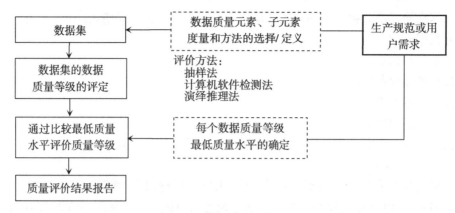

图 9-2 数据质量评价过程

品的质量管理给出是否可靠的信息，是质量控制的基本手段。传统的百分比抽样在检验数字产品的质量时有不足之处，在复杂情况下，需要有足够经验的地理空间数据抽样检测统计学家参与设计抽样方法。应用基于抽样的评价方法时，评价过程必须作为质量报告的一部分。

间接评价法是基于外部知识或信息进行演绎推理确定数据集的质量等级或符合程度。用于演绎推理的外部知识或信息包括用途、数据历史记录、数据源的质量、数据生产方法和系统的信息以及误差传递模型等。应当在质量报告中阐述演绎推理的方法、外部知识或信息，以提高演绎推理的可信度。

非定量描述法(或综合法)是指空间数据集、要素类型或属性类型的总体质量可以通过对数据质量的组成部分的质量评价结果进行综合确定。综合评价方法应当在数据质量评价报告中说明。

9.2.3 地理信息应用及其支持标准

所有的地理信息标准均与地理信息的应用有关，表 9-2 列出了与地理信息应用相关的一些支撑标准。

表 9-2 与地理信息应用相关的部分支撑标准

空间数据的应用	所需标准
数据交换与集成	数据交换标准
数据解释	实体定义与分类体系
空间数据组织	数据模型标准
应用界面	计算技术标准
数据显示	图式、符号标准
决策选项	计算技术标准
查询	数据库标准及网络标准
数据产品维护	数据库标准
数据网络	网络标准

9.2.4 地理信息标准有关的组织及其活动

目前，国际上有关空间数据规范和标准的重要组织有：国际标准化组织 TC211 专题组，国际制图协会，美国联邦空间数据委员会，欧洲标准化委员会，美国 OpenGIS 协会，欧洲地图事务组织，加拿大标准委员会，美国航空航天局 DIF 等。

制定地理信息标准最主要的组织是国际标准化组织的地理信息/地球信息专业技术委员会(ISO/TC211)。ISO/TC211 的工作范围为数字地理信息标准化领域，其主要任务是针对直接或间接与地球空间位置相关的目标或现象的地理信息制定一套标准，以便确定地理信息数据管理(包括定义和描述)、采集、处理、分析、查询、表示，以及在不同用户、不同系统之间转换的方法、工艺和服务。该项工作与相应的信息技术及数据标准相联系，并为使用空间数据进行各种开发提供标准框架。

ISO/TC211 下设五个工作组：框架和参考模型(WG1)，由美国召集；地理空间数据模型和算子(WG2)，由澳大利亚召集；地理空间数据管理(WG3)，由英国召集；地理空间数据服务(WG4)，由挪威召集；专用标准(WG5)由加拿大召集。ISO/TC211 从 1995 年开始立项研制第一批国际地理信息标准，表 9-3 为其制定的 20 个标准及相互关系。

表 9-3 　　　　　　　　　　　**20 个标准及其相互关系**

A	1	2	3	4	5	6	7	8	9	10	11	12	13	14	15	16	17	18	19	20
(1)参考模型		I	I	I	X	I	I	I	I	I	X	C	I	X	I	I	I	I	I	X
(2)综览	D		D	D	D	D	D	D	D	D	D	D	D	D	D	D	D	D	D	D
(3)概念模式语言	D	I		I	I	I	I	I	X	I	I	I	I	I	I	I	I	D	D	D
(4)术语	D	D	D		D	D	D	D	D	D	D	D	D	D	D	D	D	D	D	D
(5)一致性与测试	D	I	X	I			I	I	I	I	D	C	C	D	I	I	I	I	I	
(6)专用子标准	D	I	D	C	I			D	D	D	D	D	C	C	D	I	D	I	D	D
(7)空间子模式	D	I	D	I	D	I		X	D	I	I	I	I	I	X	I	X	I	I	I
(8)时间子模型	I	I	D	I	I	X	X		C	C	X	X	I	I	X	I	X	I	I	X
(9)应用模式专题	D	I	D	I	X	I	D	D		D	X	C	D	X	D	X	X	X	X	X
(10)分类	D	I	I	I	X	X	X	I	D		X	X	C	X	X	X	X	X	X	X
(11)大地参考系	D	I	D	I	I	X	I	X				X	C	X	X	X	X	X	X	I
(12)间接参考系	D	I	D	I	I	I	X	I	X	X	I		I	X	I	I	I	I	I	X
(13)质量	C	I	D	I	X	I	D	D	D	X	C	D		I	X	X	X	X	D	X
(14)质量评定方法	D	I	D	I	X	I	I	I	I	I	I	I	D		I	X	X	X	X	X
(15)元数据	D	I	D	I	I	I	I	I	D	C	D	D	D			I	I			D
(16)定位服务	D	I	D	I	X	I	X	I	X	D	X	C	X	I			X	X		D
(17)表示地	D	C	D	I	D	I	I	I	X	I	I	I	D	I	X			X	I	X
(18)编码	D	I	D	I	X	I	X	X	D	X	X	C	X	D	I	I			I	X
(19)服务	D	I	D	I	I	I	I	I	X	I	D	X	I	D	I	X				D
(20)空间操作	D	I	D	I	X	C	D	D	D	X	D	D	X	X	D	X	X	X	D	

注：表中 D 表示 A 取决于 B；I 表示 A 与 B 有关；X 表示 A 与 B 无关；C 表示关系尚不明确。

　　根据地理信息独特的性质，按照信息技术标准化规定的开放系统环境要求，ISO/TC211 的 20 个标准构筑成地理信息开放系统环境（geographic information open system environment，GOSE），形成基础层、数据层、服务层和应用层组成的四层结构，每层由若干标准组成，如图 9-3 所示。

　　ICA 下设空间数据转换、数据、空间数据质量和空间数据质量评价 4 个技术委员会，也制定了一些地理信息标准。

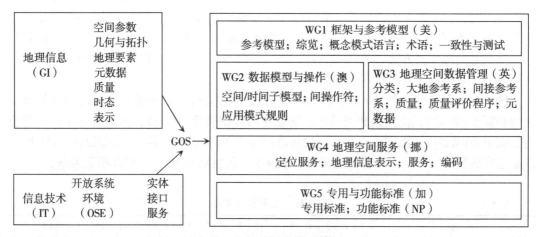

图 9-3　地理信息开放系统环境

　　FGDC 下设基础制图、水深测量、文化与人口、测量等 9 个子委员会，其标准化内容包括地理空间位置精度标准、数字高程的内容标准、数字正射影像的内容标准、空间数据转换标准、国家海岸线标准、数字地理元数据内容标准、数字地质图制作标准、地籍数据内容标准、土壤空间数据的国家标准、植被分类和信息标准、美国湿地和深水栖息地分类标准等。FGDC 还设有交换所、地球覆盖、设施和标准化四个工作组，工作内容包括：地理空间元数据的编码标准、地球覆盖分类标准、设施标识数据标准、基础设施类空间数据内容标准、环境灾害空间数据内容标准、遥感数据内容标准、空间数据的转换标准等的制定。

9.3　空间数据共享、集成与融合

9.3.1　空间数据共享

　　简单地说，数据共享就是让在不同地方、使用不同计算机和不同软件的用户能够读取他人的数据并进行各种操作运算和分析，即不同用户或不同系统按照一定的规则共同使用根据协议形成的数据库，用户可以通过多种程序设计语言或查询语言去使用这些数据。

　　地理空间数据不同于一般事务管理的数据，一般的事务数据或者说属性数据仅有几种固定的数据模型，而且一般关系数据库管理系统直接提供读写数据的函数，数据的转换问题比较简单。但是，地理空间数据具有空间特性，内容主要包括几何数据、空间数据、属性数据，而且，由于对空间现象理解不同，对空间对象的定义、表达、存储方式亦有不同，往往存在数据模型、数据格式、数据语义不一致等问题，给空间信息共享带来了极大的不便。解决多格式数据交换一直是 GIS 应用系统开发中需要解决的重要问题。实现数据共享的方式大致有数据转换、外部数据交换、直接数据访问、空间数据互操作几种模式。

1. 外部数据交换模式

外部数据交换是指直接读写其他软件的内部格式、外部格式或由其转出的某种标准格式，属于间接数据交换方式。其他数据格式经专门的格式转换后，复制存储到当前系统的数据库或文件中，是 GIS 发展早期数据交换的主要方法。

实现外部数据交换最初的方法是在不同 GIS 系统间采用中间数据格式。如 ArcInfo 的 E00 格式、MapInfo 的 Mif 格式以及标准图形交换格式 DXF 等。中间数据格式实质上起到一个数据桥梁的作用，实现软件之间的数据转换。不同 GIS 软件的数据模型不同，导致对地理实体的描述也不一致，因而转换后的数据不能准确表达原数据的信息，容易造成信息丢失、精度损失，等等。

标准空间数据交换格式转换方法基于标准的空间数据交换格式进行数据转换，使多个 GIS 间具有较好的共享性。不同国家和组织出于自己的需要，陆续制定了各自的内部标准，如我国制定了国家空间基础数据标准 NSDS，美国国家空间数据协会(NSDI)制定了空间数据格式规范 SDTS 等。空间数据标准化的举措在很大程度上推动了空间数据的共享和互操作。但是，由于标准规范不同，对 GIS 标准格式数据的接口和转换的实现无法达到同步，而且不同标准的出现，使数据标准化已失去了原来的意义。不同国家和地区的标准之间互不兼容的情况普遍存在，地理模型、数据结构仍然存在差异。

因此，空间数据标准化只能做到在某个特定的行业或国家实现空间数据共享，而无法实现基于地理空间概念上的数据共享与互操作。

2. 直接数据访问模式

直接数据访问是指在一个系统软件中实现对其他软件格式数据的直接访问，即把一个系统的内部数据文件直接转换成另一个系统的内部数据文件，实现单个 GIS 软件存取多种数据格式。直接数据访问不仅避免了冗繁的数据转换，而且在一个 GIS 软件中访问某种软件的数据格式不要求用户拥有该数据格式的宿主软件，更不需要该软件运行。

对用户而言，直接数据访问提供了一种更为经济实用的数据交换模式。

直接存取方法本质上也属于数据转换的方法。对不属于本系统格式的空间数据进行直接读取时，也存在一个数据转换的过程。因此，这种方式也包含数据转换的一些弊病，如数据丢失、精度损失和数据表达歧义等问题。空间数据格式开放的程度不同，使直接存取方法中出现一些特殊的和不可克服的弊病。如系统升级通常会对空间数据格式进行修改，甚至会对空间数据结构做一些彻底的、根本性的修改，这时基于直接读取方式的数据共享方式就显得无能为力，必须重写数据存取模块。如果一个平台系统升级后的格式不公开，基于此平台的数据就几乎不能实现直接存取，而破译对方的格式除了破译的完全程度需要考虑外还存在知识产权风险。

3. 空间数据互操作模式

空间数据互操作是 OpenGIS 协会(OpenGIS Consortium，OGC)制定的规范。GIS 互操作是在异构数据库和分散计算的情况下，GIS 用户在相互理解的基础上，能透明地获取所需的信息。OGC 规范把提供数据源的软件称为数据服务器(dataservers)，把使用数据的软件称为数据客户(dataclient)。OGC 规范基于 OMG 的 CORBA、Microsoft 的 OLE/COM 以及 SQL 等，为实现不同平台间服务器和客服端之间数据请求和服务提供统一的协议。OGC 规范得到 OMG 和 ISO 的承认，从而逐渐成为一种国际标准，被越来越多的 GIS 软件以及研究者所接受和采纳。实现方式主要有如图 9-4 所示的几种：直接读写异构空间数据(图 9-4(a))、基于互操作协议的空间数据互操作(图 9-4(b))、一体化的空间数据库(图 9-4(c)、图 9-4(d))。

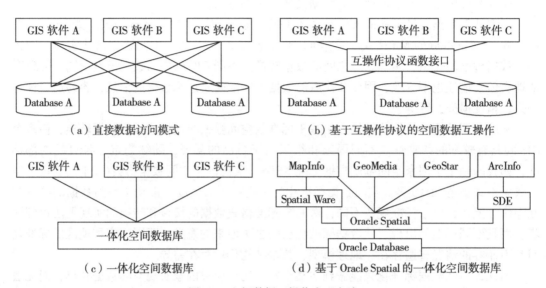

图 9-4　空间数据互操作实现方式

数据互操作为数据交换提供了崭新的思路和规范，将 GIS 带入开放时代，为空间数据集中式管理、分布存储与共享提供了操作依据。但也存在着一定局限性：①由于不同内部数据格式的软件平台很多，各种格式的宿主软件都按照统一的规范实现数据访问接口，在一定时期内很难实现。②用户必须同时拥有相关 GIS 软件并同时运行，才能完成数据互操作过程。③OGC 标准更多地考虑采用 OpenGIS 协议的空间数据服务软件和空间数据客户软件，对于历史存在的大量的非 OpenGIS 标准的空间数据格式的处理方法还缺乏标准的规范。而且，非 OpenGIS 标准的空间数据格式仍然占据相当比例。④各种 GIS 软件存储的空间信息不尽相同，为顾全大局，所定义的 API 函数提供的信息可能是最小的。⑤各种 GIS 软件之间虽然可以互相操作，但一般软件产生的工程数据还是以自己的系统进行管理，仍然会出现数据的不一致性和现势性问题。

4. 数据共享平台

采用 Client/Server 体系结构，一个部门的所有空间数据及各个应用软件模块都共享一个平台。所有的数据都存储在 Server 上，各应用软件都有一个 Client 程序向 Server 中存取数据。优点是任何一个应用程序所做的数据更新都能及时地反映到数据库中，避免数据的不一致问题，是一种最好的空间数据共享方式。但实现比较困难，因为市场上有许多 GIS 软件，但谁也不愿意丢失自己的底层，而采用一个公用的平台，所以只有发展到某一个软件的底层 Server 绝对优于其他系统，而这一 Server 又管理着大量的基础空间数据时才有可能做到共享平台。

综上所述，很多 GIS 软件都没有公开它们的内部数据格式；随着软件的更新，内部格式也将会不断的升级，要实现不同软件的直接转换就得不断跟踪并破译其内部数据格式，这样势必会带来很多麻烦；空间数据互操作虽然是一种较好的数据共享模式，但目前实现起来还有很多困难；外部数据交换模式在具体的工程中更具有可操作性和现实性。

5. 元数据目录服务

元数据目录服务是数据共享的基础平台，是数据提供者和使用者间的纽带，用户可通过元数据目录服务查询数据、发布数据，与他人共享数据。

(1)元数据目录服务体系结构

如图 9-5 所示的元数据目录服务的体系结构，表达了数据提供者(data provider)、数据使用者(data user)及元数据注册中心(metadata registry/service)三者之间的相互关系。其中，数据提供者依据元数据标准对数据进行描述(describe)，生成基于元数据标准的元数据文档，并发布(publish)到元数据注册中心；数据使用者查询(find)元数据注册中心，通过元数据文档了解其描述的数据是否满足需求，然后，通过元数据注册中心获取满足自己需求的元数据文档，并通过元数据访问或引用(access 和 reference)数据。

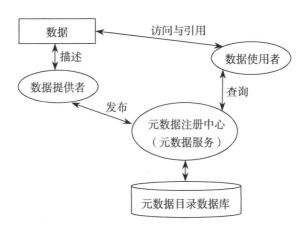

图 9-5　元数据目录服务的体系结构

(2)元数据目录服务管理

元数据目录服务包括两个基本功能：一是为数据提供者提供的发布元数据文档的功能，二是为数据使用者提供的查询元数据文档的功能。建立一个元数据目录服务需要完成以下操作：

①建立元数据目录数据库(metadata catalog)。如图 9-5 所示，在数据提供者将元数据文档发布到元数据目录服务后，需要将元数据文档保存到元数据库中。元数据目录服务可以借助空间数据库引擎和数据库管理系统建立元数据库，来提供查询元数据文档的功能。在元数据库中，每份元数据文档对应一条记录；每一条记录中的列应包含元数据文档名、地理范围、数据链接等信息。

②建立索引(index)。在元数据库中对元数据文档建立索引，便于数据使用者快速地

检索元数据文档。

③用户权限分配。某些用户需要发布元数据文档，而另一些用户仅仅检索查看元数据文档。因此，对于不同角色的用户应分配不同的权限，角色定义为：①Metadata-Browser，能检索、查看元数据文档；②Metadata-Publisher，除了拥有 Metadata-Browser 的权限外，还能够发布元数据文档；③Metadata-Administrator，除了拥有 Metadata-Publisher 的权限外，还能够删除元数据文档。

④提供元数据发布、访问接口。数据提供者以元数据标准描述要发布的数据集，生成元数据文档，然后通过元数据目录服务的发布接口发布元数据文档。数据使用者通过元数据服务的访问接口对元数据进行浏览、查询。

元数据目录服务可以看作是地理空间数据的搜索引擎，通过它用户可以发布并查询地理空间数据或其他 GIS 资源。某些请求可能需要查询多个不同的元数据目录服务，而用户希望使用一站式的搜索以便快速、方便地获取自己需要的数据，而事先不必知道多个元数据目录服务。一站式元数据目录服务是由由系统负责收集多个元数据目录服务的信息，并由一个集中的元数据服务门户网站统一管理。这样，用户只需要访问一站式元数据目录服务便可得到所需资源。

建立一站式元数据目录服务有分布式搜索(distributed search)和收集(harvesting)两种策略。在分布式搜索策略中，对元数据文档实行分布式管理，每一个参与到一站式服务的元数据目录服务都要参与查询操作，且都要支持标准的查询协议(如 Z39. 50 协议——一种在客户机/服务器环境下计算机与计算机之间进行数据库检索与查询的通信协议)。如果元数据目录服务不是基于标准协议工作，那么应该配置相应的连接器(connector，如 Z39.50 连接器)。分布式搜索的一站式系统门户的查询流程为：①用户访问 GIS Portal 并进行查询操作；②查询请求被发送到每个参与的元数据目录服务；③每个元数据目录服务执行查询操作，将查询结果返回给一站式门户；④一站式门户将查询结果返回给用户。

收集策略对元数据文档实行集中式管理，在门户网站中建立一个中央元数据目录服务，负责收集参与到门户网站的每一个元数据目录服务分节点中的所有元数据文档的拷贝。用户通过门户网站进行查询时，仅需门户网站的中央元数据目录服务便可完成查询操作。门户网站需要定期对各个元数据目录服务分节点中的元数据文档进行收集，以保证中央元数据目录服务中的元数据文档的更新，从而使得用户感觉好像直接访问各个元数据目录服务一样。

9.3.2 空间数据集成

空间信息具有内容宽泛(涵盖与空间位置、属性等相关的一切信息)、形式纷繁(包括遥感图像、GPS 定位数据、数字地图、数字高程模型、三维地理模型、专题图等)、数据分布广泛(跨地域、跨行业、跨部门)、多模态(有非空间数据、空间数据，空间数据又分矢量数据与栅格数据，还有音频、视频、文本等)、多尺度(分辨率)等特点，共享极为困难，利用率很低，无法得到有效应用。空间信息集成是将分布、异构的空间数据源集成为一个描述一致的空间数据集以供用户统一访问、综合利用。

集成(integration)指将分散的部分形成一个有机整体。包括如下几类：①简单的组织转化。数据层的简单再组织，即在同一软件环境中进行栅格和矢量数据间的内部转化，或在同一简单系统中把不同来源的空间数据(如地图、摄影测量数据、实地勘测数据、遥感数据等)组织到一起;②形成新数据集。主要指由原数据层经过缓冲、叠加、获取、添加等 GIS 的基本功能操作获得新数据集;③数据兼容过程。在一致的拓扑空间框架中建立地球表面描述,或使同一个 GIS 中的不同数据集彼此兼容的过程;④数据建模。不仅包括把不同来源的空间数据合并到一起,还包括普通数据集的重建模过程,以提高集成的利用价值。

形式上,空间数据集成是不同来源、格式、性质的空间数据在逻辑上或物理上的有机集中,有机是指数据集成时要充分考虑数据的属性、时间和空间特征,以及数据自身及其表达的地理特征和过程的准确性。因此,空间数据集成是对数据形式特征(如格式、单位、分辨率、精度等)和内部特征(特征、属性、内容等)作全部或部分的调整、转化、合成、分解等操作,其目的是形成充分兼容的数据集(库),如图9-6所示。

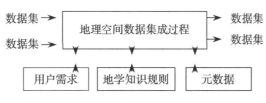

图 9-6　空间数据集成机理框架结构示意图

数据集成的目标可以简单表达为建立无缝数据集(库)。数据集(库)无缝表现在数据的空间、时间和属性上的无间断连续性(图9-7),其中,空间无缝指地理特征在不同数据(子)集中的空间连续性;时间无缝指地学过程允许范围内的时间不间断;属性无缝指属性类别、层次的不间断特征。数据尺度已作为空间数据的一个根本属性融合到了数据的空间、时间和属性中,数据集成就是寻找数据集之间连续性的表达方式,表现为不同尺度数据之间的集成和相同尺度数据之间的集成两个方面。同一要素、不同尺度的数据反映该要素过程在不同大小空间上表现的规律,其集成使数据集之间不间断地自然过渡,形成全尺度的空间数据(或部分连续尺度);相同尺度之间的集成主要是确定该尺度上表达某地学过程详细程度的标准,然后使空间上邻接的地学特征能在物理上或逻辑上连接起来,不出现数据使用的间断。

空间数据集成的内容包括几何信息、空间关系信息和属性信息的集成。数据集成的模式大致有数据格式转换模式、直接数据访问模式和数据互操作模式 3 种。

在集成中对数据处理有两种性质:一是数据外部形式协调处理,其标志是数据空间特征相对位置、特征数量、属性的构成及层次不发生变化;二是数据特征内容的变化,即集成数据参与运算,空间特征、属性内容、时间特征、尺度等或多或少发生了变化,或生成了新的数据集。

数据集成系统可以分为在已有的系统中做新的界面、在不同数据源之间传递统一的访问请求、数据在结构松散的互操作系统中传输、数据仓库方式和数据移动等类型。每一种集成中都要用到诸如组成系统描述、界面描述、参考定义、语义相关性、转换功能模块库、访问控制和义务等。

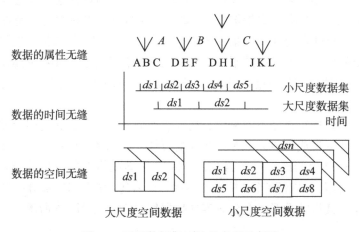

图 9-7　无缝数据集(库)的表现示意图

按照数据特征,数据集成可分为如下几类:

①空间数据与非空间数据的集成,如空间数据与社会经济统计数据的集成。

②空间数据之间的集成。同一区域范围内不同比例尺、不同专题、不同时间、不同数据模型的数据集成。

③遥感数据与 GIS 数据的集成。关键是遥感(栅格)数据与矢量数据的集成。

④卫星定位导航数据与空间数据的集成。主要用卫星定位导航数据修正已有的空间数据,实现空间数据更新,如交通数据的更新;其次是定位导航应用,如车载定位导航、手持式定位导航系统等,实质是卫星定位导航系统与 GIS 的集成。

9.3.3　空间数据融合

数据融合的概念产生于 20 世纪 70 年代,发展于 90 年代以后。数据融合涉及非常广泛的领域,并没有统一的定义。代表性的定义如下:

美国国防部从军事应用的角度将数据融合定义为:把来自多传感器和信息源的数据和信息加以联合(association)、相关(correlation)和组合(combination)以获得精确的位置估计(position Estimation)和身份估计(identity estimation),以及对战场情况和威胁及其重要程度进行适时的完整评价的过程(张廷泉,等,1991)。

Mangolini(1994)认为"数据融合是运用一系列的技术、工具和方法处理不同来源的数据,使得数据质量(从广义上讲)有所提高"。

Wald(1998)采用了一个更加普遍的定义,认为"数据融合是一个形式上的框架,此框架包含融合方式和工具,通过这些方式和工具联合不同来源的数据,目的在于获取质量更好的信息,而质量的改善取决于应用"。该定义的优点是:①强调数据融合是一个构架,而不是通常意义上的工具和方法本身;②强调融合结果的质量评价。

数据融合也称为信息融合,认为信息融合是指利用计算机技术对来自多传感器的探测信息按时序和一定准则加以自动分析和综合的信息处理过程,是对多种信息的协调优化。称数据融合为信息融合是因为数据是信息的载体,对信息的自动分析过程就是数据处理的过程。数据融合的实质是对源自多传感器在不同时刻的目标信息和同一时刻的多目标信息的处理技术，是对数据的横向综合处理。

空间数据融合是指将不同来源的空间数据，采用不同的方法重新组合专题属性数据，以改善数据的几何精度，最终目的是提高数据质量。尽管不同数据源采用的数据融合技术千差万别，但都必须经过几何纠正、数据匹配之后，才能进一步进行融合处理。几何纠正的主要任务是统一坐标系和统一投影，数据匹配的主要任务是将同名点匹配在一起以供显示、分析。

空间数据融合的目标是将两个或以上空间数据集中表示同一客观实体的空间数据标识出来，并将它们"融合"形成一组表示同一客观实体对象的一个数据集。

空间数据融合的意义在于：①能够获得更准确的地理实体信息；②可以根据先验知识，通过遥感影像信息的融合处理，完成更复杂、更高级的分类、判断、决策等任务；③使空间信息具有容错性，提高决策的置信度；④扩展空间和时间的覆盖范围；⑤改进空间数据的可靠性和可维护性；⑥减少数据的模糊性和增加空间数据的维数；⑦提高空间分辨率、降低模糊度，达到图像增强的目的；⑧利用多时相数据进行动态监测，提高时相监测能力。⑨在数字地图绘制等方面，可以提高平面测图和几何纠正精度，为立体摄影测量提供立体观测能力。不同数据源、不同数据精度和不同数据模型的空间数据通过融合，可以最大限度地实现不同空间数据的完全转换，新生成的空间数据在点位精度、详细程度和现势性等方面都能得到极大的提高。对扩大空间数据的应用范围，提高数据使用率，降低数据获取费用，都有非常重要的意义，还可以减少空间数据的多语义性、多时空性、多尺度性，以及存储格式、数据模型、存储结构的差异，促进空间数据的共享和集成。

常用的空间数据融合有如下几类：

①遥感图像之间的融合。主要包括不同传感器遥感数据的融合和不同时相遥感数据的融合。不同传感器的数据有不同的特点，如 TM 与 SPOT 遥感数据的融合既可提高新图像的分辨率又可保持丰富的光谱信息；而不同时相的遥感数据融合对于动态监测有很重要的实用意义，如洪水监测、气象监测等。

②地图之间的融合。地形图精度高，但更新慢、更新费用高，而专题地图的专题内容更新快。地形图与专题地图的融合可以解决既要求高质量的定位精度又要求现势性的问题，同时降低地形图更新费用。

③遥感图像与地形图的融合。遥感能提供实效性强、准确度高、监测范围大、具有综合性的定位、定量信息。而地形图虽然精度很高，但往往存在时间上的滞后性。两者可以集成互补，利用同一地区的地形图将遥感图像纠正为正射影像，用来更新地形图。

④遥感图像与矢量数据的融合。矢量数据的精度较高，可利用矢量数据将影像图纠正为正射影像图，将纠正好的影像图直接入库，与矢量数据叠加使用。一方面可以通过遥感图像看到细节信息，又可以通过矢量数据看到某一属性层的专题信息。另一方面，遥感能帮助解决矢量数据获取和更新的问题；可考虑将遥感中模式识别技术与地图数据库技术有机集成，依据已建立的地图数据库中的地理信息训练遥感信息的样本，完成相关要素的自动（或半自动）提取，快速发现空间信息的变化，实现地理信息数据的自动（半自动）快速更新，达到更新地图数据库中地理要素的目的。可先利用地形图对遥感图像进行纠正，然后用纠正好的遥感图像对矢量数据进行更新。

⑤矢量数据与卫星定位导航数据的融合。卫星定位导航系统是当前获取坐标最快、最方便的方式之一，同时精度也越来越高。以矢量数据作为底图，用实时获取的卫星定位导航数据匹配后的结果对照显示，可以发现变化更新的数据。对已过时的数据直接删除，或用新的卫星定位导航数据予以代替；用新增加的数据来对原有的矢量数据进行补充更新。矢量数据与卫星定位导航数据的融合可以提高矢量数据的现势性、实时更新数据，达到提高数据质量的目的。

1. 矢量数据的融合

矢量数据融合是采用空间数据转换等方法，实现诸数据源的数据模型、分类分级和几何位置融合，以及属性数据的进一步丰富。主要任务是消除以下差异：不同的空间数据模型产生的数据描述上的差异；相同或不同的数据模型采用不同的分类分级方法产生的要素属性差异；空间数据的应用目的不同表现在要素制图综合详细程度上的差异以及多次数字化所产生的几何位置差异。

矢量数据融合主要涉及四个方面：一是制定数据融合规则；二是制定统一的空间数据模型；三是对地理要素的分类、分级进行组合，重新制定更加合理的分类、分级方法；四是几何数据融合方法。

数据融合规则首先是数据源的提取方式，即各种要素应从何种数据源中提取，一般根据数据源的现势性、详细性、准确性等确定。其次是数据融合时属性不一致、位置关系矛盾等问题的处理原则。位置关系矛盾可参考近期的高精度航片和卫片，确定准确位置；没有参考资料修正时，制定移动相关要素的原则。属性数据可通过外业调绘，或是网上查询相关最新信息。

(1)空间数据模型的融合

空间数据模型融合是指将两种以上的不同数据模型融合成一种新的数据模型，新数据模型应能最大限度地包容原数据模型，然后将不同模型的数据向新数据模型转换。因此，数据模型融合的关键在于新数据模型设计。新的模型设计必须处理好地理实体的整体性和可分析性、空间位置与属性的关系，和连续的地理空间与数据分幅造成的空间关系割断的矛盾。由于数据源多种多样，数据模型必然有或多或少的区别，根据对拓扑关系表达的不同，称有拓扑关系的数据模型为复杂数据模型，称无拓扑关系的数据模型为简单数据模型。空间数据模型融合可分为以下几种情况：

①简单数据模型到复杂数据模型的融合。这种融合完全转换显然是不可能的，一是由于简单数据模型不包含拓扑关系，转换为复杂数据模型则必须新建拓扑关系；二是简单数据模型在数据采集时并未考虑建立拓扑关系的需要，数据质量可能并不满足建立拓扑关系的要求，必须经过进一步数据处理，甚至人机交互才能建立完整的拓扑关系。

②复杂数据模型到简单数据模型的融合。复杂数据模型比简单数据模型要包含更多的信息，因此，这种转换是由多信息向少信息的转换，可以完全自动实现，但是不可避免地会丢失一些信息。

③复杂数据模型之间的融合。复杂数据模型的融合必须在原有数据模型的基础上，设计能最大限度地包容原数据模型的新数据模型，然后将不同模型的数据向新数据模型转换。由于原数据模型与新数据模型的要素分层、属性编码等不完全一致，因此，转换后数据之间完全打破了原来的相互关系，数据可能会出现"串层"现象，拓扑关系会变得支离

破碎，必须重建拓扑关系。

（2）地理要素编码的融合

不同数据源的数据生产是独立的，对地理要素的分类、分级各不相同。即使分类、分级近似，但编码长度和表示法也可能不同，也存在一定的转换工作量。地理要素编码的融合，首先体现在对地理实体分类、分级的统一，主要是解决不同来源的数据在分类、分级方法和分类、分级的详细程度上的差异。其次，要采用统一编码表示方法，设计一种兼顾不同数据源编码方案优点的新的要素属性编码方案，尽可能既保持对已有编码体系的兼容性，又能克服它们所存在的缺点。兼容性可以通过转换机制实现，即能方便地将旧编码转换到新编码系统中。原有编码的缺点则可以通过对新编码的合理设计来克服。新编码方案应能更加科学地体现出要素的分类特点，使要素分类更加合理；能提供对每一要素属性详细描述的能力，保证要素属性描述的完备性。

（3）地理要素几何数据的融合

由于数据获取时采用的数据源不同、比例尺不同、作业方式差异人员素质差异，以及数据更新的时间不同，同一地理实体的几何数据往往存在一定的差异。几何数据融合是一个比较复杂的过程，需要用到模式识别、统计学、图论以及人工智能等学科的思想和方法，包括两个过程：一是实体匹配，找出同名地理实体；二是将匹配的同名实体合并。实体匹配是指将两个数据集中描述同一地理实体的数据识别出来。匹配的依据包括距离度量、几何形状、拓扑关系、图形结构、属性等。同名实体的几何数据合并，首先要对数据源的几何精度进行评估，根据几何精度，合并应分两种情况：如果一种数据源的几何精度明显高于另一种，则取精度高的数据，舍弃精度低的数据；对于几何精度近似的数据源，分点、线、面来合并，点状要素的合并较为简单；线状要素的合并可采用特征点融合法和缓冲区算法；面状要素的合并主要涉及边界线的合并，可参照线状要素的合并技术。

2. 栅格数据的融合

（1）栅格数据融合的发展阶段

栅格数据融合技术的发展大体可以分为如下 3 个阶段：

①简单算法。主要针对图像通道，利用替换、算术等简单方法来实现数据融合。应用较广的有 RGB 假彩色合成、HIS 彩色变换、PCA 主分量变换、分量置换法、Lab 变换融合法、线性复合与乘积运算法、比值运算融合法及 Brovey 变换融合法等，这些方法简单易行，在不同的领域得到应用。

②塔式算法。20 世纪 80 年代中期，随着塔式算子的提出，出现了一些较为复杂的融合模型。塔式算法的基本思路是首先对原始图像进行塔式分解，在不同的分解水平上对图像进行融合；然后，通过塔式反变换获得融合图像。

③小波变换。20 世纪 90 年代以后，小波变换应用到图像融合领域，用小波变换的多尺度分析替代塔式算法。小波变换作为一种新的数学工具，是介于函数的时间域（空间域）和频率域之间的一种表示方法，在时间域和频率域上同时具有良好的局部化性质，能够将一个信号分解成空间和时间上的独立部分，同时又不丢失原信号所包含的信息，并且可以找到正交基，实现无盈余的信号分解。

（2）影像数据融合的基本原理和方法

影像数据融合的基本原理就像人脑综合处理信息一样，充分利用多源遥感影像，通过对遥感影像及其观测信息的合理支配和使用，把遥感影像在空间和时间上冗余或互补的信息，依据某种规则进行组合，以获得对被观测对象的一致解释。影像数据融合属于一种属性融合，是将同一地区的多源遥感数据加以智能化合成，产生比单一源数据更精确、完整、可靠的估计和判断。优点是运行的鲁棒性，提高影像的空间分解力和清晰度，提高平面测图精度、分类精度与可靠性，增强解译和动态监测能力，减少模糊度，提高遥感数据的利用率等。

按照影像数据融合的水平和特点，可分为数据级、特征级、决策级三层级。

①数据级融合是一种低水平的融合。经过预处理的多源遥感数据直接融合，而后根据需要对融合的数据进行特征提取和属性说明，主要流程是数据融合、特征提取、融合属性说明三步。优点是保留了尽可能多的信息，具有最高精度。缺点是处理信息量大、费时、实时性较差，并且要求影像数据是由同类传感器获取的或同单位的。若影像数据是不同单位的，只能采用特征级或决策级融合。

②特征级融合是一种中等水平的融合。将各遥感影像数据进行特征提取，产生诸如边缘、形状、轮廓、方向、区域和距离等特征矢量，而后融合这些特征矢量，以保留足够数量的重要信息、实现信息压缩。主要流程是特征提取、特征融合、属性说明（融合属性说明）三步。优点是可实现可观的信息压缩，有利于实时处理，且提供的特征直接与决策分析相关。因此，融合结果最大限度地给出了决策分析所需要的特征信息。目前，大多数融合系统的研究都是在该层次上展开的。缺点是比数据级融合的精度差。

③决策级融合是最高水平的融合。首先对多源数据进行特征提取和属性说明，然后进行属性融合，对得到的目标或环境的融合属性说明，以便根据一定的准则和决策的可信度做最优决策，融合结果直接为指挥、控制、决策系统提供依据。主要流程依次包括特征提取、属性说明、属性融合、融合属性说明四步。优点是具有很强的容错性。缺点是需要一整套成熟的信息优化理论、特征提取方法以及丰富的专家知识，代价高、实现难度大。

以上三级多源遥感数据融合各有特点，在具体的应用中应根据融合目的和软、硬件条件选用。表9-4是对上述三种方法的综合比较。

表 9-4　　　　　　　　　　　　　　三级融合方法综合比较

融合方法	信息损失	实时性	精度	容错性	抗干扰力	工作量	融合水平
数据级	小	差	高	差	差	小	低
特征集	中	中	中	中	中	中	中
决策级	大	强	低	强	强	大	高

（3）影像数据融合的方式

根据遥感影像种类、处理层次的不同以及处理细节的差异，融合的方式也有所不同，可以从处理方法上将所有的融合分为组合、整合、融合（狭义）和相关四种基本方式，实践中可以将四种方式组合起来，产生其他的混合方式。

组合是由对同一地理实体描述的不同影像数据之间存在互补关系数据的融合。如 A 影像的数据表示了地理实体的一部分，而 B 影像的数据表示了地理实体的另一部分，则 A

与 B 的融合得到了完整的地理实体的表示。

整合是指把遥感影像中对地理实体的不同侧面的影像进行融合，来增加人们对地理实体的认识和了解。典型例子是多光谱遥感图像的融合。

融合(狭义)是将遥感影像数据之间进行相关，产生感觉识别的一个新的表达，这种处理就叫融合。这里的融合处理的定义是狭义的，典型实例是双目融合和视觉——感觉融合。这类融合可以用于物体识别和空间识别。

相关是通过处理遥感影像数据获得某些结果，不仅需要某些单项信息处理，而且需要通过"相关"来处理，以便获得遥感影像数据间的关系。

(4)影像数据融合的基本过程

遥感影像数据融合原理是对不同遥感器获取的数据进行融合，可分为影像的空间配准和影像融合两步。影像的空间配准是遥感影像数据融合的前提，对于两幅影像的空间配准，一般把其中一幅称为参考影像，以它为基准对另一幅影像进行校正。其操作步骤为：①特征选择：在欲配准的两幅影像上，选择明显特征点；②特征匹配：采用一定的配准算法，找出两幅影像上对应的明显地物点作为控制点；③空间变换：根据控制点，建立影像间的映射关系；④插值：根据映射关系，对非参考点影像进行重采样，获得同参考影像配准的影像。

空间配准的关键是通过特征匹配寻找对应的明显地物作为控制点。几何校正、辐射校正和大气订正的目的主要在于去除透视收缩、叠掩、阴影等地形因素以及卫星扰动、天气变化、大气散射等随机因素对成像结果一致性的影响；根据影像融合的区域范围裁剪影像，以便减少融合运算的像元个数，提高运算速度；对影像进行各种变换和数据压缩、格式转换等，以突出有用信息，减少维数。

对各类遥感数据，要除去明显错误和冗余的数据，进一步精简所选数据中的有用部分，用减少维数或者变化方法以减少变量的有效数目，或者寻求变量的等价表示，并将数据转化为有效的形式。

影像融合是根据融合的目的和层次，选择合适的融合算法，将空间配准的遥感影像数据进行有机合成，得到目标更准确的表示和估计。在融合过程中每一步变换都包含一系列参数的确定或者选择，这种选择都影响最终融合的结果。因此，参数选择需要根据试验区影像的特点、经过一系列试验比较后方可确定。对于各种算法所获得的融合遥感信息，有时还需要做如"匹配处理"、"融合变换"等进一步的处理，以便得到目标的更准确表示或估计。遥感影像融合的一般模型如图 9-8 所示。

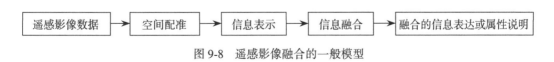

图 9-8 遥感影像融合的一般模型

遥感数据融合的关键是融合算法，根据应用目的及处理对象特征选择不同的算法。目前融合的算法有很多，表 9-5 列举了一些常用的算法，分别适用于数据级、特征级、决策级三类方法。

表 9-5	常用遥感数据融合算法		
数据级	特征级	决策级
---	---	---
小波变换	Bayes 估计	人工神经网络
IHS 变换	Dempater-shafer 推理法	专家系统
代数法	人工神经网络	Bayes 估计
KOT 变换	熵法	模糊逻辑法
主成分变换	聚类分析	Dempater-shafer 推理法
Brovery 变换	综合平均法	基于知识的融合法
Kalman 滤波法	乘积变换	可靠性理论

第 10 章　空间数据质量与安全控制

近年来，我国在地理数据库的理论研究及产业化发展方面，有许多成功建立和使用空间数据库的范例，同时也存在一些问题。空间数据库中的数据质量，即空间数据的不确定性问题，是许多系统不成功的主要原因之一。

10.1　空间数据质量评价

10.1.1　空间数据质量基本概念

1. 数据质量的定义

空间数据质量是指空间数据满足一定使用要求的特性，主要包括数据源、点位精度、属性精度、要素完整性和属性完整性、数据逻辑一致性、数据现势性等。空间数据质量通常用空间数据的误差和正确率度量。

空间数据质量控制(data quality control)是为达到数据质量要求采用的技术方法和手段的总称，就是对空间数据确定其误差的来源、性质和类型，提出度量误差的指标，分析误差在 GIS 空间操作中的传播机制，研究削弱误差对空间数据质量影响的方法。

2. 空间数据质量研究的意义

空间数据质量问题是一个关系到数据可靠性和系统可信性的重要问题，与空间数据库及其应用系统的成败密切相关。数字化条件下，用户可以不管比例尺的大小、图形的精度而较容易地把来源不同的数据进行综合、覆盖和分析，往往导致误差的累积、不正确的决策，造成系统失败。

误差好比是空间信息系统(如 GIS)的孪生姐妹，建立 GIS 的过程就是和误差作斗争的过程。GIS 产生的误差可以比喻成快速产生的高级垃圾，如对误差处理不当，GIS 能以相当快的速度产生各种垃圾，且这种垃圾看起来似乎精美无比。如果不重视并解决空间数据库的数据质量问题，那么当用户发现 GIS 的结论与实际的地理状况相差大得惊人时，GIS产品就会在用户中失去信誉。因此，空间数据库、GIS 等要生存和发展，必须下大力气从理论上研究和从实践上有效地控制空间数据的质量问题。

GIS 专业人员，既要认识到地理空间数据的误差是不能消除的，又要认识到误差是可以降低而且必须降低的。因此，随时随地跟踪地理空间数据误差理论的发展，并将其应用到实践中，是每一个空间数据工作者的任务。从长远来看，研究并采用一定方法降低空间数据的误差，是空间数据库、GIS 生存的生命线。

3. 空间数据误差的来源

(1)地理实体自身的不稳定性

空间数据质量问题首先源自地理实体自身存在的不稳定性，包括地理实体在空间、时间和专题内容上的不确定性。地理实体的空间不确定性是指其在空间位置分布上的不确定性变化，如土壤类型边界划分的模糊性，土地利用类型边界变动的频繁性；地理实体的时间不确定性表现为在发生时间段(区)上的游移性；地理实体的属性不确定性表现为属性类型划分的多样性，非数值型属性值表达的不精确等。

(2)地理实体的表达

由于受人类自身对地理实体的认知以及表达的影响，数据采集、制图过程中采用的测量方法以及量测精度的选择等原因，数据生产过程可能出现各种误差。例如，地图投影转换必然产生误差；制图综合必然要综合掉一部分内容而使地图数据出现误差；从测量到成图转换过程中也会出现误差，如位置分类标识、地理特征的空间夸张等。受人类认知和表达水平的限制而产生的误差可以归为如下几个方面：

①概念理解的不一致。在摄影测量、遥感、制图等空间学科中，需要量测的各种变量概念大多数已有一致的定义，而在一些像土壤、地质、森林、地理等的学科中，许多概念还没有取得一致的认识，即使是同一学科领域的专家，对同一空间特征的变量的认识也可能存在很大差异。变量概念理解的不一致性必然导致数据测量误差的产生。

②测量仪器精度。各种测量仪器都有一定的设计精度，因而数据误差的产生不可避免。

③地理实体图形表达的不合理性。地理实体的类型千差万别，在空间和时间上都有连续、离散的表现形式。目前都以点、线、面图形要素的数据形式来描述。某地理实体以何种图形要素或图形要素的组合来表达取决于实体自身的地理特征(包括空间特征、属性特征)及用户的特殊需求。因此，必然存在图形表达的合理性问题，不合理的表达必然导致误差的产生。

④物理介质的变形。部分空间数据来源于纸质地图，纸质地图上的各种线划要素会随时间而发生一定的变化，数字化或扫描输入生成的数据必然具有误差。

(3)空间数据处理

空间数据处理过程中，容易产生误差的情况包括：

①投影变换。地图投影是从三维地球椭球面或球面到二维平面的拓扑变换，在不同的投影方式下地理特征的位置、面积和方向都会有不同的变形。

②地图数字化和扫描矢量化处理。数字化过程中采集的位置精度、空间分辨率、属性赋值等都可能出现误差。

③数据格式转换。在矢量和栅格之间格式转换中，几何数据具有差异性。

④数据抽象。在进行比例尺变换时，数据聚类、归并、合并等操作会产生误差，包括知识性误差(如操作符合地学规律的程度)和几何误差。

⑤建立拓扑关系。拓扑构建过程中伴随有几何数据的变化，如节点匹配、悬垂边处理等。

⑥与主控数据层的匹配。一个数据库通常存储同一地区的多个图层数据，为保证各数据层之间的协调性，一般建立一个主控数据层以控制其他数据层的边界和控制点。在与主控数据层匹配的过程中会产生空间位移，导致几何误差。

⑦数据叠加操作和更新。在进行叠加运算以及数据更新时会产生几何和属性值的

差异。

⑧数据集成。在来源不同、类型不同的数据集成中会所产生几何、属性等误差。

⑨可视化表达。数据的可视化表达过程中为适应视觉效果，需进行符号、注记位置的调整，由此产生数据表达上的误差。

⑩误差传递和扩散。在数据处理过程中，误差是累积和扩散的，前一过程的累积误差可能成为下一阶段的误差起源，导致新的误差的产生。

(4)空间数据使用

在空间数据使用的过程中也会导致误差的出现，主要包括两个方面：

①数据解释。对于同一种空间数据，不同用户的解释和理解可能不同。例如，对于土壤数据，城市规划部门、农业部门、环境部门对某一级别土壤类型的内涵的理解和解释会有很大的差异。处理这类问题的方法是随空间数据提供各种相关的文档说明，如元数据等。

②缺少文档。缺少对某一地区不同来源的空间数据的说明，诸如缺少投影类型、数据定义等描述信息，往往导致用户对数据的随意性使用而使误差扩散开来。

10.1.2 空间数据质量评价的理论

当前概率论、模糊数学、证据数学理论以及空间统计理论已经用于分析和处理空间数据质量的若干侧面问题，每一种理论只可以处理某几方面的问题，不过，这些理论在处理空间数据质量问题时具有互补性。

1. 概率论

概率论可用于处理随机误差产生的数据质量问题。在概率论中，空间数据误差被描述成给定某些观测值的条件下某一假设为真的条件概率，该条件概率表示为一个概率从 0 到 1 区间的定量描述。例如，在遥感分类中，误差由条件概率表示在划分某一个象素为某一类别时的概率。

2. 模糊数学

模糊数学是由计算机处理不精确概率的一种理论(Zadeh，1965)。要处理的问题：$\mu(O) \in [0,1]$ 一个空间物体对一个集合的归属关系 $O \in A$(物体 O 属于集合 A)。集合 A 的定义可能是模糊的，在数字地图中可能意味着某一物体的自然边界的定义不清楚。这个模糊性可用于空间域、属性域、时间域或(遥感影像的)频谱域的表达，例如在空间域中的"城市区域"，属性域的"湿地"。在一个模糊集合中，对于全集 O 中的每一个元素(o)，需给出一个隶属函数值以表示该元素对于集合 A 的隶属度。模糊数学使得使用自然语言进行空间查询应用成为可能，缺点是没有一个像概率论一样经过严格证明的过程。

3. 证据数学理论

证据数学理论是对传统概率论的一个扩展，基于可信函数和可能函数所确定的一个区间，可信函数度量已有的证据对假设支持的程度，可能函数量测根据已有的证据不能否定假设的程度。可信函数表示了证据支持假设的最低程度，而可能函数则表达了证据支持假设的最高程度。证据数学理论可用于解决决策问题：$O \in A$(物体 O 属于集合 A)。

证据数学理论的优点是比概率论更具一般性，缺点是不能就矛盾证据或不同假设之间具有微弱支持的问题提出解决办法，且该理论还没有令人信服的解释。

4. 空间统计理论

统计学是用有序的模型描述无序事件的一门不确定性理论。Cressie 将空间数据分为地理统计数据、栅格数据以及点数据三大类，并提出了一个适用于这三类数据的通用模型。

假定 $S \in R^n$ 是一个 n 维欧几里得空间的一个一般数据，设一个潜在的随机数据 $z(s)$ 的空间位置为 s，且 s 在一个索引集合 $D \in R^n$ 中，因此产生多维随机矢量场(或随机过程)：

$$\{z(s): s \in D\} \tag{10-1}$$

根据 D 的定义不同可以有不同的空间数据(地理统计数据、栅格数据或点数据)。

传统的非空间模型是空间模型的一个特例，空间统计较之非空间统计是一个更一般性的理论。空间统计理论可应用于描述栅格属性数据，也可用于描述线段的不确定性。

10.1.3　空间数据质量分析方法

1. 误差分析体系

误差分析体系包括误差源的确定、误差的鉴别和度量方法、误差传播模型的建立以及控制和削弱误差对空间数据产品影响的方法。传统的概率统计是建立误差分析体系的理论基础，但必须根据空间数据库及其应用系统操作运算的特点对经典的概率统计理论进行扩展和补充。

2. 敏感度分析法

要精确确定空间数据的实际误差非常困难。为了从理论上了解输出结果如何随输入数据的变化而变化，可以通过人为地在输入数据中加上扰动值来检验输出结果对扰动值的敏感程度；然后根据适合度分析，由置信域来衡量由输入数据的误差所引起的输出数据的变化。

为了确定置信域，需要进行地理敏感度测试，以便发现由输入数据的变化引起输出数据变化的程度，即敏感度。得到的不是真实误差，而是输出结果的变化范围。对于某些难以确定实际误差的情况，这种方法行之有效。

空间数据敏感度检验一般有：地理敏感度、属性敏感度、面积敏感度、多边形敏感度、增删图层敏感度等。敏感度分析法是一种间接测定空间数据产品可靠性的方法。

3. 尺度不变空间分析法

空间数据的分析结果应与所采用的空间坐标系统无关，即为尺度不变空间分析，包括比例不变和平移不变。尺度不变是数理统计常用的一个准则，一方面保证用不同的方法能得到一致的结果，另一方面又可在同一尺度下合理地衡量估值的精度。也就是说，尺度不变空间分析法使分析结果与参考系无关，以防止基准问题引起分析结果的变化。

4. Monte Carlo 实验仿真

对研究问题的背景不十分了解时，Monte Carlo 实验仿真是一种有效的方法，首先根据经验对数据误差的种类和分布模式进行假设，然后利用计算机进行模拟试验，将所得结果与实际结果进行比较，找出与实际结果最接近的模型。对于某些无法用数学公式描述的过程，可以这种方法得到实用公式，也可检验理论研究的正确性。

5. 空间滤波

空间数据采集可以采用连续、离散两种方式。数据采集可以看成是随机采样的过程，其中包含倾向性部分和随机性部分，前者代表地理实体的实际信息，而后者由观测噪声引起。

空间滤波可分为高通滤波和低通滤波。其中，高通滤波从含有噪声的数据中分离出噪声信息；低通滤波从含有噪声的数据中提取信号。

10. 1. 4　空间数据质量评价方法

1. 采集质量评价

空间数据采集可分为直接和间接方法。直接方法是指直接从野外实地采集或利用遥感方法获取空间数据，间接方法是指从已有的地图或其他图件上获取空间数据。直接获取的数据受人差、仪器误差、环境误差等的影响。间接方法获取的数据，除了含有直接方法的误差外，还有展绘控制点的误差、制图综合误差、地图制印误差、数字化误差等。

数字化地图数据的误差源是地图数据质量研究的重点之一。在地图数字化中，原始地图的固有误差和数字化过程引入的误差是两个主要的误差源。

（1）地图固有误差

除了直接方法获取数据的误差外，地图固有误差至少还包括：

①控制点展绘误差。地图展绘误差，一般小于等于0.1mm。

②编绘误差。通常点状特征的地理要素编绘精度优于线状特征，编绘精度受分辨率和要素符号大小影响，分辨率愈低编绘精度愈低，符号愈大，编绘精度愈低。

③绘图误差。绘图误差的范围为0.06~0.18mm。

④综合误差。地图制图综合误差的大小取决于特征的类型和复杂程度，以及制图综合方法，如取舍、移位、夸大等，制图综合误差极难量化。

⑤地图印刷误差。包括复制误差和分版套合误差，地图复制误差的均方差为0.1~0.2mm，套印精度可以控制在0.1mm之内。

⑥绘图材料的变形误差。地图一般印在纸上，随着温度和湿度的变化，纸张的尺寸也会变化。由于纸张在印刷时温度升高，纸张长度会伸长1.5%，宽度会伸长2.5%；纸张干燥和冷却后，其长度和宽度又分别收缩0.5%和0.75%。因此，在地图印刷完成后，图纸在长、宽方向上的净伸长分别可达1.25%和2.5%。

⑦特征定义。自然界中的许多特征并无明确的界限。例如，海岸线的位置、森林的边界等，但在地图上却有明确的位置。因此，特征定义会引起特征位置的某些不确定性。

⑧地图投影误差。地图比例尺是指真实的主比例尺。例如，兰勃特正形投影的主比例尺只有沿着标准纬线时才是不变的，在标准纬线的内、外都发生改变。因此，在地图数字化时，必须利用适当的比例尺因子进行修正。如果从不同的地图上采集信息，必须了解地图的投影方式是否一致。

制图过程中各种误差间的关系以及图纸尺寸的稳定性不能确定，因此很难准确地评价原图的固有误差。假定总误差与上述各种误差间存在线性关系，则可由误差传播定律计算总误差。

（2）数字化误差

目前的地图数字化方式主要是扫描数字化。扫描数字化的精度主要受地图扫描分辨率、定向点精度、操作员的水平、数字化软件的算法等的影响，常采用下列方法进行评价。

①自动回归法。从统计学角度出发，用随机分析的方法来对数字化过程中的误差进行模型化，建立的模型能对数字化地图及其变量的误差影响进行评估，且能对各种数字化精度标准进行比较。在线划数字化过程中，每隔一定距离就记录一次坐标值，因此可以将采集数据看作是序列相关的。即某一点误差的大小，除受该点本身的影响外，还受前一点误差的影响。在统计学上，这样的误差序列构成了一个随机序列，以数字化线上的点到该线真实位置上点的垂线距离为变量，应用自动回归方法，对每项回归得到的均值进行逐项移动变换，最后得出误差范围。

②ε-Band(误差带)法。一种类似于 GIS 缓冲区操作的限定误差方法，即在一条数字化线的两侧，各定义宽度为 ε 的范围，作为线的误差带，也就是用 ε 的值来定义和说明误差的影响范围以及处理多边形叠置等的误差。适用于任何类型的空间几何数据，关键是如何给出合理的 ε 值。国外多根据数据误差的统计性质，选择一个条件概率函数来定义 ε 值，也可以采用二次多项式逼近的方法给出较合理的 ε 值。

③对比法。把数字化后的数据用绘图机绘出，与原图叠合，选择明显地物点进行量测，以确定误差。除了几何精度外，属性精度、完整性、逻辑一致性等也可用对比法进行对照检查。发现错漏记入检查手簿，根据缺陷等级给出缺陷扣分值，最后按扣分值进行质量评定。

2. 数据处理质量评价

空间数据的几何纠正、坐标变换、格式转换等处理中，除了计算机字长的影响外，在理论上可以认为是无误差的。因此，数据处理过程中的主要误差集中在与应用直接相关的处理中，下面举几个例子说明。

(1)DEM 的精度

DEM 的数据来源多种多样，建立 DEM 的方法也不一样，常用的方法是利用遥感影像，通过摄影测量途径获取、野外测量，或者是利用地图等高线数据内插获得。此外，地面测量、声呐测量、雷达测量等数据也可作为 DEM 的数据源。

DEM 的精度主要受原始数据的精度(采样密度、测量误差、地形类别、控制点数量等)和内插精度(地形类型、原始数据的密度、格网单元大小等)的影响。在分析 DEM 的精度时，一般都假定已排除了粗差的影响，因为 DEM 的粗差难以探测。

对 DEM 内插精度的估算方法有多种，但 DEM 的内插精度主要受原始采样点的采样密度的影响，不同的插值方法精度差异不大。

(2)矢量数据栅格化的误差

矢量数据栅格化的误差可分为属性误差和几何误差两种。

在矢量数据转换为栅格数据后，栅格数据中的每个像元只含有一个属性值，它是像元内多种属性的一种概括。例如，在陆地卫星图像上，每个像元对应的地面面积为 80m×80m，像元的属性值是像元内各地物反射量的平均值。如果像元内有一部分物体的反射率很高，即使占像元的面积比例很小，对像元属性值的影响也很大，从而导致分类错误，且损失一些其他有用信息。因此，像元越大，属性误差越大。

几何误差是指在矢量数据转换成栅格数据后所引起的位置误差，以及由位置误差引起的长度、面积、拓扑匹配等的误差。几何误差的大小与像元的大小成正比。其中矢量数据表示的多边形用像元逼近时会产生较严重的拓扑匹配问题。

最早提出的拓扑匹配误差估算方法是考虑一个像元被一条实际边界线二等分时引起的误差问题(Frolov & Maling, 1969), 后来 Goodchild 假设边界线为一条随机穿过像元的直线, 则对每个由边界线切割的像元 i, 把其切除部分的平均面积定义为误差方差(Goodchild, 1980), 其估算公式为

$$\hat{\sigma}_i^2 = aS_4 \tag{10-2}$$

其中, S 是正方形像元的边长, a 为常数。Frolov 和 Maling 计算的 a 为 0.0452, Goodchild 建议改为 0.0619。

多边形面积误差的估算按全部多边形边界像元的误差和来计算。如果一个多边形的边界像元有 m 个, 则其误差方差为

$$\hat{\sigma}^2 = maS_4 \tag{10-3}$$

边界像元的个数 m 可按多边形的周长来计算, 并可简单地按下式计算

$$m = \sqrt{N} \tag{10-4}$$

其中 N 为多边形内所包含的像元总数。

另一种估计矢量数据栅格化精度的方法是假设存在一幅理想的矢量地图, 图上不同属性的制图单元由很细的线分开; 对理想地图进行观测采样得到一幅具有规则格网的栅格地图, 把这两幅图进行叠置比较。虽然理想的地图根本不存在, 但这一思路可以提供一种仅利用栅格地图本身来估算矢量数据栅格化精度的方法。

(3)扫描矢量化的误差

扫描矢量化的方法有两种: 一是对特征明显、规律性强的要素(如等高线)采用自动定位方式; 二是对图形复杂不易用算法实现栅格矢量转换的要素采用交互定位方式。第一种方法由算法自动获得, 误差很容易推算。这里只讨论交互方式获取矢量数据的误差。

地图经扫描后可转化为一幅二值图像, 在对地图要素进行采集时, 得到的首先是其在图像坐标系中的图像坐标(x, y), 要取得地图各要素(称为采样点)的矢量坐标(X_D, Y_D)必须进行式(10-5)的变换。

$$\begin{cases} X_D = a_{11} + a_{12}x + a_{13}y + a_{14}xy \\ Y_D = a_{21} + a_{22}x + a_{23}y + a_{24}xy \end{cases} \tag{10-5}$$

式中各变换参数对同一幅地图上的各点固定不变, 可以根据四个图廓点(称为定向点)的图像坐标和相应的大地坐标求得。

综合考虑定向点和采样点的量测误差的影响, 提高点的量测精度和地图扫描分辨率是提高栅格数据矢量化精度的主要手段。提高扫描分辨率虽能提高精度, 但图像的数据量也会随之大大增加, 分辨率增加 1 倍相应的数据量将增加 3 倍, 由于受到计算机内存大小和数字化时视窗大小的限制, 分辨率的提高会给数字化作业增加麻烦。因此, 在保证图像具有一定分辨率(如取 250~500dpi)的前提下, 采用自动对中量测方法量测定向点和采样点, 就成为提高栅格数据矢量化精度的主要手段。

自动对中分为定向点自动对中和采样点自动对中。实验可知, 定向点的精度对数字化精度影响较大。对于 1:5 万地形图, 如果定向点采用自动对中方法求得, 即使在 250dpi 图像上直接量测, 数字化结果也能满足控制点误差不超过图上 0.2mm 和其他采样点误差不超过图上 0.4mm 的规范要求。

(4)多边形叠置误差

多边形叠置是 GIS 常用的空间分析方法，但会产生拓扑匹配误差、几何误差和属性误差。

多边形叠置误差计算的思路是，先计算单幅图或单层要素数据的误差，再计算叠置图的误差。这里仅简要讨论单数据层的叠置问题。

多边形叠置往往是不同类型的地图、不同的图层，甚至是不同比例尺的地图进行叠置。因此，同一条边界线往往有不同的数据，叠置时必然会出现一系列无意义的多边形。所叠置的多边形的边界越精确，产生的无意义多边形越多，这就是拓扑匹配误差。

多边形叠置所形成的多边形的数量与原多边形边界的复杂程度有关。将两个分别含有 V_1 和 V_2 个顶点的多边形叠置后将产生至少 3 个、至多 V_1+V_2+1 个多边形。如果多边形之间具有统计独立性时，产生中等数量的多边形；如果是高度相关的，则产生大量无意义的多边形。

多层叠置产生的无意义多边形实际上相当于矢量多边形栅格化引起的面积匹配误差。面积匹配误差因数字化精度的提高而减少，尽管无意义多边形的个数增多。

不管是用人机交互的方法把无意义的多边形合并到大多边形中，还是根据无意义多边形的临界值，自动合并到大多边形中，或用拟合后的新边界进行叠置，都会产生几何误差，即新边界可能会偏离已制图的边界位置(或真实位置)。为了保证人们习惯上认为重要的边界线的精度，如境界、河流、主要道路等，处理时应对这些边界上的点加权使它们能尽可能地不被移动。

除了几何误差，实际上每个进行叠置的多边形本身的属性也有误差，因为属性值是分类的结果(如把植被分为不同的类别)，而分类就会产生误差。多幅图的叠置会使误差急剧增加，以至使叠置的结果不可信。

10.2　空间数据质量控制

10.2.1　空间数据质量控制途径

空间数据生产的质量控制包括内部自律和外部监督两方面，并贯穿于数据生产的全过程。

空间数据质量控制包含在产品设计、产品生产、源数据质量、元数据生成与维护等技术环节，如图 10-1 所示。

图 10-1　地图数据生产的质量控制

1. 产品设计

产品设计就是制定产品标准，产品设计的质量无疑对最终产品的质量起决定作用，产品设计的缺陷先天不足，是生产作业无法弥补的。数字地图产品虽然有 4D(DLG、DEM、DOM、DRG)产品作为典型代表，但还缺少完善的产品体系和产品标准，因此，产品设计是数字地图产品生产中需要首要进行的工作。地图产品设计主要包括产品形式、表示内容、表示方法的设计。数字地图产品设计则注重数据模型、数据组织方法、要素编码方案和技术方案的设计，设计结果包括技术方案、产品标准、作业细则、工艺流程、处理模型等，产品标准包括数据格式、要素分类编码表等。

2. 生产过程

生产过程质量控制包括生产过程管理、产品检验和产品验收制度。

①生产过程管理。产品的三级检查验收是对最终产品质量的检查，只能发现问题而不能避免问题，有时候仅仅是亡羊补牢。而完善的生产过程管理则是避免或减少误差和错漏产生，实现生产过程质量控制的有效方法。

生产过程管理的重点是生产组织方式，包括完善生产(软硬件、环境等)条件、优化生产流程(方法、数据处理模型、工艺流程等)、做好任务准备、收集分析资料、搞好岗位培训、加强技术指导、严格产品检验等。

②产品检验。是对生产成果质量的检验，一般由生产单位内部组织实施。测绘地理信息产品的生产实行一级审校、两级检验和产品入库验收制度。生产流程复杂时，对重要工序分别实行两级检查。数字产品审校验收应针对产品特点，确定检查项目、内容和方法。如矢量地图产品检查项目有数据形式、采集方法、资料使用、图幅控制精度、几何精度、拓扑精度、要素关系处理、接边处理、数据现势性、完整性等。数字产品的检查内容大大多于纸质地图，如数据形式要检查文件名格式、文件格式、记录格式；采集方法要检查强制连接线；图幅控制精度要检查数学基础、空间定位系统(坐标系、投影、高程系)的正确性，数据采集各环节中坐标系的误差纠正、坐标转换方法的正确性等；属性精度要检查要素分层、分类分级是否符合规定，目标划分是否正确，要素属性代码是否正确，扩充码应用是否符合规定，属性项是否完整、正确，属性变换点是否合理；地名除了检查表示是否正确，有无错别字外，还要检查有无实体对应和指针是否正确，生僻字处理是否符合规定等。

③产品验收。测绘地理信息产品的验收方法可以分为联机检查和脱机检查两种，一般两种方法配合使用，相互补充。其中，联机检查分为目视检查和软件检查两种。目视检查应将数据成果符号化后显示在计算机上，采用开窗、漫游、缩放、屏幕量算等操作工具，对照资料地图进行检查。以扫描原图为采集底图时的检查应叠加扫描原图作为检查背景图。软件检查是采用规定的审校验收软件进行自动检查和人机交互检查，可以完成不宜目视完成的数据格式检查，以及要素属性编码、拓扑关系等隐含信息检查，和设定条件进行分类分级检查。软件检查时可以用代表错漏性质的不同图标标注在屏幕上，必要时辅以文字说明。

脱机检查是将数字产品或中间数据绘图输出，按常规制图检查方法进行的检查。

属性精度检查可用可视化方式将地理要素用不同的符号、文字、数字显示或绘图输出，也可以人机交互按要素分层、分类、分级逐项检查要素代码、名称等属性和属性项是否遗漏，不易图化显示的隐性属性数据是检查的难点。

检查的顺序一般是先精度检查，后形式检查，验收时则相反。

3. 数据源质量

测绘地理信息产品生产中使用的原始资料或数据包括纸质地图、数字测量数据、控制测量数据、数据库数据、统计数据、遥感数据等，应该根据资料说明和元数据信息掌握其精度和可靠性，只有满足新产品生产或经处理后能达到要求的资料、数据才能用于数字地图的生产。评价的内容包括资料或数据的提供者是否权威可靠、数据的语义模型与产品语义模型是否一致或可转换、数据精度是否满足新产品的要求、数据分类分级与新产品是否相适应或可转换等。

4. 元数据质量

测绘地理信息产品的元数据质量控制主要包括检查元数据的形式、内容和产生方式。形式检查是对元数据的表现形式、数据格式的检查，内容检查包括内容的正确性、完整性检查，产生方式的检查主要防止不严格按照元数据产生方式和规程生成元数据，多表现为事后补充的情况。地理空间元数据产生于数据生产的生产前(设计生成)获取、生产中和生产后产生(检测、评价等)等不同阶段，应严格按照相应的活动生成相应的元数据，自动生成的元数据一般不能手工修改。

10.2.2　空间数据生产过程质量监理

1. 质量监理的概念

生产过程质量控制是由生产单位内部组织的对产品质量的检验，是生产者的内部自律，严格讲不能客观反映和代表产品的质量，还需要第三方检验，需要对生产组织单位的生产组织方法进行检查和监督，这就是外部监督。大规模数字化生产对生产组织管理提出了较高的要求，生产组织管理方法和管理者的能力水平对最终产品质量的影响很大。相同的生产条件和环境、技术系统、作业软件、细则，但生成的最终产品质量却相差悬殊，除了作业人员的个人因素外，其主要原因往往是生产的组织管理。

质量监理是借鉴其他行业工程监理的思想，将测绘地理信息产品生产任务视为工程项目，由项目下达方委托有关质量监理机构依照有关法规、项目任务书、产品技术标准和质量标准，以确保工程质量为目的，对项目承担方的项目组织实施的全过程实行监督管理。

2. 质量监理的方法

①监理制度。以行政手段或标准法规的形式建立监理制度，颁布测绘地理信息产品生产过程质量监理条例，明确规定重大测绘地理信息工程项目必须执行质量监理制度，测绘地理信息数据生产任务必须接受工程质量监理，并为开展监理活动提供必要的协助和配合。明确测绘地理信息数据工程项目的委托、承担和监理三方的责权利。

②监理机构。由国家测绘地理信息局或者其代理机构认证的测绘地理信息数据产品监理机构具体组织实施各项目质量监理。质量监理机构在业务人员的构成上应该满足一定的要求和条件。

③监理细则。质量监理机构接受监理授权和委托，根据工程项目的特点编写项目监理细则。监理细则应包括监理遵循的技术和质量标准、监理的内容与方式、项目检查的关键点、划分监理验收阶段、编制监理验收表、监理中发现问题时的处理方式、对监理结论发

生争议时的解决原则、验收方法和要求、工程总体质量等级标准和质量评估方法等。

④监理计划。质量监理机构根据项目内容和承担单位的具体情况制定监理计划，说明监理的任务概况、时间安排、监理人员和分工等。

⑤实施监理。依据监理细则，按照监理计划实施项目监理。

⑥工程验收监理。监理项目的生产结束后，监理方应当配合委托方对工程总体质量进行审查验收，评定工程质量等级。

3. 质量监理的内容和特点

①任务准备阶段。针对项目生产单位对任务准备情况的检查，重点是检查生产组织方法，主要包括审核作业实施计划、技术方案、作业定额标准，检查作业环境、作业准备，防止和避免因生产组织者的偶然失误而引起的难以补救的质量问题。

②生产实施阶段。对项目实施情况的检查，主要包括检查生产管理、生产技术指导方法、各工序作业方法、技术标准的执行情况和生产作业进度，及时发现和解决问题，防止和避免因问题累积而导致质量问题。

③成果验收阶段。对项目承担方成果质量验收工作的检查，主要内容包括质量检查的人员组成、检查方式与方法、错漏统计和问题处理情况，并抽查产品质量，验证成果检验质量。

④成果上交阶段。对生产单位提交入库的产品进行检查，包括产品数量、三级审验执行情况、产品完整性。

实行测绘地理信息数字产品生产过程的质量监理制度，是测绘地理信息数据生产管理体系建设的一项重要举措，也是测绘地理信息质量管理的一项重要措施，质量监理也将在实践中不断完善。

10.3　空间数据库安全控制

10.3.1　数据库数据的安全

数据库系统的安全性要求与其他计算机系统的安全性要求有很大的相似性。数据库安全是指保护数据库数据不被非法访问和更新，并防止数据的泄露和丢失。

数据库安全涉及立法、管理和技术等多方面的问题，这里只讨论技术问题。数据库安全性问题可分成三个方面：

一是能确保数据库系统运行过程中遇到灾难性灾害、硬软件故障、网络故障、掉电或用户误操作时，能及时重构数据库并最大限度地恢复原有的数据信息，保证整个系统的连续运转。二是数据库系统不被非法用户侵入，尽可能地堵住各种潜在漏洞，防止非法用户侵入数据库系统，以防重要信息被泄露。三是合法用户的合法、安全使用问题，防止合法用户的非法使用、泄密等。

对于前者，可以参考有关系统双机热备份、数据库备份和恢复机制，如 Oracle 提供的联机备份、联机恢复、镜像等多种机制保障系统具有高可用性、可靠性和容错功能。

对于第二种情况，一般大型数据库系统均提供相当的安全控制机制，如用户口令字鉴别；用户数据存取权限、方式控制；审计跟踪；数据加密等。

第三种情况是通过数字水印等技术实现地理数据版权保护、来源可追踪。

10.3.2 数据库基本安全架构

数据库系统信息安全性依赖于两个层次的控制管理：一层是 DBMS 本身提供的用户名/口令字识别、视图、使用权限控制、审计等管理措施；另一层就是靠应用程序设置的控制管理，如使用较普遍的 Visual Foxpro、PowerBuilder、Visual C++等。

作为数据库用户，最关心自身数据的安全，特别是用户的查询权限问题。对此，目前一些大型 DBMS(如 Oracle、Sybase 等产品)提供了以下几种主要手段：

1. 用户分类

不同类型的用户授予不同的数据管理权限。一般将权限分为三类：数据库登录权限类、资源管理权限类和数据库管理员权限类。

数据库登录用户才能进入并使用 DBMS 提供的各类工具和实用程序。同时，数据库实例的主人可以授予这类用户数据查询、建立视图等权限。这类用户只能查阅部分数据库信息，不能改动数据库中的任何数据。

资源管理用户，除了拥有上一类的用户权限外，还有创建数据库表、索引等数据库实例的权限，可以在权限允许的范围内修改、查询数据库，将自己拥有的权限授予其他用户，可以申请审计。

数据库管理员用户具有数据库管理的一切权限，包括访问任何用户的任何数据，授予(或回收)用户的各种权限，创建各种数据库实例，完成数据库的整库备份、装入重组以及进行全系统的审计等工作。这类用户的工作是谨慎而带全局性的，只有极少数用户属于这种类型。

例如在 Oracle 中，用户并非对每个对象都有访问授权，而是为用户账号授予一个角色，该角色定义了一组完备的权限。Oracle 可以提供 CONNECT、RESOURCE 和 DBA 角色以进行不同级别的访问。具有 CONNECT 角色的用户账号有权访问数据库，但不能创建自己的对象。具有 RESOURCE 角色的用户账号可以创建自己的数据库对象。DBA 角色提供给用户账号对数据库的完全访问权限以及向其他用户账号授予权限的能力。角色中的组织结构允许将数据库安全机制按照实际社会组织形式进行建模和构造。可以将一个角色定义在很高的级别上，如系统的使用者；或者定义在更详细的级别上，如会计、雇员和雇主。所以可以定制不同的安全角色，一个用户可以对应多个安全角色，他的访问控制权限是多个安全角色权限的并集；一个安全角色可以关联多个用户。

通过角色，可以有效地进行安全性控制。如 Oracle 中，可采用口令保护角色以限制来自特别查询工具(如 SQL * PLUS)对重要数据的访问，可使 INSERT、UPDATE 以及 DELETE 的权限或者所有权限失效。角色的口令必须对应用程序的使用者保密。没有口令或使之生效的方法，用户会被禁止访问相应的数据。

此外，同 NT 的域用户管理类似，通过多个设置组来区别用户对数据库的操作权限和限制用户对客户端开发工具的操作权限。用户可以分为三组：

①系统管理员组。也就是全权用户组，除了对客户端拥有所有操作权限以外，还具有对数据字典(对其他用户权限的授予或取消)、开发工具的操作权限。

②一般用户组。具体权限由系统管理员组的成员规定。

③缺省用户组。对没有授权的合法用户，系统缺省地认为它拥有缺省用户组的系统操作权限。当然，缺省用户组权限的大小通过系统管理员端开发工具也是可变的。

一个用户可以关联多个组，其系统操作权限是多个组的权限的并集；一个组里可以有多个用户。这样，通过安全角色和组来为用户授权，可以一次性为拥有相同权限的用户定义权限供多次分配，简化授权过程，并降低安全机制的负担和成本。对于分布式 DBMS，也应该采用集中授权的方式，全系统的存取权限和操作权限都由统一的数据库管理员进行定义和管理，即用户账号、角色和组都受数据库管理员管理。

2. 用视图和存储过程增强系统的安全性

一般不给用户直接访问基表的权限。如果希望让用户使用交互式工具如 Oracle 的 SQL * Plus、Developer 2000 访问数据库，可以只给用户访问视图和存储过程的权限，而不是对表的直接访问权限。视图和存储过程同数据库中的其他对象一样，也要进行权限设定，用户只能取得对视图和存储过程的授权，而无法访问基表。如果存储过程的拥有者是"dbo"，而且存储过程所引用的表和视图的拥有者也都是"dbo"，给予用户对存储过程的执行(EXECUTE)权限就足够了，这样就不用检查对表的访问权限了。而视图是阻止用户直接访问表的另一种途径，与存储过程的区别是，可以为视图授予 SELECT、INSERT、UPDATE 或 DELETE 权限，而存储过程则只能授予 EXECUTE 权限。视图可以限制基表的可见列，以此限制用户能查询的数据列的种类和数量，还能应用 Where 子句限制表返回的行数。视图机制的数据分类可以很细，其最小粒度是数据库二维表中一个交叉的元素。即使同一类权限的用户，对数据库中数据管理和使用的范围也可以不同。

3. 数据加密

有时，将敏感信息(如口令)存储在表中是十分必要的。将数据插入表格时对其加密以及在检索时对数据解密会有助于保护敏感信息。在一些更重要的应用中，需要在数据库中存储口令，并对口令等进行加密以提供更多一层的安全保证。例如，在 Oracle 中，可以使用 TRANSLATE 函数将包含在字符串中的正文进行转换，返回另一个相关字符串，可以在 PL/ SQL 中使用加密和解密数据。加密时，可通过系统时间的秒数产生一个半随机数作为偏移量，每次运行该函数时都产生一个不同的加密值，提高解码难度，有效防止他人获取加密信息。

4. 审计追踪与攻击检测

虽然存取控制在经典和现代安全理论中都是实施安全策略的最重要手段，但软件工程技术还没有达到能形式证明一个系统安全的程度。因此，不可能保证任何一个系统完全不存在安全漏洞，也没有可行的方法可以彻底解决合法用户在通过身份认证后滥用特权的问题。因而，大型 DBMS 提供的审计追踪与攻击检测便成了一个十分重要的安全措施，也是任何一个安全系统不可缺少的最后一道防线。

在系统运行时，审计功能可以自动将数据库的所有操作记录在审计日志中，用来监视各用户对数据库施加的动作。攻击检测系统则是根据审计数据分析检测内部和外部攻击者的攻击企图，再现导致系统现状的事件，分析发现系统安全的弱点，追查相关责任者。审计功能包括用户审计和系统审计两种方式。用户审计时，系统记录所有对自己表或视图进行访问的企图(包括成功的和不成功的)及每次操作的用户名、时间、操作代码等信息，审计的结果存储在数据库的审计表(系统表)中，用户利用这些信息可以进行审计分析。

系统审计则由系统管理员进行，其审计内容主要是系统级命令及数据库实例的使用情况。例如，Oracle 数据库可运行在两种不同方式下：NOARCHIVELOG 方式或 ARCHIVELOG 方式。其中，ARCHIVELOG 方式下运行，可实施在线日志的归档。这样，每一个 Oracle 数据库实例都提供日志，用以记录数据库中所作的全部修改。每一个运行的 Oracle 数据库实例相应的有一个在线日志，在线日志与 Oracle 后台进程 LGWR 一起工作，实时记录该实例所作的全部修改。对一个 Oracle 数据库实例，一旦在线日志填满后，可形成在线日志归档文件。归档的在线日志文件被唯一标识并合并成归档日志。日志项记录的数据不仅可为攻击检测系统提供数据依据，建立不同的攻击检测模型，检测可能的攻击行为和攻击企图，并用于重构对数据库所作的全部修改，对数据库备份和恢复有着重要作用。

　　设计审计机制首先要根据系统要求的安全级别确定审计与安全有关的事件，如使用标识和鉴定机制的事件、将客体引入用户空间的事件、删除实体的事件等。Oracle BI 级安全版中，审计了 200 多类不同的数据库事件。

10.3.3　数据库加密

　　一般而言，数据库系统提供的上述基本安全技术能够满足一般的数据库应用，但在一些重要部门或敏感领域的应用中，仅靠上述措施仍然难以完全保证数据的安全性，某些用户尤其是一些内部用户(包括 DBA)仍可能非法获取用户名、口令字，或利用其他方法越权使用数据库，甚至可以直接打开数据库文件来窃取或篡改信息。实现数据库加密以后，各用户(或用户组)的数据由用户用自己的密钥加密。这样，即使数据库管理员也无法对获得的信息进行正常脱密，从而保证用户信息的安全。另外，通过加密，数据库的备份内容成为密文，降低因备份介质失窃或丢失而造成数据泄密。

　　可见，数据库加密是保证用户数据隔离、防止重要数据泄露的重要手段，对于企业内部安全管理，也是不可或缺的。与传统的通信或网络加密技术相比，由于数据库数据保存的时间要长得多，对加密强度要求更高。此外，由于数据库的数据量大、用户多，对加密解密的时间要求也更高。

　　1. 数据库加密的特点

　　(1)字段加密

　　同传统的数据加密技术相比，数据库密码系统有其自身的要求和特点。传统的加密以报文为单位，加/脱密都是从头至尾顺序进行。在数据库中，加/脱密的粒度最小单元是每个记录的字段数据。如果以文件或列为单位进行加密，必然会形成密钥的反复使用，从而降低加密系统的可靠性或者因加/脱密时间过长而无法使用。只有以记录的字段数据为单位进行加/脱密，才能适应数据库操作，同时进行有效的密钥管理并完成"一次一密"的密码操作。

　　(2)密钥动态管理

　　数据库实体之间隐含着复杂的逻辑关系，一个逻辑结构可能对应着多个数据库物理实体，所以数据库加密不仅密钥量大，而且组织和存储复杂，需要对密钥实现动态管理。数据库关系运算中参与运算的最小单位是字段，查询路径依次是库名、表名、记录名和字段名。因此，字段是最小的加密单位。也就是在查询到一个数据后，该数据所在的库名、表名、记录名、字段名都应是知道的。对应的库名、表名、记录名、字段名都应该具有自己的子密钥，这些子密钥组成一个能够随时加/脱密的公开密钥。

可以设计一个数据库，存放有关数据库名、表名、字段名的子密钥，系统启动后将这些子密钥读入内存供数据库用户使用。存储记录子密钥的一般方法是在该记录中增加一条子密钥数据字段。

（3）加密机制

传统的密码系统中，密钥是秘密的，知道的人越少越好。一旦获取了密钥和密码体制就能攻破密码、解开密文。而数据库数据是共享的，有权限的用户随时需要知道密钥以查询数据。因此，数据库密码系统宜采用公开密钥的加密方法。设想数据库密码系统的加密算法是保密的，而且具有相当的强度，那么利用密钥，采用 OS 和 DBMS 层的工具，也无法得到数据明文。

有些公开密钥体制的密码，如 RSA 密码，其加密密钥是公开的，算法也是公开的，但是其算法是一个人一套。而数据库密码的加密算法不可能因人而异，因为寻找这种算法有其自身的困难和局限性，也不可能在机器中存放很多算法，并且由 RSA 算法产生密钥很麻烦，受到素数产生技术的限制，因而难以做到一次一密。另外，RSA 算法分组长度太大，为保证安全性，n 至少也要 600bits 以上，运算代价很高，尤其是速度较慢，较对称密码算法慢几个数量级；且随着大数分解技术的发展，这个长度还在增加，不利于数据格式的标准化，因此这类典型的公开密钥的加密体制也不适合于数据库加密。数据库加/脱密密钥应该是相同、公开的，而加密算法应该是绝对保密的。

（4）合理处理数据

首先要恰当地处理数据类型，否则 DBMS 将会因加密后的数据不符合定义的数据类型而拒绝加载，或因识别不了必需的数据无法完成对数据库文件的管理和使用；其次，需要处理数据的存储问题，实现数据库加密后，应基本上不增加空间开销。在目前条件下，数据库关系运算中的比较、匹配字段，如表间连接码、索引字段等数据不宜加密。文献字段虽然是检索字段，但也应该允许加密，因为文献字段的检索处理采用了有别于关系数据库索引的正文索引技术。

（5）不影响合法用户的操作

加密影响数据操作响应时间应尽量短，比如平均延迟时间不超过 1/10 秒等。此外，对数据库的合法用户来说，数据的录入、修改和检索操作应该是透明的，不需要考虑数据的加/脱密问题。

2. 数据库加密实现层次

在操作系统层，无法辨认数据库文件中的数据关系，从而无法产生合理的密钥，也无法进行合理的密钥管理和使用。目前，可以在 DBMS 内核层和 DBMS 外层两个层次实现对数据库数据的加密。

DBMS 内核层加密，是指数据在物理存取之前完成加/脱密工作，DBMS 和加密器（硬件或软件）之间的接口需要 DBMS 开发商的支持。在 DBMS 内核层实现加密的优点是功能强，且几乎不影响 DBMS 的其他功能。缺点是在服务器端进行加/脱密运算，会加重数据库服务器的负载。

将数据库加密做成 DBMS 的一个外层工具，加/脱密运算可在客户端进行，优点是不会加重数据库服务器的负载并可实现网上传输加密，缺点是加密功能会受一些限制。

虽然当前的大型 DBMS 提供了强大的安全体系保障，也要看到，安全问题不可能通过系统得到彻底解决，且过分注重安全问题反而会降低系统效率。如何运用系统提供的安全策略有赖于开发者的智慧。最佳的安全应该是经常检查自己的安全策略与措施，堵塞漏洞，防患于未然。

10.3.4　数字水印技术

目前，虽然地理空间数据获取实现空天地一体化、数字化、信息化，但是矢量数据的获取仍然需要投入大量的人力、物力，成本较高。在数字化、网络化条件下，矢量地图数据很容易被非法窃取、复制、传播、篡改等，数据安全问题已经成为制约地理信息服务的一个重要因素。数字水印技术（孙圣和，等，2004）被应用于地图数据的版权保护上，将版权、发布信息隐藏在数据中，即使经过数据分割、复制等处理后，水印信息仍然能够保存下来，在遇到版权纠纷、责任追踪时，可以将水印提取出来，作为判定数据版权、追踪数据来源的依据。

矢量地图数据包括空间数据和属性数据。其中，属性数据描述地理实体信息，不存在冗余，并不适合嵌入水印。空间数据是对空间关系和几何特征的描述，具有较大的冗余，可作为水印的嵌入空间。

对数字水印影响较大的处理包括数据裁剪和拼接、数据格式转换、投影变换、数据更新和数据压缩。因此，在水印算法设计时，应重点考虑地图数据常用处理方式对水印的影响，选择合适的嵌入方式，以提高水印算法的鲁棒性。根据水印的嵌入方式，可分为空间域和频率域算法。

如图 10-2 所示，空间域算法是在坐标误差容限范围内，采用坐标对应水印值信息，直接对坐标进行修改的一种算法。首先，建立坐标点与水印索引的映射关系，确定嵌入水印值坐标点；然后，构造水印的嵌入域，即水印值嵌入的变量；最后，利用一定方式将水印值嵌入到嵌入域，得到含有水印的矢量地图数据（杨辉，等，2014）。

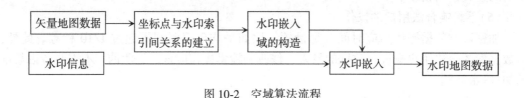

图 10-2　空域算法流程

映射关系的建立是通过一定算法建立坐标点与水印索引的映射关系，通过映射关系确定在一定坐标点嵌入的水印值。理想情况下，即使地图数据遭受攻击后，按照映射算法，仍能从地图数据中提取嵌入的水印信息。为了保证算法的鲁棒性，建立的映射关系应当保证水印位在整幅地图上的分布具有随机、均匀的特点，即地图上任一个足够小的区域包含完整的水印信息。映射关系的建立包括按照坐标点的顺序进行嵌入；将地理数据进行区域划分，建立区域与水印的映射关系；通过映射函数，将每个坐标点映射到不同的水印索引上等几类方法。

嵌入域是指水印嵌入的位置，构造嵌入域包括以下 3 种形式：①直接嵌入，是指不借助其他任何变量，直接建立水印位和坐标之间的嵌入关系。②构造变量，在矢量地图中，有些变量并不是直接表达出来，而是通过多个坐标之间的关系表现出来，例如线段长度比、角度等，称为隐藏变量。隐藏变量在某些攻击下是不发生变化的，比如线段长度比、两线段夹角等对地图缩放、平移、旋转等操作都具有不变性，将水印嵌入到隐藏变量中，对几何攻击具有很好的鲁棒性（朱长青等，2006）。③依据地图处理过程构造嵌入域，最多的攻击来自数据处理过程，在此过程中，可以寻找一些不变量，将水印嵌入到不变量中，以保证水印的鲁棒性。目前针对矢量地图数据处理特点设计的经典算法是基于道格拉斯压缩而设计的水印算法，将水印嵌入到经过道格拉斯压缩后提取的特征点中，对数据压缩具有较高的鲁棒性。

嵌入方式是指水印值嵌入到嵌入域所采用的算法，常用算法包括加性、乘性、替换、量化等嵌入方法。

在栅格地图、遥感影像的数字水印方面，采用频率域法对原始数据进行正交变换，在变换域上嵌入水印信息；然后，经反变换输出获得水印图像。该算法处理效果良好，并得到大量应用。部分研究人员将频率域水印嵌入算法引入到了矢量地图数据中。频率域算法的正交变换包括离散傅里叶变换、小波变换、离散余弦变换等。

10.3.5 云计算环境下数据库安全控制

由于云计算具有运行成本低、按需付费、快速使用软硬件资源等优势而逐渐被认可，并成为学术界研究的热点之一。云计算所涉及的研究十分广泛，包括构建分布式平台基础设施、云计算分布式平台上的编程、新型数据中心的网络拓扑结构、数据中心能耗管理、虚拟机部署和在线迁移、海量数据存储与处理、资源管理与调度、QoS 保证机制、安全与隐私保护等。其中，数据安全和隐私保护的研究，是目前云计算研究最受关注的问题，人们对云计算安全的担心，已经成为阻碍其发展的最主要因素。

1. 云计算环境下安全控制面临的挑战

由于云计算独特的多层服务模式、多租户、异构性、多样性等特征，虽然近年来人们提出了大量的方法，但云计算安全仍然是非常具有挑战性的难题。主要表现如下：

①隐私和数据保护的挑战。隐私和数据保护是云安全的核心问题，也是用户对云计算的最大疑虑。因此，用户不愿意将自己的重要数据存放在云服务提供商那里。

②资源虚拟化的安全挑战。虚拟化是云计算一项重要的技术，以虚拟机的形式为用户提供"独立"的系统架构和资源，在实现资源共享和按需分配的同时，也增加了安全隐患。

③多租户特性带来的安全挑战。多租户是云计算的一个关键特征，通过在大量客户之间分享基础设施、数据、元数据、服务和应用等，实现云计算的可扩展、可用性、降低运行成本、提高运行效率等。这一特性加大了云计算的诸多（如虚拟机、审计、访问控制、加密管理和信任管理、身份和认证信息的隔离等）安全管理难度。

④访问控制管理的挑战。传统数据库的访问控制得到充分的研究和发展，实现了有效的细粒度访问控制，可以灵活地控制用户的访问权限。但是，传统的访问控制机制通常要求数据的所有者和数据储存的服务提供者位于同一个信任域，服务提供者可以监控与安全相关的所有细节，负责定义和实施访问控制策略。但是，云计算环境下各个云应用隶属于不同的安全管理域，数据拥有者和服务提供商很可能位于不同的域。这种变化带来的问题

是，一方面出于数据保密性的要求，服务提供商不能访问这些数据；另一方面，数据资源在物理资源上不为拥有者所控制。

⑤安全责任共担的挑战。云计算环境下，云服务提供商和用户共同承担着保证安全和隐私的责任。

⑥云终端瘦身使得安全环境恶化。从数据保密、网络安全发展到目前的交易安全时代，安全的重点、技术手段都在不断变化。云计算的一个核心理念就是通过不断提高"云"的处理能力，减少终端用户的处理负担，最终使用户终端简化成一个单纯的执行设备，通过网络接入"云"中，并可以通过按需分配、即插即用享受云计算的强大计算处理能力。在云计算中，为了使用户在任何时间、任何地点，只要具备基本硬件就可以使用自己需要的软硬件资源而无需在本地安装任何应用程序，云终端被打造成瘦客户机。云终端瘦身造成了终端安全环境弱化，用户终端环境更容易被病毒和木马感染，密码更容易被窃取，行为更容易被劫持，终端用户的身份和行为不可信的可能性增大。同时，终端用户可以直接使用和操作云服务提供商的软件、操作系统、甚至编程环境和网络基础设施，用户对软硬件资源的影响和破坏远比传统因特网环境下更严重。此外，由于云系统中存放着海量的重要用户数据，对于攻击者来说，具有更大的诱惑力，造成非法身份的用户和具有合法身份但行为非法的用户增多，行为危害增大。目前的云计算应用系统主要对象包括服务提供者、网络本身和网络用户三个部分，其现有的保护措施是逐层递减的，这说明人们往往把过多的注意力放在对云服务提供者和网络的保护上，而忽略了对终端用户的保护，这显然是不合理的，因为绝大多数的攻击事件都是从用户端发起的。如何将不安全因素从用户端源头开始控制，使其符合安全和行为可信规范，是更加完善地保证云计算应用的安全面临的新挑战。

⑦身份认证在云计算环境下面临的挑战。身份认证是云计算应用中需要解决的最重要问题之一，保证以数字身份进行操作的操作者就是这个数字身份合法拥有者，即保证操作者的物理与数字身份相一致。目前身份认证技术比较成熟，但是在云计算环境下仍然不能阻止身份认证的误判和合法用户的恶意破坏：a. 身份认证的误判，例如密码盗号程序盗用用户密码；被钓鱼网站钓走密码；手机上网用户手机丢失时，用户名和密码设置为默认的自动登录等都可能导致身份认证误判。身份误判会对原用户和云服务提供商造成很大破坏。b. 身份合法、行为非法的终端用户对云计算系统的破坏，例如，在云计算的数字化电子资源订购中，一些终端用户利用网络下载工具大批量下载购买的电子资源或者私设代理服务器牟取非法所得等。其他行为不可信的人员包括：离开公司未解除授权的人员、对公司不满意的人员和商业竞争者等。另外，一些合法用户由于疏忽大意、缺乏相关的专业知识或者病毒木马入侵而导致的用户行为不可信。因此在云计算应用中，单独的基于身份认证的静态安全控制不能满足安全的需要，必须结合动态的行为认证才能更好提供安全保障。

2. 云计算环境下研究安全认证的主要机制

(1)身份认证机制

在计算机和互联网络世界，身份认证是一个最基本的安全特性，也是整个信息安全的基础。如何确认用户(访问者)的真实身份，如何解决访问者的物理身份和数字身份的一致性问题是网络必须首先要解决的问题，因为只有知道对方是谁，数据的保密性、完整性和访问控制等才有意义。用户身份认证是保证用户真实身份的网络安全机制，它的基础通常是被鉴别者与鉴别者共享同一个秘密，如口令等。

身份认证指用户在使用网络系统中的资源时对用户身份的确认。这一过程通过与用户的交互获得身份信息(诸如用户名/口令组合、生物特征等)，然后提交给认证服务器，后者对身份信息与存储在数据库里的用户信息进行核对处理，根据处理结果确认用户身份是否正确。用户身份认证是计算机网络应用中需要解决的最重要的内容之一，特别是在云计算、电子商务、政府网络工程、军队国防等与安全有关的重大的网络应用中。

在云计算环境中解决用户身份信任问题的同时，结合用户的行为来研究云服务提供商对终端用户的行为认证问题，对用户行为进行监管，从而保证用户的身份和行为可信。在用户身份鉴别过程中，涉及的对象包括：①用户(user)。提供身份信息的被验证者，通常需要有进行登录(login)的设备或系统。②认证服务器(authentication server)。检验身份信息正确性和合法性的一方，服务器上存放用户的鉴别方式及用户的鉴别信息。③提供仲裁和调解的可信第三方。④攻击者，企图进行窃听和伪装身份的非法用户。⑤认证设备，是用户用来产生或计算密码的软硬件设备。

当前网站安全中用户身份认证技术主要有 7 种：口令、口令摘要、随机挑战、口令卡、鉴别令牌、数字证书、生物(指纹、视网膜等)特征的用户身份鉴别机制。其中，前三种鉴别机制是基于口令的，应用最广泛，特点是简单易用，不需要借助第三方公证。基于随机挑战的用户鉴别机制可以防止服务器方、网络传输和重访攻击的威胁，如果用户口令丢失，用户鉴别就会发生错误。

基于口令卡的动态口令身份认证机制简单，根据特定算法生成不可预测的随机数字组合，每个口令只能使用一次。使用动态口令主要有两个方面的价值：一是防止由于盗号而产生的财产损失。二是采用动态口令的单位无需忍受定期修改各种应用系统登录密码的烦恼。因此，动态口令认证技术被认为是目前身份认证最有效的方式之一。但是，一般口令卡对电子商务的交易有金额限制；口令卡易丢失，且每张卡的使用次数有限，用完了需要重新购买，累积成本较大；使用次数越多，口令卡更换就越频繁。

鉴别令牌是每次登录时直接从令牌读取口令，解决了口令记忆难等问题，不再要求用户记住口令。但是，服务器遭到攻击后，用户的口令值会暴露给攻击者，造成鉴别不安全。

基于数字证书的用户鉴别是基于双因子的鉴别，比口令鉴别的安全程度更高，因为用户既要知道打开私钥文件的秘密密钥，又要拥有私钥文件才能通过身份认证。但是，数字证书不是双方的直接鉴别，需要借助第三方 CA 的参与，如果第三方不可信就无法保证密钥的安全。

基于生物特征的身份认证是指通过自动化技术利用人体的生理特征和(或)行为特征进行身份鉴定。其中，生理特征识别主要有指纹识别、虹膜识别、手掌识别、视网膜识别和脸相识别等方法；行为特征识别主要有声音识别、笔迹识别和击键识别等方法。人的生物特征具有唯一性、稳定性，且不易丢失、不易伪造或被盗、可随身携带等特点。因此，基于生物特征的身份认证技术被认为是目前最安全的身份认证技术。但是，生物特征身份认证有鉴别设备昂贵等缺点。

(2)入侵检测机制

入侵检测是网络安全防护系统的重要组成部分之一，从计算机网络或计算机系统的若干关键点收集入侵者攻击时留下的痕迹，如异常网络数据包与试图登录的失败记录等信息，分析是否有来自外部或内部的违反安全策略的行为或被攻击的迹象。本质是通过探测与控制技术，进行主动式、动态化的安全防御，是网络安全中极其重要的组成部分。技术上可分为误用检测（misuse detection）与异常检测（anomaly detection）两种。

误用检测也称特征检测（signature-based detection），假定所有入侵都能够表达为一种入侵特征，并根据该特征检测入侵行为。优点是依据具体特征库进行判断，准确率很高、误报率低。但是，检测的效果取决于特征库的完备性，只能检测出包含在特征库里的已知入侵行为，而不能检测新出现的攻击或者已有攻击的变种，漏报率较高。

异常检测假定入侵行为与正常行为明显不同，建立系统的正常行为轮廓，实时检测系统或用户的轮廓值，当与预定义的正常值差异超出指定的阈值，就将其视为入侵并报警。优点是能够发现未知的入侵行为，但易产生误报。异常检测是当前入侵检测领域的热点问题，研究内容主要集中在异常指标的建立，如何定义正常模式轮廓，降低误报率。

随着网络系统的复杂化、大型化以及入侵行为的协作性，入侵检测系统的体系结构由集中向分布式发展，高性能的检测算法及新的入侵检测体系也成为研究热点，如基于数据挖掘技术的审计数据分析，采用基于密度和网格聚类方法来发现异常数据，从免疫系统的角度考虑计算机系统的保护机制，基于系统调用参数的入侵检测，基于博弈论的入侵检测等。

（3）安全审计机制

安全审计是一个安全网络必要的功能，记录用户涉及系统安全操作的所有活动过程，以备有违反系统安全规则的事件发生后能够有效地追查事件发生的时间、地点及过程。不仅能识别谁访问了系统，还能指出系统正被怎样使用。审计信息对于确定是否有网络攻击的情况和追溯攻击源很重要，同时，系统事件的记录能够更加迅速和系统地识别问题。它是后阶段事故处理的重要依据，为网络犯罪行为及泄密行为提供取证基础。另外，通过对安全事件的不断收集、积累并且加以分析，有选择地对其中的某些站点或用户进行审计跟踪，以便发现可能产生的破坏性行为。

网络安全审计包括识别、记录、存储、分析与安全有关的行为信息。在 1998 年信息技术安全性通用评估标准国际标准化组织（ISO）和国际电工委员会（IEC）发表的《信息技术安全性评估通用规则 2.0 版》（ISO/IEC 15408）中，对网络审计定义了如下完整的功能：

①安全审计自动响应。要求在被测事件存在潜在的安全攻击时做出的响应，是管理审计事件的需要，包括报警或行动，例如，实时报警的生成、违规进程的终止、中断服务、用户账号的失效等，根据审计事件的不同系统将做出不同的响应。

②安全审计数据生成。记录与安全相关的事件，包括鉴别审计层次、列举可被审计的事件类型以及鉴别由各种审计记录类型提供的相关审计信息的最小集合。系统定义可审计事件及事件级别。

③安全审计分析。通过分析系统活动和审计数据来寻找潜在的及真正的安全违规操作，可用于入侵检测对违规的自动响应。当一个审计事件集出现或累计出现一定次数时可以推断安全违规事件发生，并执行审计分析。审计分析分为潜在攻击分析、基于模板的异常检测、简单攻击试探和复杂攻击试探等几种类型。

④安全审计浏览。授权用户可以浏览审计数据，包括审计浏览、有限审计浏览和可选审计浏览。

⑤安全审计事件存储。能够维护、检查或修改审计事件集，能够对安全属性进行审计。

⑥安全审计事件选择。提供控制措施以防止由于资源的不可用而丢失审计数据，能够创建、维护、访问它所保护对象的审计踪迹，并保护其不被修改、非授权访问和破坏。

最初，人们对安全审计的理解主要认为是"日志记录"的功能，视为对防火墙和入侵检测系统的一个补充，是一种通过事后追查的手段来保持系统安全的技术。目前，审计不再只是入侵检测的补充，与入侵检测系统相结合，能弥补入侵检测的缺陷，更好地保障系统的安全。

（4）访问控制机制

访问控制是保护系统安全的一个基本技术，是保证网络安全最重要的核心策略之一，涵盖了对计算机系统、网络资源和信息资源的访问控制机制，是防范计算机系统和资源被非授权访问的第一道防线。访问控制实质上是对资源使用的限制，决定主体是否被授权对客体执行某种操作，使主体对资源的操作在一个合法的范围内，并保护信息资源的机密性与完整性。

最常采用的基于角色的访问控制及其扩展模型难以适用于云计算环境，因为服务提供商事先并不知道用户，所以很难在访问控制中给用户分配角色。目前的研究多集中在使用证书或基于属性的策略来提高访问控制能力，相关研究还处于起步阶段。

（5）用户行为可信机制

近年来，由于用户端安全问题导致的数据篡改、信息泄露和网络入侵攻击等引起安全事件频发，而这些问题无法用传统的安全技术从根本上加以解决。因此，基于源头的终端安全保护思想引起重视，并逐步认识到纯软件的系统无法从根本上保证信息系统的安全。2003年，可信计算组织（trusted computing group，TCG）关于可信计算的相关解释和规范得到了众多计算机厂商的支持，随后很多研究者开始探讨终端（主体）行为的可信评估和控制，以求降低系统的安全风险。2005年，清华大学林闯教授在《可信网络研究》提出可信网络的概念，揭示了可信网络的基本属性，并讨论了可信网络研究的关键科学问题（林闯、彭雪海，2005）。随后，林闯、田立勤等人将用户行为的信任分解成三层，进行用户行为信任评估、利用贝叶斯网络对用户的行为信任进行预测、基于行为信任预测的博弈控制等研究（林闯，等，2008）。

参 考 文 献

[1] 毕硕本. 空间数据库教程[M]. 北京：科学出版社，2013.

[2] 蔡孟裔，毛赞猷，田德森，等. 新编地图学教程[M]. 北京：高等教育出版社，2001.

[3] 曹闻. 时空数据模型及其应用研究[D]. 郑州：中国人民解放军信息工程大学，2011.

[4] 曹渝昆，朱征宇，张建武. SQL3 对面向对象技术的支持[J]. 计算机工程与科学，2002，24(4)：64-67.

[5] 陈常松，何建邦. 面向数据共享目的的 GIS 语义数据模型[J]. 中国图象图形学报，1999，1(4)：13-18.

[6] 陈国良，吴俊敏，章锋，等. 并行计算机体系结构[M]. 北京：高等教育出版社，2002.

[7] 陈军，邬伦. 数字中国地理空间基础框架[M]. 北京：科学出版社，2003.

[8] 陈军，赵仁亮. GIS 空间关系的基本问题与研究进展[J]. 测绘学报，1999，28(2)：95-102.

[9] 陈文博. 基于 ADT 的数据结构规范化方法研究[J]. 北京工业大学学报，2001，27(2)：223-228.

[10] 陈新保，朱建军，陈建群. 时空数据模型综述[J]. 地理科学进展，2009，28(1)：9-16.

[11] 陈亚睿. 云计算环境下用户行为认证与安全控制研究[M]. 北京：北京科技大学，2011.

[12] 程昌秀. 空间数据库管理系统概述[M]. 北京：科学出版社，2012.

[13] 承继成，林珲，周成虎. 数字地球导论[M]. 北京：科学出版社，2000.

[14] 崔铁军. 地理空间数据库原理[M]. 北京：科学出版社，2007.

[15] 高伟. 地理空间数据库引擎的设计与实现[D]. 郑州：中国人民解放军信息工程大学，2007.

[16] 高原，耿国华，董乐红. 基于关系数据库的空间对象处理技术研究[J]. 计算机应用与软件，2007，6(24)：12-13.

[17] 龚健雅. 当代 GIS 的若干理论与技术[M]. 武汉：武汉测绘科技大学出版社，1999.

[18] 龚健雅. 地理信息系统基础[M]. 北京：科学出版社，2001.

[19] 龚健雅，杜道生，李清泉，等. 当代地理信息技术[M]. 北京：科学出版社，2004.

[20] 郭仁忠. 空间分析[M]. 武汉：武汉测绘科技大学出版社，1997.

[21] 郭薇，郭菁，胡志勇. 空间数据库索引技术[M]. 上海：上海交通大学出版社，2006.

[22] 郝忠孝. 空间数据库理论基础[M]. 北京：科学出版社，2013.

[23] 何雄. 空间数据库引擎关键技术研究[D]. 北京：中国科学院研究生院，2006.

［24］胡鹏. 地理信息系统教程［M］. 武汉：武汉大学出版社，2002.

［25］胡运发. 数据索引与数据组织模型及其应用［M］. 上海：复旦大学出版社，2012.

［26］华一新，吴升，赵军喜. 地理信息系统原理与技术［M］. 北京：解放军出版社，2001.

［27］华一新，赵军喜，张毅. 地理信息系统原理［M］. 北京：科学出版社，2012.

［28］黄华，杨德志，张健刚. 分布式文件系统［J］. 中科院计算所-信息技术快报，2004.

［29］黄幼才，刘文宝，李宗华，等. GIS 空间数据误差分析和处理［M］. 武汉：中国地质
大学出版社，1995.

［30］江铭虎. 自然语言处理［M］. 北京：高等教育出版社，2006.

［31］李滨，王青山，冯猛. 空间数据库引擎关键技术剖析［J］. 测绘学院学报，2003，20
（1）：35-38.

［32］李德仁，龚健雅，边馥苓. 地理信息系统导论［M］. 北京：测绘出版社，1993.

［33］李建中，孙文隽. 并行关系数据库管理系统引论［M］. 北京：科学出版社，1998.

［34］李昭原. 数据库技术新进展［M］. 北京：清华大学出版社，2007.

［35］李志林，朱庆. 数字高程模型［M］. 武汉：武汉大学出版社，2001.

［36］廖楚江，杜清运. GIS 空间关系描述模型研究综述［J］. 测绘科学，2004，29（4）：
79-82.

［37］林闯，彭雪海. 可信网络研究［J］. 计算机学报，2005，28（5）：751-758.

［38］林闯，田立勤，王元卓. 可信网络中用户行为可信的研究［J］. 计算机研究与发展，
2008，45（12）：2033-2043.

［39］刘大杰，华慧. GIS 线要素不确定性模型的进一步探讨［J］. 测绘学报，1998，27（1）：
45-49.

［40］刘海峰，卿斯汉，蒙杨，等. 一种基于审计的入侵检测模型及其实现机制［J］. 电子学
报，2002，30（08）：1167-1171.

［41］刘南，刘仁义，谢炯，等. 基于实体对象层次模型的海量空间数据管理［J］. 浙江大学
学报（工学版），2004，11（38）：1391-1397.

［42］刘宇. 空间数据库存取和查询的理论与实践［D］. 上海：上海交通大学，2001.

［43］马建文，阎积惠. 地理信息系统及资源信息综合［M］. 北京：地质出版社，1994.

［44］欧阳. 空间数据的分布式管理［D］. 郑州：中国人民解放军信息工程大学，2004.

［45］萨师煊，王珊. 数据库系统概论（第三版）［M］. 北京：高等教育出版社，2000.

［46］沙宗尧，边馥苓，陈江平，等. 基于规则知识的空间推理研究［J］. 武汉大学学报（信
息科学版），2003，28（1）：45-50.

［47］申德荣，于戈. 分布式数据库系统原理与应用［M］. 北京：机械工业出版社，2011.

［48］史文中，童小华，刘大杰. GIS 中一般曲线的不确定性模型［J］. 测绘学报，2000，29
（1）：52-58.

［49］孙圣和，陆哲明，牛夏牧. 数字水印技术及应用［M］. 北京：科学出版社，2004.

［50］汤国安，陈正江，赵牡丹，等. ArcView 地理信息系统空间分析方法［M］. 北京：科学
出版社，2002.

［51］汤国安，赵牡丹. 地理信息系统［M］. 北京：科学出版社，2000.

［52］王家耀. 空间信息系统原理［M］. 北京：科学出版社，2001.

[53] 王家耀. 地图演化论及其启示[J]. 测绘科学技术学报，2012，29(3)：157-161.

[54] 王家耀，武芳，吕晓华. 地图制图学与地理信息工程学科进展与成就[M]. 北京：测绘出版社，2011.

[55] 王庆波，金滓，何乐，等. 虚拟化与云计算[M]. 北京：电子工业出版社，2012.

[56] 王树良，丁刚毅，钟鸣. 大数据下的空间数据挖掘思考[J]. 中国电子科学研究院学报，2013，29(3)：157-161.

[57] 王泽根，武芳. 地图数据库原理与技术[M]. 北京：解放军出版社，2004.

[58] 文艺，朱欣焰，袁道华. 面向对象的空间数据组织与管理[J]. 四川大学学报(自然科学版)，2000，3(37)：373-378.

[59] 吴芳华，张跃鹏，金澄. GIS空间数据质量的评价[J]. 测绘学院学报，2001，18(1)：63-66.

[60] 毋河海. 地图数据库系统[M]. 北京：测绘出版社，1991.

[61] 毋河海，龚健雅. 地理信息系统空间数据结构与处理技术[M]. 北京：测绘出版社，1997.

[62] 吴立新，张瑞新，戚宜欣，等. 三维地学模拟与虚拟矿山系统[J]. 测绘学报，2002，31(1)：28-33.

[63] 吴立新，史文中. 地理信息系统原理与算法[M]. 北京：科学出版社，2003.

[64] 邬伦，任伏虎，谢青昆，等. 地理信息系统教程[M]. 北京：北京大学出版社，1994.

[65] 吴信才. 空间数据库[M]. 北京：科学出版社，2009.

[66] 吴正升，崔铁军，郭婧. 一种面向对象的4层空间数据模型[J]. 测绘科学技术学报，2006，5(23)：366-369.

[67] 吴正升，胡艳，何志新. 时空数据模型研究进展及其发展方向[J]. 测绘与空间地理信息，2009，32(6)：15-21.

[68] 谢昆青，马修军，杨冬青. 空间数据库[M]. 北京：机械工业出版社，2006.

[69] 徐俊刚，邵佩英. 分布式数据库系统及其应用[M]. 北京：科学出版社，2012.

[70] 杨辉，闵连权，侯翔. 矢量地图数据数字水印技术综述[J]. 测绘与空间地理信息，2014，37(3)：9-13.

[71] 杨艳梅，王泽根. 空间信息服务质量评价[J]. 测绘科学，2011，36(4)：139-141.

[72] 姚天顺，朱靖波. 自然语言理解———一种让机器懂得人类语言的研究(第二版)[M]. 北京：清华大学出版社，2002.

[73] 叶圣涛，张新长. 分布式空间数据库的体系结构研究[J]. 地理信息世界，2005，3(3)：47-51.

[74] 叶亚琴，左泽均，陈波. 面向实体的空间数据模型[J]. 中国地质大学学报，2006，5(31)：595-599.

[75] 袁玉宇，刘川意，郭松柳. 云计算时代的数据中心[M]. 北京：电子工业出版社，2012.

[76] 乐小虬，杨崇俊. 非受限文本中深层空间语义的识别方法[J]. 计算机工程，2006，32(4)：36-38.

[77] 张继平. 云存储解析[M]. 北京：人民邮电出版社，2013.

[78] 张廷泉, 译校. 美国国防部关键技术计划(1992 财年)[J]. 中国国防科技信息中心, 1991.

[79] 张新长, 马林兵, 张青年. 地理信息系统数据库(第二版)[M]. 北京：科学出版社, 2010.

[80] 周成虎. 地理信息系统概要[M]. 北京：中国科学技术出版社, 1993.

[81] 朱长青, 杨成松, 李中原. 一种抗数据压缩的矢量地图数据数字水印算法[J]. 测绘科学技术学报, 2006, 23(4)：281-283.

[82] 宗成庆. 统计自然语言处理[M]. 北京：清华大学出版社, 2008.

[83] 左鸣. 对象数据库的几个主要概念[J]. 渝州大学学报(自然科学版), 1998, 15(2)：19-22.

[84] Asano T, Ranjan D, et al. Space filling curves and their use in the design of geometric data structures[J]. Theoretical Computer Science, 1997, 181(1), 3-15.

[85] Bernhardsen T. Geographic Information Systems, An Introduction[M]. Arendal, Norway：John Wiley & Sons, 2012.

[86] Bertino E, Paci F, Ferrini R, et al. Privacy-preserving Digital Identity Management for Cloud Computing[J]. IEEE Data Engineering, 2009, 32(1)：21-27.

[87] Codd E F. Relational Completeness of Data Base Sublanguages[J]. Database Systems, 1970：65-98.

[88] Faloutsos C, Roseman S. Fractals for secondary key retrieval[J]. Eighth ACM Sigact-Sigmod-Sigart Symposium on Principles of Database Systems. ACM, 1989：247-252.

[89] Frolov Y S, Maling D H. The Accuracy of Area Measurement by Point Counting Techniques [J]. The Cartographic Journal, 1969, 6(1)：21-35.

[90] Goodchild M F. Fractals and the accuracy of geographical measures[J]. Mathematical Geology, 1980, 12(2)：85-98.

[91] Guttman A. A Dynamic Index Structure for Spatial Searching[J]. Sigmod'84, Proceedings of Meeting, Boston, Massachusetts, 1984, 14：47-57.

[92] Honour E. Oracle 开发人员指南[M]. 译友翻译组, 译. 北京：机械工业出版社, 1998.

[93] Kilpelainen T. Requirements of a multiple representation database for a topographical data with emphasis incremental generalization [J]. Proceeding of 17th ICA Conference, Barcerona, 1995.

[94] Lloyd R. Spatial Cognition：Geographic Environments [M]. Kluwer Academic Publishers, 1997.

[95] Mangoloni M. Apport de la fusion d'images satellitaires multicapteurs au niveau pexel en teledetecion et photo-interpretation[J]. Dissertation Published at the University of Nice-sophia Antipolis, France, 15 November 1994.

[96] Mutz D, Valeur F, Vigna G, et al. Anomalous system call detection[J]. ACM Trans. Inf. Syst. Secur. 2006, 9(1)：61-93.

[97] Nelson E. A Cognitive Map Experiment：Mental Representation and the Encoding Process

[J]. Cartography and Geographic Information Systems, 1996, 23(4): 229-248.

[98] Paci F, Bertino E, Kerr S, et al. An Overview of VeryIDX-A Privacy-Preserving Digital Identity Management System for Mobile Devices[J]. Journal of Software, 2009, 4(7): 696-706.

[99] Pearson S. Taking account of privacy when designing cloud computing services: Proceedings of the 2009 ICSE Workshop on Software Engineering Challenges of Cloud Computing, IEEE Computer Society, 2009.

[100] Peter Hazlehurst. Sybase System XI 实用大全[M]. 周保太, 时文平, 杜三名, 等, 译. 北京: 清华大学出版社, 1997.

[101] Shekhar S, Chawla S. 空间数据库[M]. 谢昆青, 马修军, 杨冬青, 等译. 北京: 机械工业出版社, 2004.

[102] Takabi H, Joshi J B D, Ahn G. Security and Privacy Challenges in Cloud Computing Environments[J]. Security & Privacy, IEEE, 2010, 8(6): 24-31.

[103] Theodoridis Y, Stefanakis E, Sellis T. Efficient Cost Models for Spatial Queries Using P-trees[J]. IEEE Transaction on Knowledge and Data Engineering, 2000, 12(1): 19-32.

[104] Ulltveit-Moe N, Oleshchuk V A, et al. Location-Aware Mobile Intrusion Detection with Enhanced Privacy in a 5G Context[J]. Wirel. Pers. Commun, 2011, 57(3): 317-338.

[105] Joysula V, Orr M, et al., 云计算与数据中心自动化[M]. 张猛, 译. 北京: 人民邮电出版社, 2012.

[106] Vieira K, Schulter A, Westphall C, et al. Intrusion Detection for Grid and Cloud Computing[J]. IT Professional, 2010, 12(4): 38-43.

[107] Wald, L. A European proposal for terms of reference in data fusion[J]. International Archives of Photogrammetry and Remote Sensing, XXXII, part 7, 1998: 651-654.

[108] Wang Q, Wang C, Li J, et al. Enabling Public Verifiability and Data Dynamics for Storage Security in Cloud Computing[J]. Computer Security-ESORICS, 2009, 5789: 355-370.

[109] Wang W, Zhang X, Gombault S. Constructing attribute weights from computer audit data for effective intrusion detection[J]. Journal of Systems and Software, 2009, 82(12): 1974-1981.

[110] www. supermap. com. cn/html/sofewarebig_8. html.

[111] Yeung A, Hall G. 空间数据库系统设计、实施和项目管理[M]. 孙鹏, 等, 译. 北京: 国防工业出版社, 2013.

[112] Zadeh L A. Fuzzy sets[J]. Information and control. 1965, 8: 338-353.